“十三五”国家重点出版物出版规划项目

光电子科学与技术前沿丛书

有机半导体存储器

黄 维 解令海 仪明东/编著

科学出版社
北 京

内 容 简 介

本书系统总结了不同类型的有机半导体存储器的工作原理、器件结构、制备方法、存储材料、存储参数和性能表征。全书共四章，第一章概述了存储器的类型和发展趋势；第二章介绍有机二极管电存储器，对其工作原理、器件结构、制备方法、性能表征、工作机制等进行了总结；第三章介绍有机场效应晶体管存储器，对其工作原理、器件结构与参数、存储类型、存储器材料等进行了总结；第四章介绍了忆阻器的神经形态功能模拟。

本书可作为有机半导体领域科研工作者和企业工程技术人员的参考资料和工具书，也可作为高等院校有机电子学等相关专业的教师、高年级本科生和研究生的参考书。

图书在版编目(CIP)数据

有机半导体存储器／黄维，解令海，仪明东编著.—北京：科学出版社，2020.12

(光电子科学与技术前沿丛书)

“十三五”国家重点出版物出版规划项目　国家出版基金项目

ISBN 978-7-03-067441-8

Ⅰ.①有…　Ⅱ.①黄…　②解…　③仪…　Ⅲ.①有机半导体—半导体存贮器　Ⅳ.①TP333.5

中国版本图书馆CIP数据核字(2020)第256180号

责任编辑：许　健／责任校对：谭宏宇
责任印制：黄晓鸣／封面设计：殷　靓

科学出版社 出版
北京东黄城根北街16号
邮政编码：100717
http://www.sciencep.com

南京展望文化发展有限公司排版
苏州市越洋印刷有限公司印刷
科学出版社发行　各地新华书店经销

*

2020年12月第　一　版　开本：B5(720×1000)
2020年12月第一次印刷　印张：13 3/4
字数：280 000

定价：120.00元

(如有印装质量问题，我社负责调换)

“光电子科学与技术前沿丛书”编委会

主　编　褚君浩　姚建年

副主编　黄　维　李树深　李永舫　邱　勇　唐本忠

编　委（按姓氏笔画排序）

王　树　王　悦　王利祥　王献红　占肖卫
帅志刚　朱自强　李　振　李文连　李玉良
李儒新　杨德仁　张　荣　张德清　陈永胜
陈红征　罗　毅　房　喻　郝　跃　胡　斌
胡志高　骆清铭　黄　飞　黄志明　黄春辉
黄维扬　龚旗煌　彭俊彪　韩礼元　韩艳春
裴　坚

从书序

光电子科学与技术涉及化学、物理、材料科学、信息科学、生命科学和工程技术等多学科的交叉与融合，涉及半导体材料在光电子领域的应用，是能源、通信、健康、环境等领域现代技术的基础。光电子科学与技术对传统产业的技术改造、新兴产业的发展、产业结构的调整优化，以及对我国加快创新型国家建设和建成科技强国将起到巨大的促进作用。

中国经过几十年的发展，光电子科学与技术水平有了很大程度的提高，半导体光电子材料、光电子器件和各种相关应用已发展到一定高度，逐步在若干方面赶上了世界水平，并在一些领域实现了超越。系统而全面地梳理光电子科学与技术各前沿方向的科学理论、最新研究进展、存在问题和发展前景，将为科研人员以及刚进入该领域的学生提供多学科交叉、实用、前沿、系统化的知识，将启迪青年学者与学子的思维，推动和引领这一科学技术领域的发展。为此，我们适时成立了"光电子科学与技术前沿丛书"编委会，在丛书编委会和科学出版社的组织下，邀请国内光电子科学与技术领域杰出的科学家，将各自相关领域的基础理论和最新科研成果进行总结梳理并出版。

"光电子科学与技术前沿丛书"以高质量、科学性、系统性、前瞻性和实用性为目标，内容既包括光电转换基本理论、有机自旋光电子学、有机光电材料理论等基础科学理论，也涵盖了太阳能电池材料、有机光电材料、硅基光电材料、微纳光子材料、非线性光学材料和导电聚合物等先进的光电功能材料，以及有机／聚合物光电子器件和集成光电子器件等光电子器件，还包括光电子激光技术、飞秒光谱技术、太赫兹技术、半导体激光技术、印刷显示技术和荧光传感技术等先进的光电子技术及其应用，将涵盖光电子科学与技术的重要领域。希望业内同行和读者不吝赐教，帮助我们共同打造这套丛书。

在丛书编委会和科学出版社的共同努力下，“光电子科学与技术前沿丛书”获得2018年度国家出版基金支持并入选了“十三五”国家重点出版物出版规划项目。

我们期待能为广大读者提供一套高质量、高水平的光电子科学与技术前沿著作，希望丛书的出版有助于光电子科学与技术研究的深入，促进学科理论体系的建设，激发科学发现，推动我国光电子科学与技术产业的发展。

最后，感谢为丛书付出辛勤劳动的各位作者和出版社的同仁们！

“光电子科学与技术前沿丛书”编委会

2018年8月

前言

现代信息技术的飞速发展带来了大量的数据与信息,导致人们对计算机和电子系统的核心组成部分——存储器的要求越来越高,要求存储器具有更大的容量、更快的存储速度以及更强的数据保护能力。另外,当今人类社会正面临着严重的能源和环境危机,因此研发对能源依赖性低、对环境破坏性小的绿色环保型的存储器显得尤为迫切和重要。为了达到上述要求,科学家们不断革新,研发了多种新型存储技术,其中有机半导体存储器是近年来发展迅速的一种新型存储器,这种存储器主要以有机半导体材料作为器件主体,具有重量轻、成本低、存储材料可控设计、可低温及大面积加工、易与柔性衬底兼容、可实现绿色制备和回收方便等诸多优点,而且还具有存储速度快和存储容量大等特性,被视为极具发展前途的一种低成本高性能的存储器,在存储卡、柔性集成电路和柔性显示等方面展现出了广阔的应用前景。

近年来,有机半导体存储器的研究取得了很大进展,在大容量、长寿命、低功耗和快速存储等方面展示出广阔的应用前景,某些存储性能指标已接近或达到商业化水平,目前正从单纯的存储材料和元器件的研究向存储芯片的集成阵列发展,这对实现有机半导体存储器的产业化具有非常重要的意义。相信不远的将来,在市场需求的推动下,以有机半导体存储器为核心的电子产品将出现在人们的日常生活中。尤其是,人们发现有机半导体存储器可以对人脑神经元的突触可塑性功能进行有效模拟,从而使构筑的存储芯片具有深度学习能力,并且由于有机半导体材料的特性,使其具有很好的生物兼容性,可以满足人工智能技术对存储芯片的要求,是制备高性能神经形态芯片的有力竞争者。因此,有机半导体存储器的研究获得了科技界和产业界的高度关注,具有重要的科学和产业开发价值。

本书从介绍存储器发展历程开始,系统总结了不同类型的有机半导体存储器的器件结构、成膜工艺、存储特性以及存储机制,并重点阐述了几种具有代表性的有机半导体存储器。本书共四章,第一章对不同类型的存储器发展历程做了总体介绍,对存储器的未来发展趋势进行了展望,并在此基础上,对有机半导体存储器的类型进行了梳理;第二章对有机二极管电存储器的工作原理、器件结构、制备方法、性能表征、工作机制等进行了总结,重点对有机二极管电存储材料进行了归类,并介绍了几种典型的有机二极管电存储器;第三章对有机场效应晶体管存储器的工作原理、器件结构、存储参数、存储类型、存储器材料等进行了总结,梳理了几种特殊类型的有机场效应晶体管存储器,特别介绍了柔性有机场效应晶体管存储器的机械性能测试和热稳定测试等;第四章对利用忆阻器进行不同的神经形态功能模拟进行了总结,介绍了几种典型的神经突触可塑性,并对忆阻器的发展进行了展望。

本书由黄维教授组织编写并统稿。其中,第一章由仪明东教授和王来源博士编写;第二章由解令海教授、王来源博士、凌海峰博士、陈叶博士、钱扬周博士编写;第三章由解令海教授、仪明东教授、李雯博士、凌海峰博士编写;第四章由仪明东教授、王来源博士、李雯博士编写。张晨曦、周嘉、孙珂、徐潇、吴永乐、蒋惠、曹博文、柯蕴芯、陶奎、张韬、钱浩文、俞松城、吴春晖、杨永豪等负责查找文献和整理资料。本书在编写过程中,参考了一些国内外相关领域的进展和成果,引用了参考文献中的部分内容,在此向文献作者表示诚挚的谢意。

由于有机半导体存储器发展迅速,但是其存储机制尚不十分明确,加之编写比较仓促,书中难免有疏漏和不足之处,敬请广大读者和专家指正,提出宝贵意见。

黄维

2020 年 10 月

目　录

丛书序
前言

第1章　引言 …… 001
1.1　存储器的发展历史 …… 001
1.1.1　汞延迟线 …… 001
1.1.2　磁带 …… 002
1.1.3　磁鼓 …… 002
1.1.4　磁芯 …… 003
1.1.5　磁盘 …… 003
1.1.6　光盘 …… 004
1.1.7　微纳开关器件 …… 005
1.2　常用的无机存储器 …… 005
1.2.1　基于电容的存储器 …… 006
1.2.2　基于磁信号的硬盘 …… 007
1.2.3　基于场效应晶体管的闪存 …… 007
1.2.4　基于光信号的光盘 …… 007
1.3　存储器的发展趋势 …… 008
1.3.1　集成度不断提高 …… 008
1.3.2　存储速度不断提高 …… 008

1.3.3 工作电压不断降低 …… 008
1.3.4 新型存储器不断出现 …… 009
1.4 有机半导体存储器 …… 009
第2章 有机二极管电存储器 …… 018
2.1 基本原理 …… 018
2.2 器件结构及制备方法 …… 019
2.2.1 有机二极管电存储器的分类 …… 019
2.2.2 有机二极管电存储器的结构 …… 023
2.2.3 电存储器件的制备方法 …… 029
2.3 器件表征 …… 030
2.3.1 阈值电压 …… 031
2.3.2 响应时间 …… 031
2.3.3 耐受性能 …… 032
2.3.4 维持时间 …… 032
2.3.5 电流开关比 …… 032
2.4 工作机制 …… 033
2.4.1 丝状电导 …… 034
2.4.2 空间电荷限制和陷阱 …… 038
2.4.3 场致电荷转移机制 …… 038
2.4.4 构象转变与相变机制 …… 039
2.4.5 氧化还原机制 …… 040
2.4.6 隧穿机制 …… 041
2.4.7 载流子输运模型拟合 …… 042
2.5 有机电存储材料 …… 044
2.5.1 有机聚合物材料 …… 044
2.5.2 有机小分子材料 …… 050
2.5.3 树枝状大分子材料 …… 051
2.5.4 石墨烯材料 …… 051
2.5.5 电存储材料的发展方向 …… 056
2.6 新型二极管电存储器 …… 056
2.6.1 柔性电存储器 …… 056
2.6.2 有机生物电存储器 …… 058
2.6.3 有机发光电存储器 …… 065
2.6.4 有机/无机纳米粒子掺杂的电存储器 …… 072
2.6.5 分子开关存储器件 …… 102

2.6.6 多进制二极管电存储器 …… 106

第3章 有机场效应晶体管存储器 …… 125

3.1 有机场效应晶体管存储器的发展历史 …… 125
3.2 有机场效应晶体管存储器的基本介绍 …… 126
3.2.1 有机场效应晶体管存储器的基本结构 …… 126
3.2.2 有机场效应晶体管存储器的工作原理 …… 127
3.2.3 有机场效应晶体管存储器的基本参数 …… 131
3.3 有机场效应晶体管存储器的分类 …… 138
3.3.1 基于浮栅的有机场效应晶体管存储器 …… 138
3.3.2 基于聚合物电介体的有机场效应晶体管存储器 …… 141
3.3.3 基于有机铁电材料的有机场效应晶体管存储器 …… 144
3.4 有机场效应晶体管存储器的材料 …… 146
3.4.1 有机场效应晶体管存储器衬底材料 …… 146
3.4.2 有机场效应晶体管存储器绝缘层材料 …… 147
3.4.3 有机场效应晶体管存储器半导体材料 …… 149
3.4.4 有机场效应晶体管存储器电极材料 …… 150
3.5 几种特殊类型的有机场效应晶体管存储器 …… 150
3.5.1 多阶存储有机场效应晶体管存储器 …… 150
3.5.2 基于光调控的有机场效应晶体管存储器 …… 154
3.5.3 柔性有机场效应晶体管存储器 …… 158

第4章 忆阻器神经形态功能模拟 …… 172

4.1 突触和忆阻器的简介 …… 172
4.1.1 突触及突触可塑性 …… 173
4.1.2 忆阻器的典型特征 …… 174
4.2 基本突触功能的模拟 …… 175
4.2.1 短时程可塑性和长时程可塑性及其相互转化 …… 175
4.2.2 脉冲频率依赖可塑性 …… 185
4.2.3 脉冲时序依赖可塑性 …… 187
4.2.4 经验学习 …… 191
4.3 复杂突触功能的模拟 …… 192
4.3.1 稳态可塑性 …… 193
4.3.2 联想性学习 …… 195
4.3.3 非联想性学习 …… 196
4.4 忆阻器的未来与展望 …… 199

第1章

引　言

1.1　存储器的发展历史

存储器是用来存储程序和数据的部件，有了存储器，计算机才有记忆功能，才能保证正常工作。存储器按用途可分为主存储器(内存)和辅助存储器(外存)。内存指主板上的存储部件，用来存放当前正在执行的数据和程序，但仅用于暂时存放程序和数据，关闭电源或断电，数据就会丢失。外存通常是磁性介质或光盘等，能长期保存信息。

存储器是能接收数据和保存数据，并能够对已存信息进行读、写或擦除等反复操作功能的器件。存储器是组成计算机和其他电子产品的最基本部分之一，例如计算机的内存、硬盘以及我们平时使用的U盘和闪存卡等均是存储器，其重要性不言而喻。存储器由一定数量的存储元集成，每个存储元都是一个具有两种稳定状态的物理器件。在计算机中采用只有两个数码“0”和“1”的二进制来表示数据。因此每个存储元的两种稳定状态分别表示“0”和“1”。通常电存储器中每个存储元可以有两个(或两个以上)稳定的不同导电状态(“ON”态或“OFF”态)对应着计算机二进制语言中的“0”或“1”(或N进制中的不同数值)。而此双稳态在电场作用下会发生可逆或不可逆的转变，从而实现对数据信息的存储。然后根据器件特性施加不同的操作电压就可以对存储数据进行读、写或擦除操作。

自世界上第一台计算机问世以来，计算机的存储器件也在不断发展更新，从一开始的汞延迟线、磁带、磁鼓、磁芯，到现在的半导体存储器、磁盘、光盘、纳米存储器等，无不体现着科学技术的快速发展。

1.1.1　汞延迟线

1950年，世界上第一台具有存储程序功能的计算机EDVAC由冯·诺依曼博士领导设计。它的主要特点是采用二进制，使用汞延迟线作存储器，指令和程序可存入计算机中。

1951 年 3 月,由 ENIAC 的主要设计者莫齐利和埃克特设计的第一台通用自动计算机 UNIVAC-I 使用了汞延迟线存储装置。UNIVAC-I 使用的汞延迟线是一根直径 10 mm、长 150 cm 的管子,内部充满水银,两端各有一个转换器分别进行电-声转换和声-电转换。这样,脉冲信号从管子的一端进入,转换成超声波,960 ms 后超声波到达管子的另一端,再转换成电信号输出。不过要实现存储功能,还需要一些额外的电路:经调制的脉冲信号从管子的一端进入,960 ms 后从管子的另一端输出,由变换器接收后,经检测、放大、整形和再生,重新反馈到发送端。一个延迟线电路称作一个通道(channel),每个通道可存储 10 个 91 位的字,差不多 1 000 个脉冲,UNIVAC-I 系统中共有 100 个这样的通道。为了让存储系统稳定工作,水银的温度需要保持在 40℃左右,因此要将水银管置于一个类似混凝土搅拌机的容器中,容器中设置有加热器用来加热水银管。

汞延迟线存储器可以称得上是史上最笨重的主存储器。使用的水银管称为汞槽(mercury tank),直径 10 mm、长 150 cm,内部有很多充满水银的管道,每个汞槽质量超过 1 t。

1.1.2 磁带

UNIVAC-I 第一次采用磁带机作外存储器,首先用奇偶校验方法和双重运算线路来提高系统的可靠性,并最先进行了自动编程的试验。磁带是所有存储器设备中单位存储信息成本最低、容量最大、标准化程度最高的常用存储介质之一。它互换性好、易于保存,近年来,由于采用了具有高纠错能力的编码技术和即写即读的通道技术,大大提高了磁带存储的可靠性和读写速度。根据读写磁带的工作原理,磁带可分为螺旋扫描技术、线性记录(数据流)技术、数字线性磁带技术以及比较先进的线性磁带开放技术。

磁带库是基于磁带的备份系统,它能够提供基本的自动备份和数据恢复功能,但同时具有更先进的技术特点。它的存储容量可达到数百 PB,可以实现连续备份、自动搜索磁带,也可以在驱动管理软件控制下实现智能恢复、实时监控和统计,整个数据存储备份过程完全摆脱了人工干涉。

磁带库不仅数据存储量大得多,而且在备份效率和人工占用方面拥有无可比拟的优势。在网络系统中,磁带库通过存储区域网(storage area network, SAN)系统可形成网络存储系统,为企业存储提供有力保障,很容易完成远程数据访问、数据存储备份或通过磁带镜像技术实现多磁带库备份,无疑是数据仓库、企业资源计划(enterprise resource planning, ERP)等大型网络应用的良好存储设备。

1.1.3 磁鼓

1953 年,随着存储器设备的发展,第一台磁鼓应用于 IBM 701,它是作为内存储器使用的。磁鼓是利用铝鼓筒表面涂覆的磁性材料来存储数据的。鼓筒旋转速度很高,因此存取速度快。它采用饱和磁记录,从固定式磁头发展到浮动式磁头,从采用磁胶发展到采用电镀的连续磁介质。这些都为后来的磁盘存储器打下了基础。

磁鼓最大的缺点是利用率不高,一个大圆柱体只有表面一层用于存储,而磁盘的两面都可用来存储,显然利用率要高得多。因此,当磁盘出现后,磁鼓就被淘汰了。

1.1.4 磁芯

美国物理学家王安 1950 年提出了利用磁性材料制造存储器的思想。福雷斯特则将这一思想变成了现实。

为了实现磁芯存储,福雷斯特需要一种物质,这种物质应该有一个非常明确的磁化阈值。他找到在新泽西一家生产电视机用铁氧体变换器公司的德国老陶瓷专家,利用熔化铁矿和氧化物获取了特定的磁性质。

对磁化有明确阈值是设计的关键。这种电线的网格和芯子织在电线网上,被人称为芯子存储,它的有关专利对发展计算机非常关键。磁化相对来说是永久的,所以在系统的电源关闭后,存储的数据仍然能够保留。因为磁场能以电子的速度来阅读,这使交互式计算有了可能。更进一步,因为是电线网格,存储阵列的任何部分都能访问,也就是说,不同的数据可以存储在电线网的不同位置,并且阅读所在位置的一束比特就能立即存取。这称为随机存取存储器(RAM),在存储器设备发展历程中它是交互式计算的革新概念。

最先获得这些专利许可证的是 IBM,IBM 最终获得了在北美防卫军事基地安装“旋风”的商业合同。更重要的是,自 20 世纪 50 年代以来,所有大型和中型计算机也采用了这一系统。磁芯存储从 20 世纪五六十年代,直至 70 年代初,一直是计算机主存的标准方式。

1.1.5 磁盘

世界第一台硬盘存储器是由 IBM 公司在 1956 年发明的,其型号为 IBM 350 RAMAC(random access method of accounting and control)。这套系统的总容量只有 5 MB,共使用了 50 个直径为 24 英寸[①]的磁盘。1968 年,IBM 公司提出“温彻斯特/Winchester”技术,其要点是将高速旋转的磁盘、磁头及其寻道机构等全部密封在一个无尘的封闭体中,形成一个头盘组合件(head disk assembly, HDA),与外界环境隔绝,避免了灰尘的污染,并采用小型化轻浮力的磁头浮动块,盘片表面涂润滑剂,实行接触起停,这是现代绝大多数硬盘的原型。1979 年,IBM 发明了薄膜磁头,进一步减小了磁头质量,使更快的存取速度、更高的存储密度成为可能。20 世纪 80 年代末期,IBM 公司又对存储器设备发展作出一项重大贡献,发明了磁阻(magneto-

---

① 英寸(in),1 in = 2.54 cm。

resistive, MR)磁头,这种磁头在读取数据时对信号变化相当敏感,使得盘片的存储密度比以往提高了数十倍。1991 年,IBM 生产的 3.5 英寸硬盘使用了 MR 磁头,使硬盘的容量首次达到了 1 GB,从此,硬盘容量开始进入了 GB 数量级。IBM 还发明了 PRML(partial response maximum likelihood,部分响应最大似然)信号读取技术,使信号检测的灵敏度大幅度提高,从而大幅度提高记录密度。

目前,硬盘的面密度已经达到每平方英寸 100 GB 以上,是容量、性价比最大的一种存储设备。因而,在计算机的外存储设备中,还没有其他的存储设备能够在最近几年中对其统治地位产生挑战。硬盘不仅用于各种计算机和服务器中,在磁盘阵列和各种网络存储系统中,它也是基本的存储单元。值得注意的是,近年来微硬盘的出现和快速发展为移动存储提供了一种较为理想的存储介质。在闪存芯片难以承担的大容量移动存储领域,微硬盘可大显身手。目前尺寸为 1 英寸的硬盘,存储容量已达 4 GB,10 GB 容量的 1 英寸硬盘不久也会面世。微硬盘广泛应用于数码相机、MP3 设备和各种手持电子类设备。

另一种磁盘存储设备是软盘,从早期的 8 英寸软盘、5.25 英寸软盘到 3.5 英寸软盘,主要应用于数据交换和小容量备份。其中,3.5 英寸 1.44 MB 软盘占据计算机的标准配置地位近 20 年之久,之后出现过 24 MB、100 MB、200 MB 的高密度过渡性软盘和软驱产品。然而,由于 USB 接口的闪存出现,软盘作为数据交换和小容量备份的统治地位已经动摇并逐渐退出了存储器设备发展的历史舞台。

1.1.6 光盘

光盘主要分为只读型光盘和读写型光盘。只读型指光盘上的内容是固定的,不能写入、修改,只能读取。读写型光盘则允许人们对光盘内容进行修改,可以抹去原来的内容,写入新的内容。用于微型计算机的光盘主要有 CD - ROM、CD - R/W和 DVD - ROM 等几种。

20 世纪 60 年代,荷兰飞利浦公司的研究人员开始使用激光光束进行记录和重放信息的研究。1972 年,他们的研究获得了成功,1978 年投放市场。最初的产品就是大家所熟知的激光视盘(laser vision disc, LD)系统。从 LD 的诞生至计算机用的 CD - ROM,经历了三个阶段,即 LD(激光视盘)、CD - DA(激光唱盘)、CD - ROM。下面简单介绍这三个存储器设备发展阶段性的产品特点。

LD(激光视盘),就是通常所说的 LCD,直径较大,为 12 英寸,两面都可以记录信息,但是它记录的信号是模拟信号。模拟信号的处理机制是指模拟的电视图像信号和模拟的声音信号都要经过频率调制(frequency modulation, FM)、线性叠加,然后进行限幅放大。限幅后的信号以 0.5 μm 宽的凹坑长短来表示。

CD - DA 激光唱盘虽然取得了成功,但由于事先没有制定统一的标准,使它的开发和制作一开始就陷入高额的资金投入中。1982 年,由飞利浦公司和索尼公司制定了 CD - DA 激光唱盘的红皮书(Red Book)标准。由此,一种新型的激光唱盘诞生了。CD－DA激光唱盘记录音响的方法与LD系统不同，CD－DA激光唱盘系统首先把模拟的音响信号进行PCM（脉冲编码调制）数字化处理，再经过EMF（8～14位调制）编码之后记录到盘上。数字记录代替模拟记录的好处是，对干扰和噪声不敏感，由于盘本身的缺陷、划伤或沾污而引起的错误可以校正。

CD－DA系统取得成功使飞利浦公司和索尼公司很自然地想到利用CD－DA作为计算机的大容量只读存储器。但要把CD－DA作为计算机的存储器，还必须解决两个重要问题，即建立适合于计算机读写的盘的数据结构，以及CD－DA误码率必须从当时的10^{-9}降低到10^{-12}以下，由此就产生了CD－ROM的黄皮书（Yellow Book）标准。这个标准的核心思想是，盘上的数据以数据块的形式来组织，每块都要有地址，这样一来，盘上的数据就能从几百兆字节的存储空间上被迅速找到。为了降低误码率，采用增加一种错误检测和错误校正的方案。错误检测采用了循环冗余检测码，即所谓的CRC，错误校正采用里德-所罗门（Reed-Solomon）码。黄皮书确立了CD－ROM的物理结构，而为了使其能在计算机上完全兼容，后来又制定了CD－ROM的文件系统标准，即ISO 9660。

在20世纪80年代中期，光盘存储器设备发展速度非常快，先后推出了WORM光盘、磁光盘（MO）、相变光盘（phase change disk, PCD）等新品种。20世纪90年代，DVD－ROM、CD－R、CD－R/W等开始出现和普及，目前已成为计算机的标准存储设备。

1.1.7 微纳开关器件

分子开关的必要条件是该分子具有双稳态，即具有两种完全不同且可相互转变的稳定结构。对于这样的分子，我们可以通过外部刺激来使它在两种稳态中转变。但是必须指出，至少在进行操纵的时间尺度上，这种转变应是非自发的、外部的，化学的、电化学的或光化学的信号都可以作为对它的刺激。单分子逻辑开关的整个开关过程是：电压脉冲施加可改变原子的位置或分子的构型，用来打开和关闭电子流并将它们放到一起，构成逻辑门，即构成计算机处理器的电路。开关尺寸越小，电路尺寸也就相应越小，从而有可能将更多的电路集成到一个处理器上，同时还可以提高速度和性能。即使当今存储密度最高的硬盘，要想保存1 bit的信息也需要大约100万个磁性原子。这种分子开关的出现使得制造尺寸超小、但是速度堪比超级计算机的芯片成为可能；甚至还有可能产生只有一丁点灰尘那么大或可以放到针尖上的计算机芯片。利用其制造的计算机存储材料体积更小、密度更高。这可使未来计算机微型化，且存储信息的功能更为强大[1-7]。

1.2 常用的无机存储器

存储器芯片按存取方式（读写方式）可分为随机存取存储器（RAM）芯片和只读存储器（ROM）芯片。ROM中的信息只能被读出，而不能被操作者修改或删除，故一般用于存放固定的程序,如监控程序、汇编程序等,以及存放各种表格。RAM主要用来存放各种现场的输入、输出数据,中间计算结果,以及与外部存储器交换信息和作堆栈用。它的存储单元根据具体需要可以读出,也可以写入或改写。由于RAM由电子器件组成,所以只能用于暂时存放程序和数据,一旦关闭电源或发生断电,其中的数据就会丢失。现在的RAM多为MOS型半导体电路,它分为静态和动态两种,静态RAM是靠双稳态触发器来记忆信息的,动态RAM是靠MOS电路中的栅极电容来记忆信息的。由于电容上的电荷会泄漏,需要定时给予补充,所以动态RAM需要设置刷新电路。但动态RAM比静态RAM集成度高、功耗低,从而成本也低,适于作大容量存储器。

按照技术的不同,存储器芯片可以细分为EPROM、EEPROM、SRAM、DRAM、FLASH、MASK ROM和FRAM等。存储器技术是一种不断进步的技术,随着各种专门应用不断提出新的要求,新的存储器技术也层出不穷,每一种新技术的出现都会使某种现存的技术走进历史,因为开发新技术的初衷就是消除或减弱某种特定存储器产品的不足之处。例如,闪存技术脱胎于EEPROM,它的一个主要用途就是取代用于PC机BIOS的EEPROM芯片,以便方便地对这种计算机中最基本的代码进行更新。尽管目前非易失性存储器中最先进的就是闪存,但技术却并未就此停步。生产商们正在开发多种新技术,以便使闪存也拥有像DRAM和SDRAM那样的高速、低价、寿命长等特点。总之,存储器技术将会继续发展,以满足不同的应用需求。就PC市场来说,更高密度、更大带宽、更低功耗、更短延迟时间、更低成本的主流DRAM技术将是不二之选。而在其他非易失性存储器领域,供应商们正在研究闪存之外的各种技术,以便满足不同应用的需求,未来必将有更多更新的存储器芯片技术不断涌现。当前主要应用的存储器有基于光信号的光盘、基于场效应晶体管的闪存、基于磁信号的硬盘和基于电容的存储器等。

1.2.1 基于电容的存储器

基于电容的存储器主要包括随机存储器和只读存储器,其中最主要的是动态随机存储器(dynamic random memory, DRAM)。动态随机存储器主要有以下特点。

(1) 随机存取:所谓“随机存取”,指的是当存储器中的消息被读取或写入时,所需要的时间与这段信息所在的位置无关。相对的,读取或写入顺序访问(sequential access)存储设备中的信息时,其所需要的时间与位置就会有关系。

(2) 易失性:当电源关闭时RAM不能保留数据。如果需要保存数据,就必须把它们写入一个长期的存储设备中(如硬盘)。RAM和ROM相比,两者的最大区别是RAM在断电以后保存在上面的数据会自动消失,而ROM则不会。

(3) 较高的访问速度:现代的随机存取存储器几乎是所有访问设备中写入和读取速度最快的,取存延迟和其他涉及机械运作的存储设备相比,也显得微不足道。但速度仍然不如作为CPU缓存用的SRAM。

(4) 需要刷新：现代的随机存取存储器依赖电容器存储数据。电容器充满电后代表“1”(二进制)，未充电的代表“0”。由于电容器或多或少有漏电的情形，若不作特别处理，电荷会渐渐随时间流逝而使数据发生错误。刷新是指重新为电容器充电，弥补流失的电荷。DRAM 的读取即有刷新的功效，但一般的定时刷新并不需要作完整的读取，只需作该芯片的一个列(row)选择，整列的数据即可获得刷新，而同一时间内所有相关记忆芯片均可同时作同一列选择。因此，在一段期间内逐一做完所有列的刷新，即可完成所有内存的刷新。需要刷新正好解释了随机存取存储器的易失性。

(5) 对静电敏感：跟其他精细的集成电路一样，RAM 对环境的静电荷非常敏感。静电会干扰存储器内电容器的电荷，导致数据流失，甚至烧坏电路。因此在触碰随机存取存储器前，应先用手触摸金属接地。

1.2.2 基于磁信号的硬盘

硬盘是一种采用磁介质的数据存储设备，数据存储在密封于洁净的硬盘驱动器内腔的若干个磁盘片上。这些盘片一般是在以铝为主要成分的片基表面涂上磁性介质所形成的，在磁盘片的每一面上，以转动轴为轴心、以一定的磁密度为间隔的若干个同心圆就被划分成磁道(track)，每个磁道又被划分为若干个扇区(sector)，数据就按扇区存放在硬盘上。在每一面上都相应地有一个读写磁头(head)，所以不同磁头的所有相同位置的磁道就构成了所谓的柱面(cylinder)。传统的硬盘读写都是以柱面、磁头、扇区为寻址方式(CHS 寻址)的。硬盘在上电后保持高速旋转(5 400 r/min 以上)，位于磁头臂上的磁头悬浮在磁盘表面，可以通过步进电机在不同柱面之间移动，对不同的柱面进行读写。所以在上电期间如果硬盘受到剧烈振荡，磁盘表面就容易被划伤，磁头也容易损坏，这都将给盘上存储的数据带来灾难性的后果。

1.2.3 基于场效应晶体管的闪存

闪存是一种长寿命的非易失性(在断电情况下仍能保持所存储的数据信息)的存储器，数据删除不是以单个的字节为单位而是以固定的区块为单位(注意：NOR Flash 为字节存储)，区块大小一般为 256 KB 到 20 MB。闪存是电子可擦除只读存储器(EEPROM)的变种，闪存与 EEPROM 不同的是，EEPROM 能在字节水平上进行删除和重写而不是整个芯片擦写，而闪存的大部分芯片需要块擦除。由于其断电时仍能保存数据，闪存通常被用来保存设置信息，如在电脑的 BIOS(基本程序)、PDA(个人数字助理)和数码相机中保存资料等。

1.2.4 基于光信号的光盘

光盘是以光信息作为存储的载体并用来存储数据的一种物品，可分为不可擦写光盘(如 CD - ROM、DVD - ROM 等)和可擦写光盘(如 CD - RW、DVD - RAM 等)。光盘是利用激光原理进行读写的设备,是迅速发展的一种辅助存储器,可以存放各种文字、声音、图形、图像和动画等多媒体数字信息。

1.3 存储器的发展趋势

微处理器的高速发展导致存储器的发展速度远不能满足 CPU 的发展要求,而且这种差距还在拉大。目前世界各大半导体厂商,一方面在致力于成熟存储器的大容量化、高速化、低电压和低功耗化,另一方面根据需要在原来成熟存储器的基础上开发各种特殊存储器。

1.3.1 集成度不断提高

由于受到 PC 机和办公自动化设备普及要求的刺激,对 DRAM 需求量日益激增,再加上系统软件和应用软件对内存的要求有越来越大的趋势,特别是新一代操作系统以及很多与图形图像有关的软件包都对内存容量提出了更大的要求,促使各大半导体厂商不断投入巨资发展亚微米集成电路技术,以提高存储器的集成度,并不断推出大容量存储器芯片。在半导体领域一直遵循有名的“摩尔(Moore)定律”——集成度以每 18 月提高一倍的速度在发展。集成电路集成度越高,所需要采用的工艺线宽就越小,当达到半导体线宽小于电子波长时,就会产生量子效应。为此正在发展硅量子细线技术和硅量子点技术的新工艺技术,可把半导体细线做到 10 nm,这样就可以进一步提高半导体的集成度,做出更大容量的存储器芯片。

1.3.2 存储速度不断提高

随着微处理器速度的飞速发展,存储器的发展远不能跟上微处理器速度的提高,而且两者的差距越来越大,这已经制约了计算机性能的进一步提高。目前一般把访问时间小于 35 ns 的存储器称为高速存储器。随着时间的推移,高速存储器的访问时间将越来越小。至今 SRAM 与 DRAM 比较,速度仍然快不少。20 世纪 80 年代末起,随着 GaAs 和 BICMOS 工艺技术的长足发展,世界各大半导体公司都希望利用 GaAs 和 BICMOS 工艺技术来提高 SRAM 的速度。为了适应高速 CPU 构成高性能系统的需要,高速 DRAM 技术在不断发展。目前发展高速 DRAM 一般是把注意力集中在存储器芯片的片外附加逻辑电路上,试图在片外组织连续数据流来提高单位时间内数据流量,即增加存储器的带宽。

1.3.3 工作电压不断降低

随着用电池供电的笔记本式计算机和各种便携式带微处理器的电子产品的问

世，要求尽量缩减产品的体积、重量和功耗，还要求产品耐用。减小产品体积和重量很重要的方向就是减少电池的数量，这又必然要求降低所用芯片的工作电压；耐用就需要降低芯片的功耗。由此就促使世界范围内半导体厂商研究和开发低压的半导体器件，包括低压的存储器。大多数低压存储器采取了3.0~3.3 V工作电压，也有采用2.7~1.8 V电源供电的，如东芝推出的低压EEP2ROM，日立公司还推出了只要1 V工作电压的4 MB SRAM。采用低电压集成电路技术后，芯片的功耗也大幅度降低，而且其工作速度并没有明显下降，这时电池的重量可以减轻40%，同时电池的寿命延长3~4倍，系统发热量降低，整个系统的体积也不断减小。

1.3.4 新型存储器不断出现

根据某些特定的需要，有些公司已开发出一些新型的动态存储器。例如，为提高扫描显示和通信速度以及用于多处理机系统的双端口SRAM（dual-port SRAM），为了解决图形显示的带宽瓶颈而设计的用于图形卡的视频读写存储器VRAM（video RAM），为了改善Windows图形用户接口中图形性能的WRAM（Windows RAM），可用于多处理器系统高速通信的FIFO（first-in，first-out，先进先出）存储器等。

存储器的研究目标是高存储密度、高数据传输率、高存储寿命、高擦除读取次数以及廉价存储器的制备。从以上无机存储器的发展史来看，当前被广泛采用的存储设备或多或少都存在缺点。DRAM技术有反应快的优点，但也有价格高昂、数据保留时间短的缺点；闪存技术的数据保留时间长，但是它的擦除和写入过程需要较长的时间，读写寿命也有限，而且制造费用更加高昂；HDD是最廉价的存储技术，但是它的数据存储和擦除时间都较长，而且在使用的过程中比较容易受到损坏；CD存储寿命长，信息位的价格也低，但是制备和驱动较为复杂，传输速度也较为缓慢。

所以，新型存储介质的研究和应用是当前国际研究的热点之一。人们期待着新型存储性能优越的存储设备的发现，从而带来信息产业的革新。因此，在长期的研究探索中，人们逐渐发现如果采用有机材料作为存储介质，将带来相较于无机材料更多的优势。比如，有机材料不需要高温等苛刻的薄膜制备工艺，具有价格低廉、大面积、柔性、高灵敏度的优点。最重要的是，有机材料的分子尺寸在1~100 nm，因此，基于有机材料的分子设备更容易实现纳米尺寸的存储单元，大幅度提高存储密度，减小器件的尺寸，可获得更大的器件集成度。

1.4 有机半导体存储器

作为基于有机半导体的有机电子电路的重要组成部分，有机半导体存储器是有机电子学的一个热门的研究方向。高性能的有机存储单元是有机集成电路、射频识别标签、大面积显示等应用中必需的组成部分,如图 1.1 所示。简单来讲,有机半导体存储器通常具有材料来源丰富、制备成本低廉、柔性透明、低成本、低温制备、可喷墨打印等诸多优势。

图 1.1 应用柔性透明的有机半导体存储器的电子设备[8]

人们一直在探索不同于传统非易失性存储器的新的应用领域。目前,有机半导体存储器主要可分为两种,即有机半导体二极管存储器和有机场效应晶体管存储器。

在后信息时代,海量(10^{10} bit/cm^2)、超快、移动、廉价成为存储技术发展的趋势与挑战,在碳/有机电子背景下,有机二极管电存储技术是最具潜力的解决方案之一。

首先,与光/磁存储技术相比,电存储技术具有不必使用驱动器的优势,可直接对数据进行读写及擦除等操作,此外还具有能够高速、高效处理数据以及抗磁、抗震、安全性高等优点,并兼有存储容量大、体积小、便携、即插即用等特点。

其次,传统的存储器是基于无机半导体集成电路而实现的,虽然其具有读写速度快、使用寿命长等特点,但是也存在着尺寸效应、制备工艺复杂和制造成本偏高等问题。与之相比,有机二极管电存储器不但兼具无机半导体存储器响应时间快、使用寿命长等特点,而且还具有其独特优势,具体如下:第一,有机二极管电存储器件工艺简单、廉价、柔性可折叠、轻便,制造有机二极管电存储器可以利用印刷电子最新的廉价技术,极大地降低生产成本,实现绿色有机二极管电存储器加工;第二,有机二极管电存储技术中功能材料来源广泛,并且可以通过分子设计进行化学合成,提高器件性能,实现分子级器件,即其存储单元尺寸可小至分子量级,加之可能整合的多阶存储技术,从原理上可以实现更高密度的数据存储,这是传统无机半导体电存储技术所无法比拟的一个突出优势;第三,有机二极管电存储器具有简单的"三明治"器件结构,通过三维堆叠技术将纳米量级的存储器件一层层叠加制成三维立体结构,使得存储密度更加巨大。2010 年,韩国光州科技研究所的 Song 等[9]报道实现了有机二极管电存储器三维堆叠制备,其器件结构和所用功能材料分子结构如图 1.2 所示。该二极管电存储器各层均可实现独立监控并且具有较好的存储性能。该三维电存储器的成功制备使得超高存储密度的有机二极管电存储器制备向应用又迈进了一步。

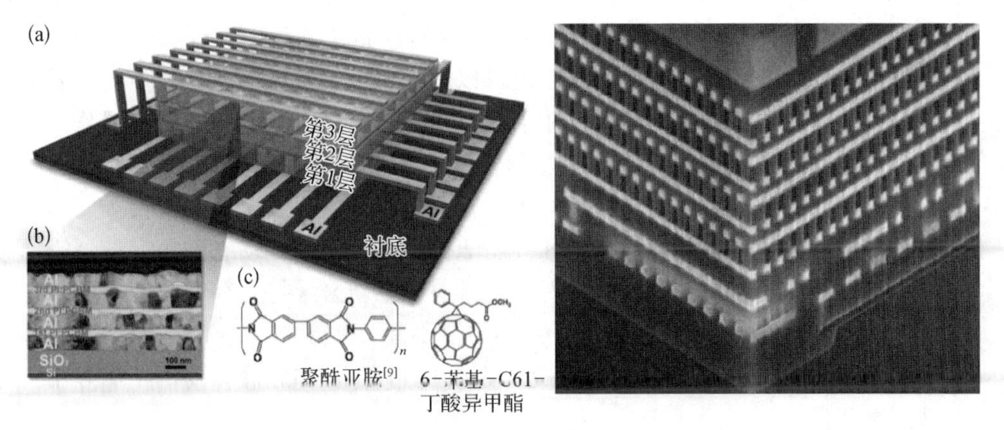

图 1.2 有机二极管电存储器的三维集成图

有机二极管电存储器的典型"三明治"结构如图 1.3 所示,包括顶电极、底电极和有机半导体功能层。

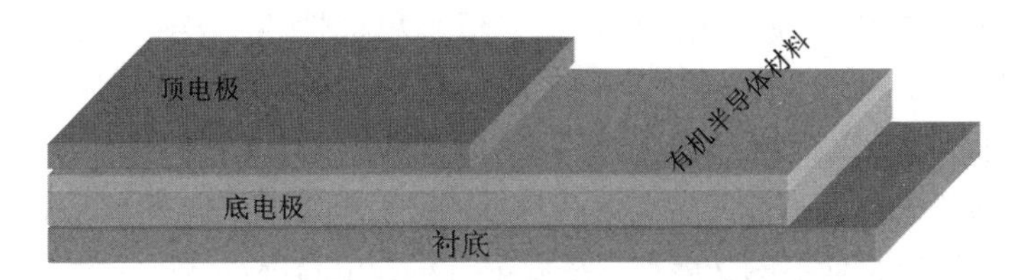

图 1.3 有机二极管电存储器"三明治"结构示意图

按其电学特性也可以分为易失性存储和非易失性存储两大类。易失性存储在断电后已存储的数据就会因断电而丢失,而非易失性存储则不会因为断电而丢失已存数据。

有机非易失性存储中主要包含可重复擦写的闪存(Flash)和一次写入多次读取存储(WORM)两类,它们的电流-电压特性分别如图 1.4 所示,该图给出了有机二极管电存储器的电流-电压特性曲线,可以看出闪存型存储器双稳态间的转化是可逆的[10],WORM 型存储器双稳态之间的转变是不可逆的[11]。

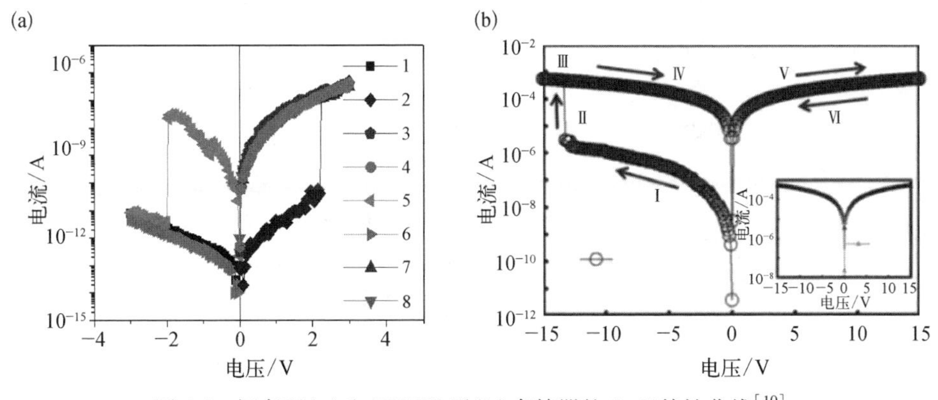

图 1.4 闪存型(a)和 WORM 型(b)存储器的 $I-V$ 特性曲线[10]

作为非易失性存储器,一次写入多次读取的存储功能可以保证其存储的数据不会因为各种意外而丢失或被修改。故可以用于对重要数据的存档或射频标签等领域。闪存可以在不同的电信号作用下反复执行写入、读取、擦除等信息操作。闪存作为一种具有可重写功能的非易失性存储器,已广泛应用于电脑硬盘和 U 盘等之中。非易失性存储器中主要包含可重复擦写型和一次写入多次读写两类。易失性存储器中又包含动态随机存储器和静态随机存储器两类。动态随机存储器需要使用动态非连续的电压或电流脉冲对其进行周期刷新来维持其存储状态。而静态随机存储器则只需要持续对其供电(并不需要刷新)就能维持其存储状态,并且静态随机存储具有极快的响应速度,但是其造价也非常高,因此静态随机存储多用于电脑高速缓存。

闪速存储器(闪存)根据擦写的极性可分为单极性闪速存储器和双极性闪速存储器,它们在各自双稳态之间的转变均是可逆的。单极性闪存和双极性闪存的区别仅在于单极性闪存使用相同极性电压进行写入和擦除操作,而双极性闪存的写入和擦除操作电压必须是相反极性的。但是单极性闪存技术上更具优势,例如其可以使用一个二极管和一个电阻器结构实现闪存,避免了因电路共用而产生的寄生电流干扰,避免误读的产生。

有机二极管电存储器按其功能层材料可以分为电容型、铁电型、电阻型三类。电容型有机二极管电存储器的功能材料主要为有机介电材料。铁电型有机二极管电存储器的功能材料主要为有机铁电材料。图 1.5 给出了几种常见的有机介电和铁电材料的分子结构,其中聚甲基丙烯酸甲酯(PMMA)、聚苯乙烯(PS)、聚酰亚胺(PI)和聚乙烯吡咯烷酮(PVP)是介电材料,偏氟乙烯-三氟乙烯共聚物 P(VDF-TrFE)是铁电材料。PMMA 的薄膜透光率高达 90%以上,其电阻率高达 $2\times10^{15}\ \Omega\cdot cm$,并且能够很好地溶解于大多数溶剂,因此成膜性好,但是其玻璃化转变温度(96~

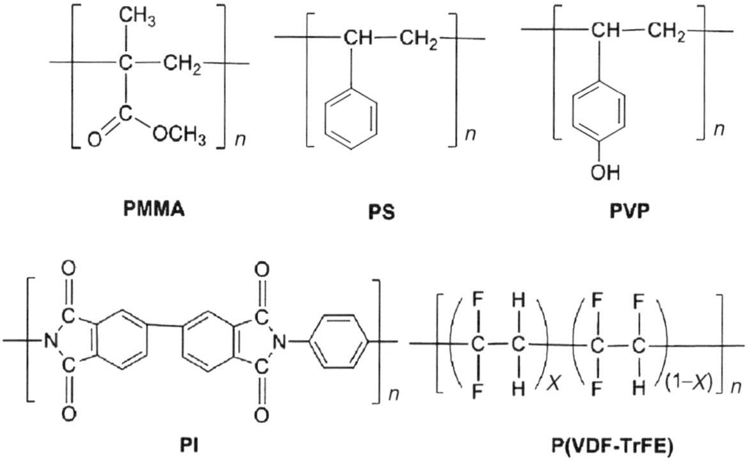

图 1.5 几种常见的有机介电和铁电材料的分子结构图

120℃)较低,并且随着温度升高其绝缘性降低,此外有机溶剂对其性能的影响也比较大。PI 溶解性较差,但是较高温度下比较稳定,由于刻蚀温度较高(大于 200℃)所以不适合使用大多数柔性塑料衬底。而 PVP 本身绝缘性并不是很好,一般需要交联之后再使用。"明星"有机铁电材料 P(VDF - TrFE)由于具有易于溶解、无毒性、薄膜柔性大等特点,且其带隙较宽导致电阻率高达 10^{12} Ω · cm,因此器件漏电流极低。此外因其还具有极化转变电压较低、极化转变速度非常快、响应时间低于 0.1 μs 等优点而被广泛采用。

电阻型存储器也称为电阻随机存储器(RRAM),是一种新型的非易失性存储器,其功能材料在外加电场作用下会发生构象变换、氧化还原或电荷转移等属性变化,从而导致材料本身电阻变化。随着操作电压变化,RRAM 器件高电阻态和低电阻态之间可以发生相互转变,并且各电阻态不受电场撤去的影响,具有非易失特性。因此信息存储需要的"0"和"1"可分别由高阻态(HRS)和低阻态(LRS)表示。RRAM 的响应速度能够达到 10 ns,可以与 SRAM 速度相媲美,已远远超过了普通闪速存储器微秒量级的速度,但其结构更简单,制造成本更低。将来 RRAM 在计算机中成功使用不仅会大大缩短我们的开机时间,而且会在很大程度上降低计算机成本。

随着有机电子学的兴起和快速发展,有机二极管电存储器作为有机电子学最重要的分支之一,国际上对其研究从未间断过。随着消费电子时代的到来,传统存储器面临继续发展的困境,海量信息存储成为一大难题,这促使有机二极管电存储器研究突飞猛进。虽然目前有机二极管电存储器还不具备在工厂量产的能力,但是其取得的进展是非常瞩目的,表 1.1 给出了有机二极管电存储器性能实际应用要求。

表 1.1　二极管电存储器性能实际应用要求

参　数	实际应用要求
维持时间	>10 年
开关速度	<1 ms
写入电压	>10 V
耐受特性	$>10^6$ s
存储密度	>64 Kbit/mm^2
操作温度	−20~+50℃
保存温度	−40~+85℃

目前绝大部分有机二极管电存储器件的性能只有部分达到或超过实际应用要求[11],还没有制备出单个器件所有性能都能达到实际应用要求的良好器件。并且有机二极管存储器即使相同条件下制备的同种结构的器件性能参数波动性非常

大,很难做到像无机存储器的同种结构器件性能参数几乎无波动,这是限制有机二极管电存储器实际应用的主要原因之一。因此研究解决有机二极管性能参数波动并实现器件高度可重复性是今后有机二极管电存储器件能够生产应用的重要基础之一。

有机二极管电存储技术真正能够被工厂化大规模制造并应用还有很长一段路要走,目前归纳总结各类实验规律,提出具有普适性、可定量描述有机二极管存储机制的物理模型,引导器件设计,是有机二极管存储器研究工作的主要任务。

综上所述,有机二极管电存储器存在巨大潜力,作为下一代数据存储器,将补充或替换现有的无机半导体存储器,在各领域信息存储方面得到广泛应用,成为"云存储"时代的宠儿。虽然有机二极管电存储器目前还存在存储机制不清晰、器件良率不高等问题,但是鉴于有机二极管电存储器具有非常大的研究价值和经济价值,目前各国都在增加对其研究资源的投入以抢占技术制高点。

作为另外一种具有竞争力的有机半导体存储器,有机场效应晶体管存储器与传统的基于无机半导体的非易失性存储器一样,是三端口的基于场效应晶体管的存储器件,如图 1.6 所示。有机场效应晶体管存储器的制备工艺较有机电双稳态器件复杂,但因其具有无损坏读出(nondestructive read-out)、与互补集成电路体系结构兼容以及可以用单晶体管实现等优点[12],并且有效避免了有机电双稳态器件在集成的时候很难解决的串流问题(sneak current problem)[13],在产业化应用方面具有很大的优势。

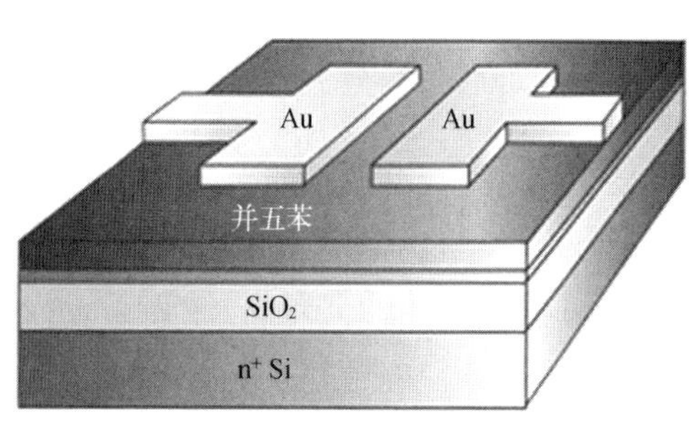

图 1.6 有机场效应晶体管结构示意图[13]

有机场效应存储器根据其功能整体可以分为两个大类:易失性存储器和非易失性存储器。易失性存储器需要在外部电源持续刷新的情况下才能保持所存的信息,一旦断电即会失去所有数据。大多数的随机存储器都属于易失性存储器。当前研究的有机场效应晶体管存储器一般属于非易失性存储器,在外界停止供电的情况下,还能在相当长的时间内保持数据。根据结构和存储机制的不同,有机场效应晶体管又可以分为电介体型存储器、浮栅型存储器和铁电型存储器。电介体型和浮栅型有机场效应晶体管存储器在外加栅压作用下,电荷从半导体层转移到电介体层或者浮栅层,从而改变晶体管的阈值电压,产生两个或多个不同的状态,实现信息的存储。因此这两种存储器又被称为电荷储存型有机场效应晶体管存储器。铁电型有机场效应晶体管存储器利用铁电材料,在电场的作用下改变极化方向,从而改变晶体管的绝缘层电容 C_i 和阈值电压 V_{th},产生两个不同的状态,实现信息的存储。目前有很多高性能的铁电型有机场效应管存储器的报道,但是性能优异的铁电聚合物较难获得,所以现在的关注点暂时集中于研究电荷储存型有机场效应晶体管存储器。

电介体是一类可以永久保存电荷的绝缘材料。因为可以长时间存储电荷,聚合物电介体已经被用于传感器、电子显影、光学显示系统等多种应用中。目前已经有了很多高速、长维持时间的电介体型有机场效应晶体管存储器的报道。2004 年,澳大利亚的 Singh 课题组在美国《应用物理快报》上报道了第一个基于有机电介体材料的有机场效应晶体管存储器[14]。如图 1.7 所示,该器件以玻璃为衬底,衬底上预制的氧化铟锡(ITO)为晶体管的栅极,栅极上旋涂一层 PVA(聚乙烯醇)作为栅绝缘层,随后分别蒸镀 PCBM 和铬(Cr)作为半导体层和源漏电极。PVA 层在电场的作用下可以存储和释放电荷,从而导致晶体管阈值电压的偏移。在阈值电压偏移的中间某处,存在同一个合适的测量栅压,在相同源漏电压下,可以测得有几个数量级差别的漏极电流,从而实现信息的存储。

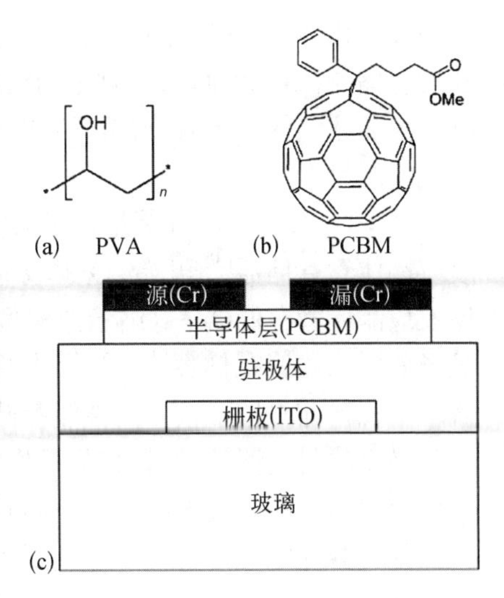

图 1.7 (a) PVA 的化学结构,(b) PCBM 的化学结构,(c) 器件结构示意图[14]

浮栅型有机场效应晶体管存储器是另外一种电荷存储型晶体管存储器。浮栅型有机场效应晶体管的结构如图 1.8 所示,与普通有机场效应晶体管不同的是其具有栅绝缘层。浮栅型有机场效应晶体管存储器有两个绝缘层,分别称为隧穿绝缘层(tunneling insulator)和阻断绝缘层(blocking insulator),器件夹着一个由金属或纳米粒子构成的浮栅。阻断绝缘层有时也被称为控制绝缘层(controlling insulator)。如果浮栅为纳米粒子,则隧穿绝缘层可能不是必需的。

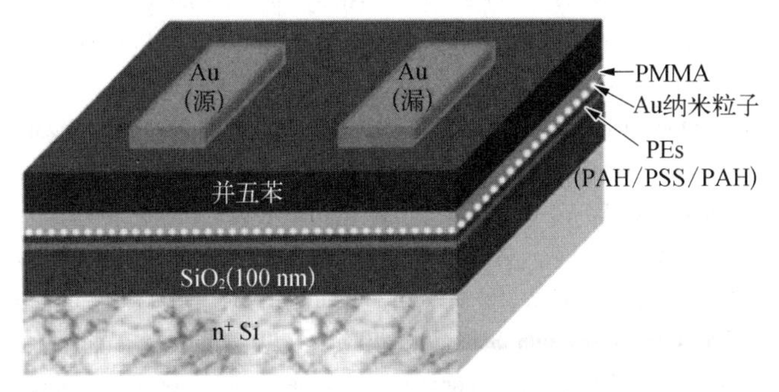

图 1.8 Au 纳米粒子浮栅型有机场效应晶体管结构示意图[15]

当在栅极施加一个很高的电压 V_G,沟道的电荷会注入浮栅。跟电介体型有机场效应晶体管存储一样,注入的电荷会导致晶体管阈值电压 V_{th} 的移动。电荷转移到浮栅上之后,如果没有外加栅压,存储的电荷可以一直保持下去。当加上一个很大的反向栅压,电荷就会释放,阈值电压会变为初始的数值,从而实现一个非易失性的存储器。存储窗口,也就是阈值电压变化的数值,受浮栅中俘获的电荷密度影响。大多数绝缘的聚合物都可以用作浮栅型有机场效应晶体管的隧穿绝缘层和阻断绝缘层。

从 1986 年 Tsumura 等报道了第一个基于聚噻吩的开关比为 10^2 ~ 10^3 的有机场效应晶体管存储器[16]开始,该领域取得了很大的发展,逐步产生了电介体型有机场效应晶体管存储器[14]、纳米浮栅型有机场效应晶体管存储器[15,17]以及铁电型有机场效应晶体管存储器[18]等不同结构、不同存储机制的有机场效应晶体管存储器。尽管当前报道了很多高性能存储器,但是该领域仍然面临不少挑战。例如,存储器操作的稳定性较差、偏高的操作电压、有限的维持时间、较慢的擦写速度,均与实际应用的要求有很大的距离。同时,器件的存储机制还需要进一步明确,弄清存储机制对器件的设计将有非常重要的指导意义。

参 考 文 献

[1] Donhauser Z J, Mantooth B A, Kelly K F, et al. Conductance switching in single molecules through conformational changes. Science, 2001, 292(5525): 2303 - 2307.

[2] Donhauser Z J, Mantooth B A, Pearl T P, et al. Matrix-mediated control of stochastic single molecule conductance switching. Japanese Journal of Applied Physics, 2002, 41 (7B): 4871 - 4877.

[3] Han P, Mantooth B A, Sykes E C H, et al. Benzene on Au {111} at 4 K: monolayer growth and tip-induced molecular cascades. Journal of the American Chemical Society, 2004, 126 (34): 10787 - 10793.

[4] Kelly K F, Donhauser Z J, Mantooth B A, et al. Expanding the capabilities of the scanning tunneling microscope. NATO Sci. Ser. II Math, 2005, 186: 153.

[5] Mantooth B A, Sykes E C H, Han P, et al. Analyzing the motion of benzene on Au{111}: single molecule statistics from scanning probe images. Journal of Physical Chemistry C, 2007, 111(17): 6167 - 6182.

[6] Monnell J D, Donhauser Z J, Bumm L A, et al. STM characterization of molecular switches. Abstr. Pap. Am. Chem. Soc. , 2000, 220: U176-U176.

[7] Moore A M, Mantooth B A, Dameron A A, et al. Measurements and mechanisms of single-molecule conductance switching. Advanced Materials Research, 2008, 10: 29 - 47.

[8] Ling Q D, Liaw D J, Zhu C X, et al. Polymer electronic memories: materials, devices and mechanisms. Progress in Polymer Science, 2008, 33: 917 - 978.

[9] Song S, Cho B, Kim T W, et al. Three-dimensional integration of organic resistive memory devices. Advanced Materials, 2010, 22(44): 5048 - 5052.

[10] Xie L H, Ling Q D, Hou X Y, et al. An effective Friedel-Crafts post-functionalization of poly(*N*-vinylcarbazole) to tune carrier transportation of supramolecular organic semiconductors based on pi-stacked polymers for nonvolatile flash memory cell. Journal of the American Chemical Society, 2008, 130(7): 2120.

[11] Lin Z Q, Liang J, Sun P J, et al. Spirocyclic aromatic hydrocarbon-based organic nanosheets for eco-friendly aqueous processed thin-film non-volatile memory devices. Advanced Materials, 2013, 25(27): 3664 - 3669.

[12] Scott J C, Bozano L D. Nonvolatile memory elements based on organic materials. Advanced Materials, 2007, 19(11): 1452 - 1463.

[13] Baeg K J, Noh Y Y, Ghim J, et al. Organic non-volatile memory based on pentacene field-effect transistors using a polymeric gate electret. Advanced Materials, 2006, 18(23): 3179.

[14] Singh T B, Marjanovic N, Matt G J, et al. Nonvolatile organic field-effect transistor memory element with a polymeric gate electret. Applied Physics Letters, 2004, 85(22): 5409 - 5411.

[15] Lee J S. Review paper: nano-floating gate memory devices. Electronic Materials Letters, 2011, 7(3): 175 - 183.

[16] Tsumura A, Koezuka H, Ando T. Macromolecular electronic device: field-effect transistor with a polythiophene thin-film. Applied Physics Letters, 1986, 49(18): 1210 - 1212.

[17] Wang W, Ma D G, Gao Q. Organic thin-film transistor memory with Ag floating-gate. Microelectronic Engineering, 2012, 91: 9 - 13.

[18] Yoon S M, Yang S, Byun C W, et al. "See-through" nonvolatile memory thin-film transistors using a ferroelectric copolymer gate insulator and an oxide semiconductor channel. Journal of the Korean Physical Society, 2011, 58(5): 1494 - 1499.

第2章

有机二极管电存储器

有机电存储器件作为当代新兴存储技术之一,功能可设计性强,结构简单,存储容量大,而且制造成本低,是当前有机半导体领域的研究热点。有机电存储器的一般结构为三明治型,即金属电极/有机功能层/金属电极,所以器件的两个重要组成部分是导电电极与有机功能层。目前,具有电双稳态特性的有机功能材料主要分为有机小分子材料、聚合物、金属有机配合物以及有机-无机纳米杂化材料四种类型,广泛应用于二极管的两个对称或非对称电极的材料主要有Al、Cu、氧化铟锡(ITO)、p型或n型掺杂硅等。

本章主要介绍有机二极管电存储器的基本原理、器件结构、制备方法、特征参数、工作机制,总结目前已报道的各类有机电存储材料,并介绍柔性电存储、生物电存储、发光电存储等新型多功能二极管电存储器。

2.1 基本原理

存储技术就是将“0”和“1”在时间轴上进行稳态保存和读取的技术。因此只要利用具有两种稳定特性状态的物理器件就可以对数据进行存储,例如电荷的有和无、电流的通和断、电阻的高和低等,都可以用于存储。有机材料的结构形态比高度有序的无机材料复杂很多,因此载流子在有机材料中的传输过程比在无机材料中更加复杂多变,目前现有理论对于有机材料中载流子传输过程的解释还不够充分合理。因此对基于有机功能材料的二极管电存储器的存储机制解释也只能针对特定的材料体系,缺乏普遍适用性。

本章仅针对有机二极管电存储器进行研究,从原理上讲属于阻变型存储,即在相同的电压下,材料表现为两种电阻态(高阻态对应低的导电态相当于信号“0”,低阻态对应高的导电态相当于信号“1”)。对于诸如形状记忆之类的机械存储和场效应晶体管存储在此不作讨论。

双稳态电路是二进制信号加工电路的基本单元,其原理和工作特性如图2.1

所示。图2.1(a)为示意电路,其中TD(tunneling diode)为隧穿二极管,当输入电压低于TD的击穿电压时,输出为高(5 V);当输入电压高于TD的击穿电压时,输出为低(0 V),从而实现了两种状态,故称为双稳态电路。图2.1(b)为双稳态电路的工作曲线示意图,它是由TD的$I-V$特性和电阻R的线性特性构成的方程来确定电路的稳定工作点,两种曲线的交点就是方程组的解,也就是双稳态电路的工作点。双稳态电路是开关电路,也是逻辑电路。它不仅具有0和1态特性,也有倒向特性,即输入为低时,输出为高;反之,输入为高时,输出为低。倒相电路为构造逻辑电路的基本电路。

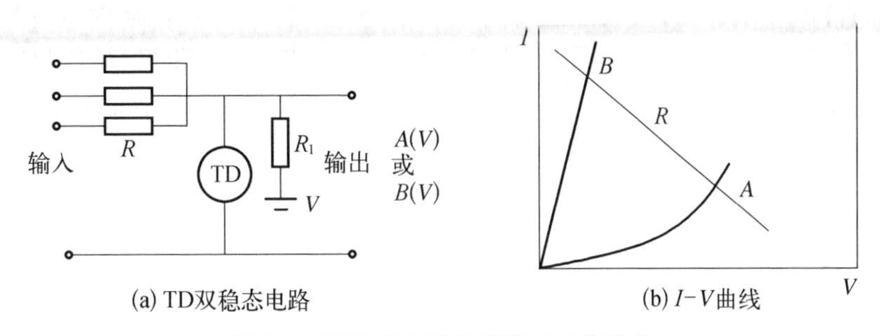

图2.1　双稳态电路的原理与工作特性

2.2　器件结构及制备方法

2.2.1　有机二极管电存储器的分类

1. 按照电存储的存储机制分

有机二极管电存储按照电阻变化的机制可以分为电容型存储和电阻型存储[1]。对于电容型存储,主要是利用有机材料存储电荷量的多少来决定存储的状态。对于电容型有机二极管存储器,其功能层材料主要是有机介电材料。介电材料一般是指电阻率超过10 Ω · cm的物质,此外有些电介质材料的电阻率并不是很高,不能称为绝缘体,但是能发生极化过程,也归入电介质。基于电容型的存储器,主要应用于动态随机存储器中。

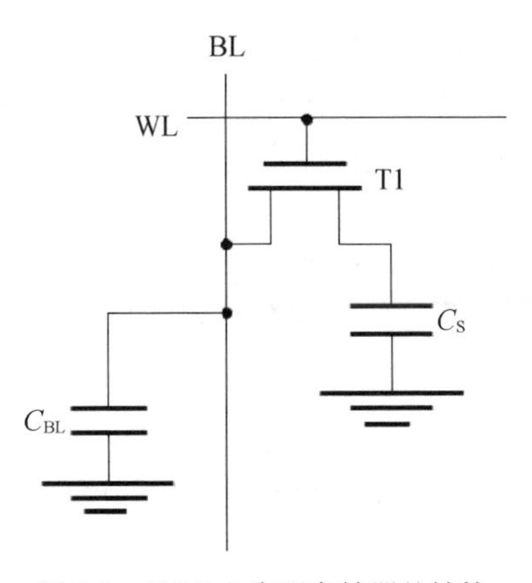

图2.2　1T1C电容型存储器的结构

最基本的动态随机存储器具有1T1C结构,如图2.2所示,T1是n型的场效应晶体管,在正向栅压时器件可形成电子导电通道;C_S是电容型二极管,充当存储和释放电荷的功能;BL是字线;WL是位线,由外部驱动电路控制。该器件的工作原理是字线 BL 控制着晶体管 T1 的导通与截止，当 BL 是高电平时，晶体管导通，BL 是低电平时，晶体管截止；位线 WL 控制着器件信息的写与读，当 WL 为高电平且晶体管导通时，有电流通过 T1 给电容 C_S充电，待充电完成后，M1 置为低电平，晶体管截止，存储的电荷就保存在电容器中；读取信息的过程，字线 BL 高电平，T1 导通，C_S中的电荷会经过 T1 和位线 WL 分配到 C_{BL}上，通过探测 C_{BL}上的电压，就可以知道器件存储的状态。由于 C_S中是有机电介质，存储的电荷将会随着时间而泄露，因此这种器件的存储状态不能长时间保存，故器件是易失性的。要保持 DRAM 中的存储信息，要及时向电容补充电荷，往往通过刷新控制电路，周期性地将存储的数据读出，经过放大后重新写入。如果电容器中的材料是铁电材料，存储的信息就能够保持较长的时间。因为铁电材料被外部电压极化后，电压撤除后，仍然会保留原来的极化状态，因此基于铁电材料的 FeRAM 存储器是非易失性的存储器，这种存储器不需要周期性地刷新。

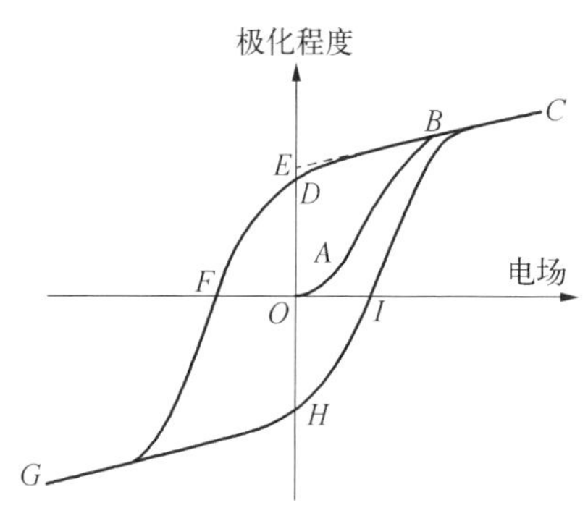

图 2.3 电位移-电场磁滞回线和铁电型存储实现条件

有机铁电二极管存储器的功能层采用的是有机铁电材料。铁电材料属于热释电材料，在外加扫描电场下发生极化并且电位移方向会随着外电场变化而发生改变，表现出特有的电滞回线，如图 2.3 所示，极化强度 P 滞后于电场强度 E。当铁电材料两端加上电场 E 后，极化强度 P 随着 E 增加沿 OAB 曲线上升，至 B 点后 P 随 E 的变化呈线性（BC 线段）。E 下降，P 不沿原曲线下降。当 E 为零时，极化强度 P 不等于零，图示为 D 点，称为剩余极化强度。只有加上反电场后（如 EF 段所示）P 才等于零，EH 称为铁电材料的矫顽电场强度。$CBDFGHIC$ 构成整个电滞曲线。由于铁电材料一旦发生极化后，外电场撤除后其极化状态不会发生改变，这意味着铁电存储器断电后其存储的信息不会丢失，所以铁电型存储属于非易失性存储。如果需要改变必须施加一个大于 V_C的反相电场才能改变其极化态，实现对数据的擦和写操作。值得注意的是并非所有能够产生“电滞回线”的都是铁电材料，有些材料也会因为其他因素而出现类似铁电材料的“电滞回线”。随着表征手段的不断进步，可以通过压电和热电测试得到准确的测试结果。

铁电材料应用于二端存储器件，根据存储机制的不同，可以归结为铁电电容存储器和铁电二极管存储器。对于铁电电容存储器，铁电材料被电场极化后，由于材料存在剩余极化电荷$+P_r$或$-P_r$，极化方向代表存储的信息。检索所存储的信息时，需要施加大于矫顽电场强度的电压，通过获得的位移电流的大小来判断器件的存储状态。如果得到大的位移电流，证明铁电材料的极性发生翻转，检测电压的方向和材料的极化方向相反；如果得到小的位移电流，那么铁电材料的极性没有发生翻转,检测电压的方向和材料的极化方向相同。从读取存储信息的过程可以看到,检测信息的电压强度可能会导致材料的极性方向改变,从而改变器件的存储状态,因而是破坏性存储。当材料的极性发生改变后,需要施加一个反向的电压脉冲使器件恢复至原来的存储状态。目前对于有机铁电材料的研究主要集中在偏氟乙烯-三氟乙烯共聚物 P(VDF - TrFE)上,其化学式如图 2.4 所示。对于有机铁电电容器的研究,现在主要集中在降低 P(VDF - TrFE)薄膜的厚度,使其仍然保持铁电性和提高循环疲劳稳定性[2]。

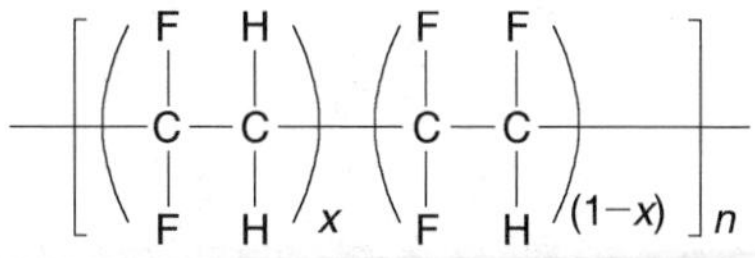

P(VDF−TrFE)

图 2.4　铁电材料 P(VDF - TrFE)的分子结构

由于铁电电容存储器的读取是破坏性读取,非易失非破坏性的存储是基于电阻变化的存储。但是有机铁电材料 P(VDF - TrFE)是宽带隙的绝缘体,其铁电性和导电性难以在单一组分中共存。2008 年,BLOM 首先在 *Nature* 上报道了利用铁电材料 P(VDF - TrFE)和半导体材料 P3HT 相分离的共混物制成的基于电阻变化的二极管存储器[3]。由于 P3HT 和金属银电极存在相对大的注入势垒,利用 P(VDF - TrFE)的正向和负向极化,来造成 P3HT 的能带弯曲,调节半导体 P3HT 和金属电极的注入势垒,因此制成了具有正负向可调、具有整流特性的二极管存储器件。

基于电荷存储原理的电存储器目前面临因器件尺寸不断缩减导致电荷存储失效的困境。而基于电致阻变存储的新概念存储器有望走出传统电存储器的困境,成为新型存储器的发展趋势。电阻型存储器之所以在外加电场作用下能够发生电阻态的变化,本质上是电场的作用改变了功能材料的电导率。材料电导率的改变主要是因为材料内载流子浓度或载流子迁移率发生改变,或者载流子浓度和载流子迁移率都发生了变化,共同导致材料电导率的改变。有机材料中载流子传输过程主要有欧姆传输、热电子发射、肖特基发射、空间电荷限制电流、跳跃传输、离子传输等几种传输模型。材料内部复杂的变化主要源于强电场下电流的热效应和电学效应影响,此外还有报道认为电化学效应也是重要原因之一。目前研究的热点和难点就是电流的热效应、电效应,以及电化学效应是如何作用于有机功能材料导致材料发生上述种种变化的,这也是电阻型有机二极管电存储器存储机制核心所在。本章后续各节将重点论述这部分内容。

2. 按照电学特性分

有机二极管电存储器按其电学特性可以分为易失性存储和非易失性存储两大类。易失性存储在断电后已存储的数据就会丢失,而非易失性存储则不会因为断电而丢失已存数据。易失性存储器又包含动态随机存储器(DRAM)和静态随机存储器(SRAM)两类,动态随机存储器需要使用动态非连续的电压或电流脉冲对其进行周期刷新来维持其存储状态。而静态随机存储器则只需要持续对其供电并不需要刷新就能维持其存储状态。存储器的分类如图 2.5 所示。

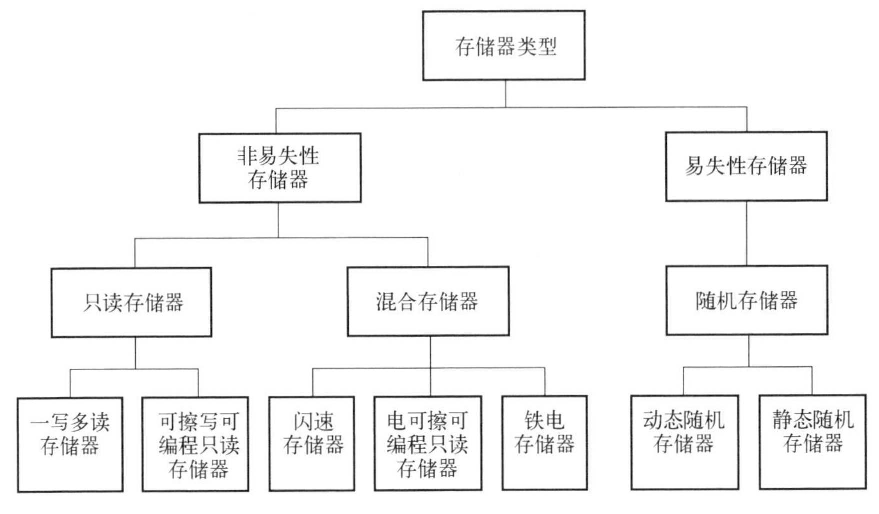

图 2.5 电存储器的类型

有机非易失性存储中主要包含闪存(Flash)(即可重复擦写型)和一次写入多次读取(WORM)存储两类。WORM 型存储器件只允许信息一次性写入存储介质,信息一旦被写入就不能被更改,但是可以反复读取,它的特征工作曲线如图 2.6(a)所示。由于 WORM 型存储器这样的特性,可以安全可靠地在长时间内存储需要多次读取的信息。作为传统的存储器(如 CD 和 DVD 等光盘)的补充,WORM 型存储器可以用来存储和备份健康信息、交易记录等重要的数据,防止存储的信息丢失或被修改。由于运行简单,作为存储介质的材料和器件制备成本低,WORM 型存储器也能够应用于无线射频识别标签。

Flash 是另一种非易失性存储器,与 WORM 型存储器不同,Flash 能通过电学手段来写入、读取、擦除、重新写入和保存信息,具有可反复擦写的特性。Flash 的特征工作曲线如图 2.6(b)所示。基于它的非易失性,Flash 在断开电源后依旧能够保存写入的信息。因此 Flash 主要用于移动存储卡和 USB 闪存,用以实现手机、数码相机、媒体播放器等数码产品与计算机之间信息传递。

DRAM 存储器是一种易失性的随机存取存储器,它将每个二进制数据存储在集成电路中单独的晶体管内。实际使用的电容器都有漏电的趋势,因此除非周期性地重置电容器中的电荷,不然存储的信息最终会丢失。它的特征工作曲线和 Flash 相似,但是在断开电源后就立刻回到低导电态,如图 2.6(c)所示。DRAM 存储器具有高的存储密度和快速的响应速度,是现代计算机主要的存储器。如果有机阻变存储器表现出易失性的高导态,并且为对导电态具有写入、读取、擦除和重置的能力,那么就与 DRAM 器件具有相同的特性。

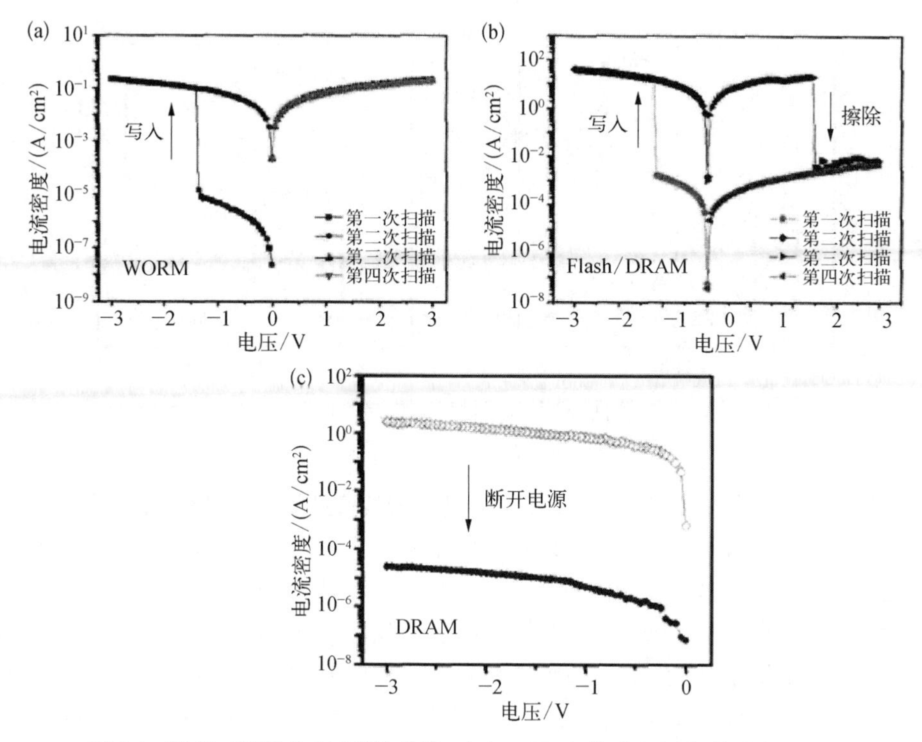

图 2.6 阻变存储器的典型特性曲线:(a) WORM 型;(b) 闪存型;(c) DRAM

3. 按照极性分

电阻开关型非易失性随机存储器在外加电压下的 $I-V$ 转变特性有三种类型,即双极性、单极性和无极性。双极性的存储器件表现在器件的 SET(低导态转变到高导态的过程)和 RESET(高导态转变到低导态的过程)的电压在不同的方向。对于单极性的存储器件,器件电阻的变化依赖于施加电压的大小而不在于电压的方向,SET 和 RESET 的电压方向是相同的,可以是正电压也可以是负电压。如果单极性的电阻变化可以对称地出现在正向和负向,则称为无极性[4]。因此,无极性属于单极性的特殊情况。无论是单极性还是双极性的器件,为了避免功能层材料在 SET 过程中出现永久性的击穿,常常在器件的测试过程中需要设置一个限制电流。当测试样品的电流值达到限制电流值时,若继续增大扫描的电压,为了保护样品,施加的电压将维持在限制电流值的电压值上,不再继续增加。图 2.7 是两种有机二极管电存储器的电流-电压特性曲线,(a)图中器件的 SET 电压和 RESET 电压都在一个方向,因此是单极性器件;(b)图中 SET 电压在正向,RESET 电压在负向,因此是双极性器件。图示中的虚线是限制电流。

2.2.2 有机二极管电存储器的结构

有机二极管电存储器通常由有机薄膜及其两端的电极构成,结构类似于夹层

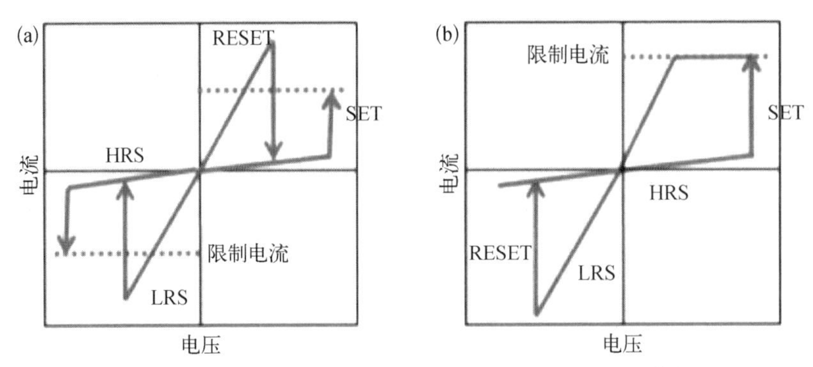

图 2.7 单极性(a)和双极性(b)的 $I-V$ 特性示意图[4]

注: HRS 为高阻态;LRS 为低阻态

式三明治。按照电极排列方式的不同,可以分为条形结构和点状结构[5],结构如图 2.8 所示。电存储器的电极可以是对称或不对称,主要材料有金、银、铜、铝、ITO、p 型或 n 型硅、rGO 等。中间的有机功能层可以是单组分或多组分的,且有机材料制备的单层薄膜[图 2.9(a)],可以采取双层或多层有机薄膜结构[图 2.9(b)],也可以是单组分有机材料的双层薄膜中间附加纳米粒子[图 2.9(c)],还可以是单组分有机材料中随机分布着有机纳米粒子的单层薄膜结构[图 2.9(d)],结构如图 2.9 所示。

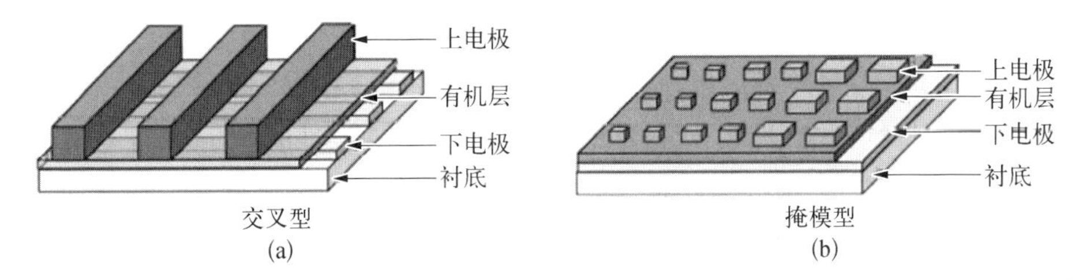

图 2.8 有机二极管电存储器的器件结构,根据电极排列划分: (a) 条形结构;(b) 点状结构[5]

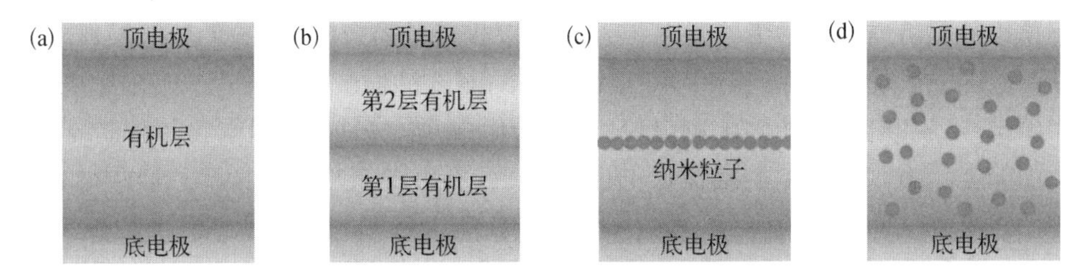

图 2.9 有机二极管电存储器的器件结构,根据活性层结构划分

目前的文献报道中两种器件结构都有,在功能实现和实际应用上各有优缺点。点状存储器由于所有存储单元只共用底电极,顶电极是分离的,因此不支持三维堆叠结构制备,但是各存储元之间不存在寄生电流路径,所以不会受到寄生电流干

扰,产生对存储状态的误读。但是由于点状结构在进行测试时探针会直接接触顶电极,这会导致有机薄膜内电场分布不均匀。此外,使用探针接触顶电极会很容易刺破顶电极而破坏器件,因此点状结构器件在测试时很可能会影响其真实性能。如图 2.10(a)、(b)所示,在条形结构中,由于底电极和顶电极是垂直交叉排列的,测试时探针并没有直接接触到每个测试单元,施加的电压也会均匀地通过测试器件,因此会较准确地反映测试器件在电场作用下电阻真实的变化情况。此外,条形结构支持三维堆叠制备,如图 2.10(c)所示[1],可实现高密度存储,但是由于其每个存储元都有与其他存储元共用顶电极和底电极的情况,因此会产生寄生电流路径,容易造成对存储信息的误判。所谓寄生电流,如图 2.10(d)所示,假如现在测试的 $D'\to D$ 样品单元,若存储单元 AA'、BB' 和 CC' 都存储了"1"处于高导态时,则由于寄生路径 $D'\to C'\to C\to B\to B'\to A'\to A\to D$ 存在,则不论 $D'\to D$ 中存储信息是"1"还是"0",信息读取结果都会是高导态,存储为"1",这显然是会产生误判,造成信息错误。

对于交叉式结构出现的串扰问题,可以通过不同的方式得到解决。最常用的方法是在存储单元中串联一个整流二极管构成 1D1R(one diode-one resistor)结构[4~8],如图 2.10(e)所示。若加入的二极管具有正向整流效应,则施加在 $D'D$ 上的电压在可能存在的寄生路径 BB' 处由于反向截止,因此寄生电流路径消失了,不再会出现读取信息错误的现象。

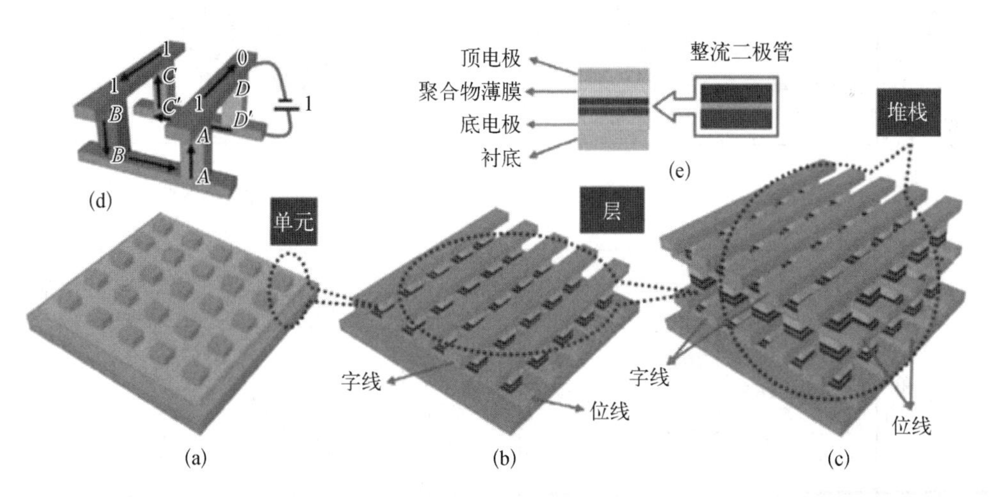

图 2.10 有机二极管电存储器件结构:(a) 交叉点状结构;(b) 交叉条状结构;(c) 三维堆叠;(d) 交叉条状结构中存在的寄生电流路径问题;(e) 通过增加整流二极管解决寄生电流路径问题[1]

如图 2.11 所示,2010 年 Tak-Hee Lee 课题组[6]制备了交叉条状结构有机二极管电存储器,图 2.12 是该存储器的 $I-V$ 曲线图及电路原理图,该存储器具有很好的整流特性,避免了寄生电流干扰。2013 年,Tae-Wook Kim 课题组[7]报道了全有机功能层(器件结构为: Al/PS : PCBM/Al/P3HT/Au/Al)的柔性、64 位 1D1R 电存储器,可通过 ASCII 编码的方式输出单词“KIST”,如图 2.13 所示。

图 2.11 1D1R 器件结构和示意图[6]

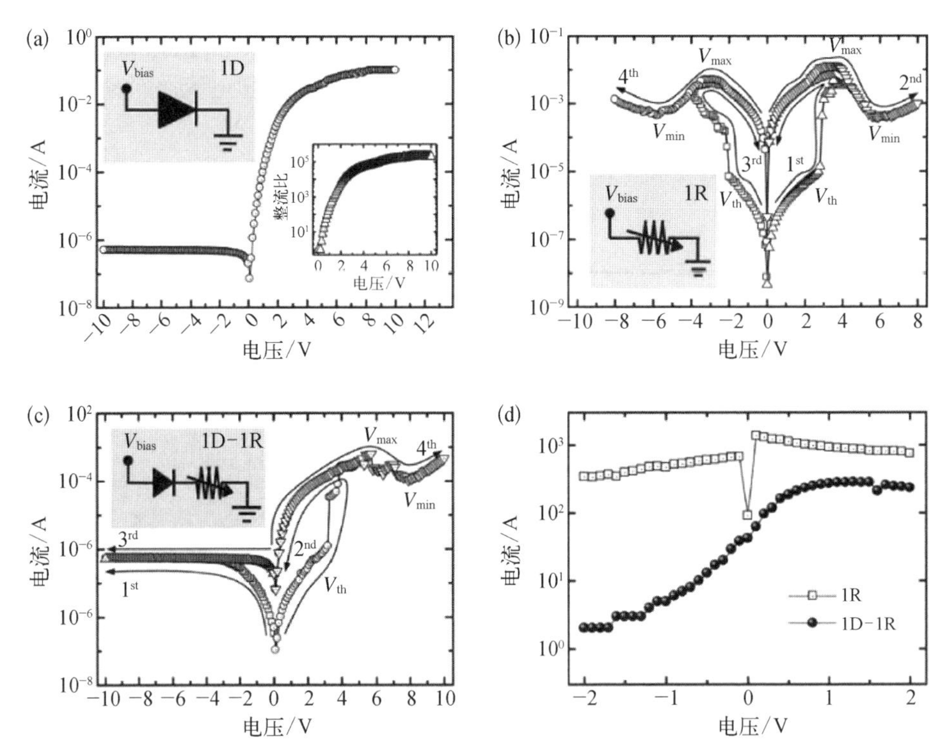

图 2.12 器件串联前和串联后的 $I-V$ 曲线及电路原理图(插图部分):(a) 无机肖特基二极管;(b) 有机阻变型存储器;(c) 1D-1R 型电存储器;(d) 在电压作用下 1R 型与 1D-1R 型电存储器的电流开关比对比[6]

注: 1st 指第一圈;2nd 指第二圈;3rd 指第三圈;4th 指第四圈。

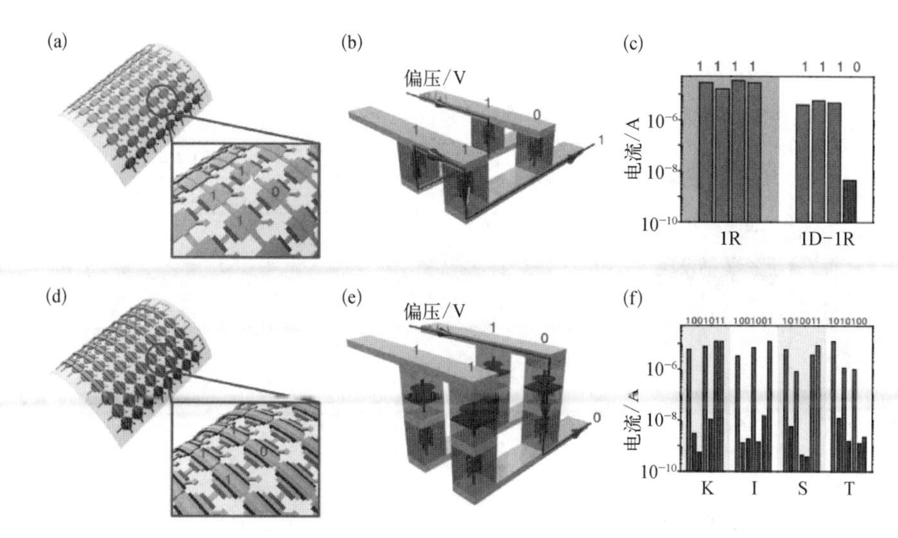

图 2.13　1D1R 电存储器的寻址测试：(a) 1R 器件的编程状态；(b) 1R 器件的电流路径示意图；(c) 输出电流值的读取状态直方图；(d) 1D1R 器件的编程状态；(e) 1D1R 器件的电流路径；(f) 在 8×8 的 1D1R 器件中通过 ASCII 编码的方式输出单词"KIST"[7]

利用整流二极管与存储单元串联的 1D1R 结构，可以解决串扰问题，但是相对复杂的器件结构和工艺兼容性，限制了它的应用。为了解决工艺兼容性的问题，2010 年，Eike Linn 等[8]报道了利用互补输出的方式来解决串扰问题，如图 2.14 所示。一个普通的二极管器件 A，具有典型的双极性的特点，且器件具有负向 SET，与正向 RESET，并且 SET 和 RESET 电压绝对值不相等。以器件 A(Pt/电介质/Cu)为例，若该器件具有以上所述的特点，那么将器件的电极材料颠倒过来，形成了结构为 Cu/电介质/Pt 的器件 B，那么器件 B 就具有正向 SET，负向 RESET 的特性，该特性正好和器件 A 相反。若将器件 A 和 B 叠加起来，就组成了 Pt/电介质/Cu/电介质/Pt 的互补输出电阻型器件(CRS)，其 $I-V$ 特性也应该是器件 A 和器件 B 的叠加。假设器件 A 在负向的 SET 电压的绝对值小于其正向 RESET 电压。那么器件 A 和器件 B 叠加后的 CRS 器件在 V_{th3} 时(对应于器件 A 的 SET 电压)SET 到高导态；在到达 V_{th4} 时(对应于器件 B 的 RESET 电压)RESET 到低导态；在正向的时候，到 V_{th1} 时(对应于器件 B 的 SET 电压)SET 到高导态；继续增大电压，到 V_{th2} 时(对应于器件 A 的 RESET 电压)RESET 到低导态。

对 CRS 器件做出以下规定，如表 2.1 所示。在 $V_{th4} < V < V_{th3}$ 时，即器件 A 为 LRS 时，器件 B 的初始状态为 LRS 时，CRS 状态规定为 ON 态，整个器件导通；在 $V < V_{th4}$ 时，即器件 A 为 LRS，器件 B 会 RESET 到低导态，CRS 状态规定为 1；在 $V_{th3} < V < V_{th1}$ 时，此时器件 A 仍然为 LRS，B 为 HRS；在 $V_{th1} < V < V_{th2}$ 时，器件 A 仍然为 LRS，器件 B 也 SET 到 LRS 态，整个器件导通，CRS 规定为 ON 态；当 $V > V_{th2}$ 时，器件 A 会 RESET 到 HRS 态，器件 B 保持 LRS，CRS 规定为 0；另外对于

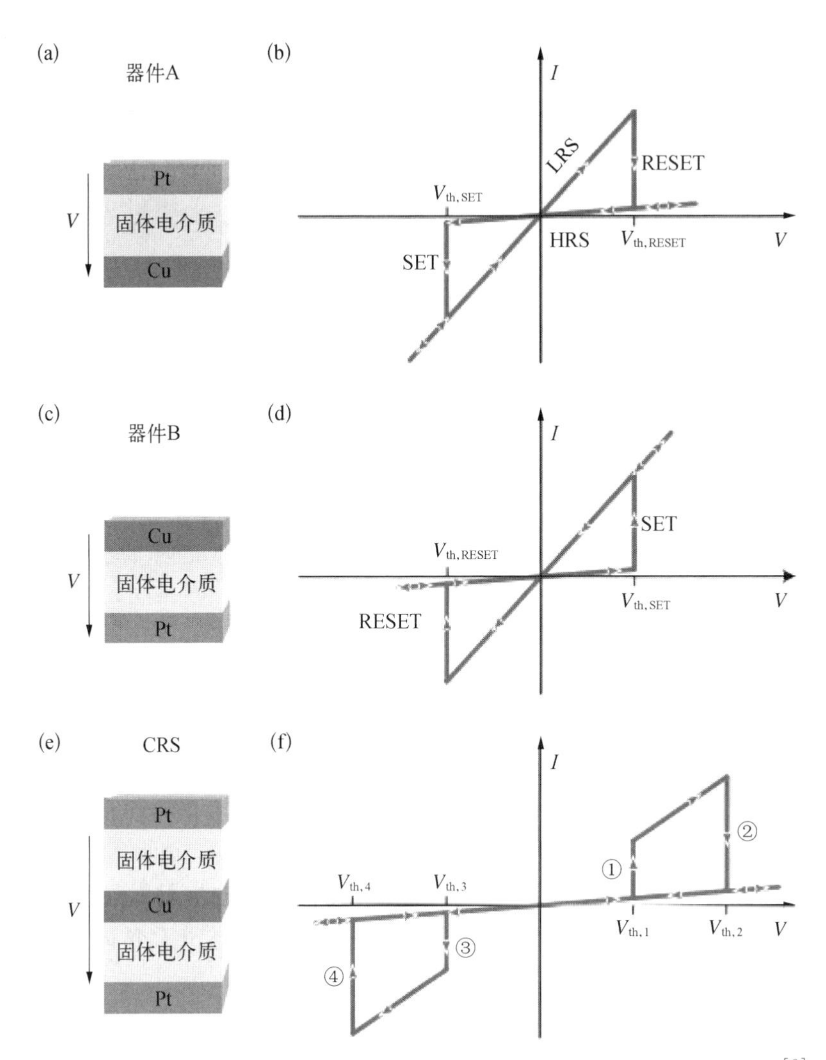

图 2.14 具有双极性存储特性的器件叠加后的器件结构和电流-电压示意图[8]

CRS,还规定了 OFF 态,这会出现在器件初始化的时候,比如负向扫描 $V < V_{th3}$ 时,器件 A 和 B 都是 HRS 态。

表 2.1 互补输出器件(CRS)的状态[8]

互补电阻开关状态	忆阻元件 A	忆阻元件 B	互补电阻开关的电阻
0	HRS	LRS	≈HRS
1	LRS	HRS	≈HRS
ON(开态)	LRS	LRS	LRS+LRS,仅在读取操作期间
OFF(关态)	HRS	HRS	≫HRS,仅当初始状态

从表 2.1 可以看出,当电压大于 V_{th2} 时,等效于“擦”;当电压小于 V_{th4} 时,等效于“写”;而“读”的电压是在 V_{th1} 和 V_{th2} 之间。当电压大于 V_{th2} 时,器件 A 将被 RESET 成 HRS 态,在随后的“读”的电压时,器件读出的电阻状态是 HRS 态。当电压小于 V_{th4} 时,器件 B 被 RESET 成 HRS,但是在读电压为 V_{th1} 和 V_{th2} 之间的时候,B 会被 SET 成 LRS 态,因此读出的电压为 LRS 态。从刚才的过程可以看出,当 CRS 器件处于 1 状态的时候,读的过程会破坏器件原来的存储状态,因此若是在器件中读到高导态,需要在读取后给予器件小于 V_{th4} 的电压,以恢复至器件原来的初始状态。这一点类似于铁电电容器的破坏性读取。从器件“写”和“擦”的过程可以看到,器件的电流始终都是低导态,这样 CRS 的器件对于减小电流的功率损耗也是有帮助的。

对于 CRS 器件避免串扰的问题,因为读取器件状态的电压 V 在 V_{th1} 和 V_{th2} 之间,对于上文所述的可能存在的寄生电流路径上,每个存储单元分配的电压范围都在 $1/3V_{th1}$ 和 $1/3V_{th2}$ 之间。对于一般的器件,只要 $1/3V_{th2}$ 小于 V_{th1} 就可以避免串扰问题。

2.2.3 电存储器件的制备方法

器件制备主要分为电极制备和有机功能薄膜制备。图 2.15 是阻变型二极管电存储器件的结构示意图(点状电极)。从底部向上一般分为 4 层。最底层的是承载平台,一般选用玻璃等;有时为了增加器件的应用范围,可以将玻璃衬底更换为 PET 等柔性材料。一般是将底电极负载在衬底上,也可以热蒸镀上一层金属作为底电极。中间的存储介质为聚合物等或有机材料,这类材料具有结构可设计性强、材料种类较多的优点,其成膜方法也多种多样,如蒸镀、旋涂、喷涂、蘸涂、滚涂以及油墨注射印涂等。顶电极则采用 Al、Au 和 Cu 等金属,用真空蒸镀的方法在存储材料上沉积为电极,其大小通过掩模来控制。有机小分子分子量较小、材料纯度较高、真空蒸发温度较低(小于 400℃),因此一般小分子材料薄膜都采用真空中对石英坩埚加热蒸镀制备,图 2.16 为本书作者课题组设计的真空镀膜系统。真空蒸发镀膜可以精确控制膜厚,并可通过控制蒸发速率实现对薄膜形貌的调控,制成的有机薄膜质量较高。

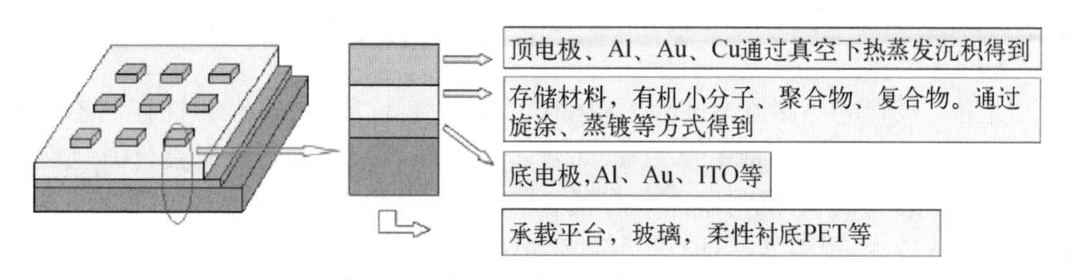

图 2.15 阻变型二极管电存储器的结构示意图(点状电极)

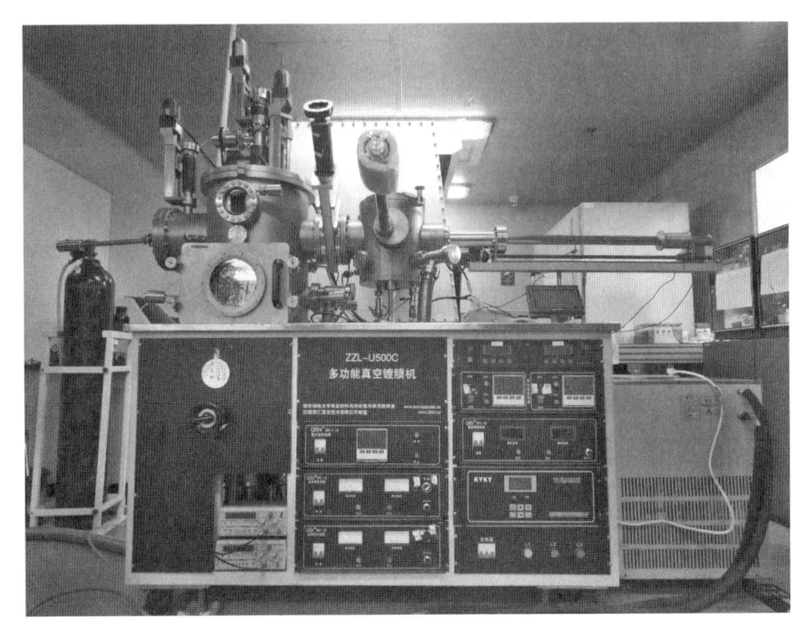

图 2.16 真空镀膜系统

2.3 器件表征

要表征有机二极管电存储器性能的好坏，就需对其主要性能参数进行测试比较。有机二极管电存储器件的主要性能参数有阈值电压、电流开关比、读写循环次数、信息维持时间、疲劳耐受性、开关速度等。图 2.17 列出了部分主要性能参数测试结果，其中(a)图为电流-电压关系曲线，通过电流-电压关系曲线可以初步判断器件存储类型。(b)图为电流开关比、电压关系曲线，是通过电流-电压特性关系曲线变换计算得来的，并不需要具体测试。(c)图为读取脉冲电压对 ON 态和 OFF 态的读取次数与读取电流结果关系曲线，反映存储器件的耐疲劳性。(d)图为设定相同读脉冲电压测得不同稳定态对应电流大小随时间变化关系曲线，反映存储信息维持时间的长短。(e)图为写-读-擦-读脉冲电压和对应的电流曲线，反映存储器件的写入/擦除循环耐受性。(f)图为设定写-读-擦-读电压后，仅输出写和擦电压操作后的读取电流结果与循环操作次数关系曲线，其基本意义和(e)图中测试意义相同。

有机二极管电存储器测试除了要测试上述主要性能参数外，柔性存储器件还需要测试器件性能与弯曲疲劳关系，如若多次弯曲后或弯曲状态时器件其他存储性能稳定或衰减很小，说明器件具有很好的柔性；同样，温度变化时器件存储性能稳定或衰减较少，说明器件具有很好的耐温性，比较适合在温度变化较大的情况下作数据存储器。

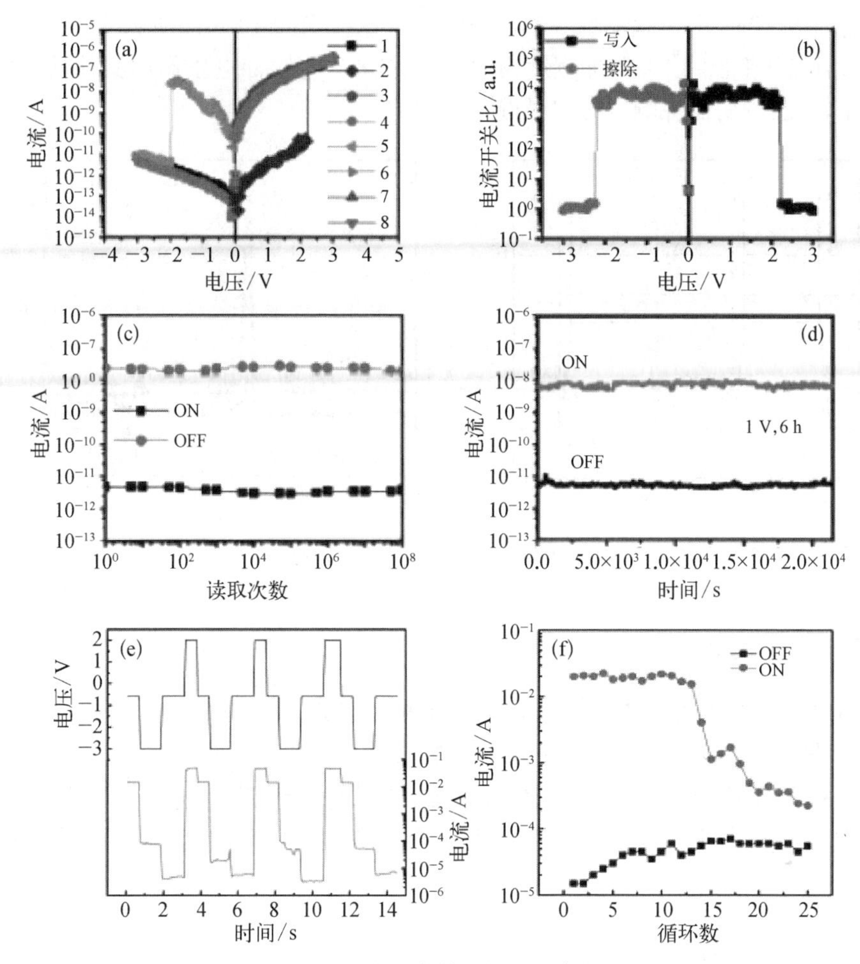

图 2.17　有机二极管电存储器件主要参数测试方法

2.3.1　阈值电压

阈值电压,是指存储器写入、擦除时的最低操作电压。阈值电压越低则器件的能耗越低,可以满足低能耗存储需求,也方便在便携式电池条件下工作。

2.3.2　响应时间

有机二极管电存储器件的操作响应时间也是衡量器件性能好坏的重要参数之一,响应时间越短,读写速度越快。而响应时间主要通过设定“写入”操作脉冲电压和“擦除”操作脉冲电压的脉冲宽度,然后作用于被测试器件同步输出电流结果,如果电流态发生转变则说明器件响应时间最慢就是等于操作电压脉冲宽度。比较操作电压脉冲作用前后电流态是否发生转变也可大致估计器件响应时间。图 2.18 左图所示为“写入”和“擦除”电压脉冲宽度均为 10 ns,同步输出的电阻值情况说明器件在10 ns内发生了响应,电阻态完成转变。图2.18右图所示Al/Parylene-C/W结构存储器件[9]在脉冲宽度为15 ns的3.8 V写脉冲电压作用器件前后电流态发生转变,说明器件响应时间最慢不超过15 ns。

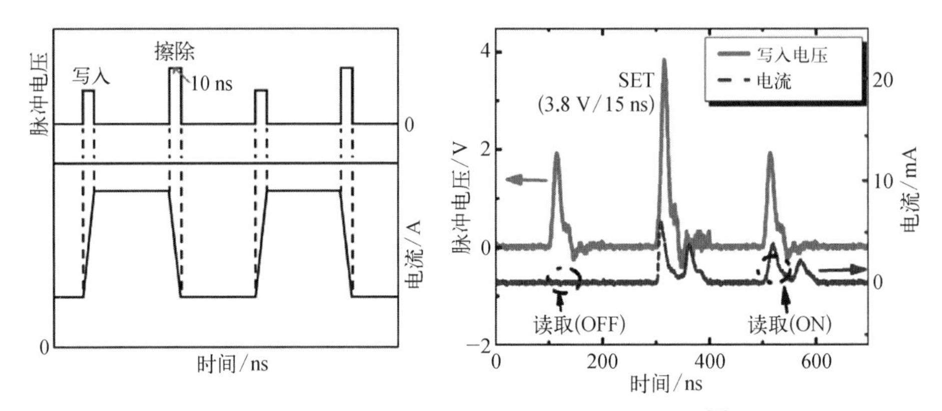

图2.18 有机二极管电存储器操作响应时间测试[9]

2.3.3 耐受性能

器件的寿命是指器件反复进行读写擦的次数,它是决定一种存储器能否成功开发应用的关键。读写擦循环的次数越多,则器件的寿命越长。疲劳耐受性是指使用恒定电压来连续读取信息,要求稳定性越高越好。开关速度是指存储器执行写和擦除操作时器件的响应速度,响应速度越快则读写速度越快。

2.3.4 维持时间

信息维持时间是指对于非易失性存储当电场撤除后已存储的信息能够保持的时间,优异的非易失性存储要求信息维持时间越长越好。

2.3.5 电流开关比

电流开关比是指电存储器件在ON与OFF态时的电流比值,ON/OFF电流比越大则双稳态越容易被区分,因此其所表示的存储信息“1”和“0”被误读的概率就越小。

有机电存储器除上述评价性能参数外,还有其他的一些独特性能评价,如柔性、透明等。另外,随着各种电子产品的体积越来越小,要求存储密度相应增大,所以存储密度也成为评价有机电存储器的一个重要性能参数[10]。目前各文献报道的非易失性有机电存储器件性能参数与实际应用要求值的情况如表2.2所示。

表 2.2 非易失性有机电存储器实际应用要求和研究现状

参数	实际应用要求值	研究现状
维持时间	>10 年	<10 年[11]
开关速度	<ms	<15 ns [12]
写入电压	<10 V	<2 V [13,14]
耐受性能	>10^6	10^8 [13,15]
存储密度	>64 Kbit/mm^2	100 Mbit/mm^2 [16]
器件尺寸	<μm	μm [11,12]、nm [12]
温度范围	保存：-40~85℃ 操作：-20~50℃	室温[12,17] 120℃ [18]
其他特性	透明、柔性	柔性、透明[11,12]

2.4 工作机制

基于电荷存储原理的传统的电存储器目前面临因器件尺寸不断缩减导致的电荷存储失效困境。基于电致阻变而存储的新概念存储器走出了传统电存储器的困境,成为新型存储器的发展趋势。电阻型存储器在外加电场作用下能够发生电阻态的变化,本质上是由电场的作用改变了功能材料的电导率而引起的。如图 2.19 所示,材料电导率的改变主要是因为材料内载流子浓度或载流子迁移率发生改变,或者载流子浓度和载流子迁移率都发生了变化。由于高分子阻变材料本身的无定形特点,在无机材料中适用的能带理论不再适合解释高分子导电机制。高分子的能带不能用离散能级来定义,因此高分子阻变材料的电子过程比无机材料要复杂得多。有机材料中载流子传输过程主要有欧姆传输、热电子发射、肖特基发射、空间电荷限制电流、跳跃传输、离子传输等几种传输模型。材料内部复杂的变化主要源于强电场下电流的热效应和电效应影响,此外还有报道认为电化学效应也是重要原因之一。目前研究的热点和难点就是电流的热效应、电效应或电化学效应是如何作用于有机功能材料并导致材料发生上述种种变化的,这也是电阻型有机二极管电存储器存储机制的核心所在。

一般来说,高分子的导电过程可以用固有载流子的产生(陷阱-去陷)和从高场注入载流子来解释。如图 2.20 所示,一系列的存储机制,包括丝状导电、空间电荷限制和陷阱、场致电荷转移、构象转变等,都被提出来解释高分子阻变存储器中涉及的电荷产生、俘获、传输等电子过程。下面对电阻型有机二极管电存储器现有几种主要存储机制的物理模型进行介绍。

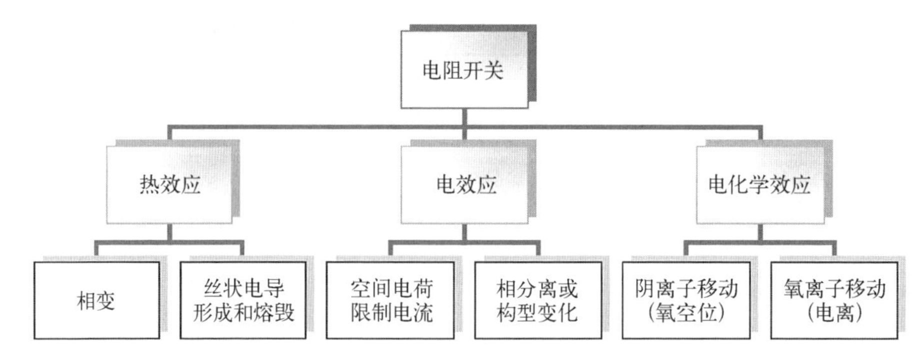

图 2.19　非易失性有机电存储器件电阻型开关机制分类

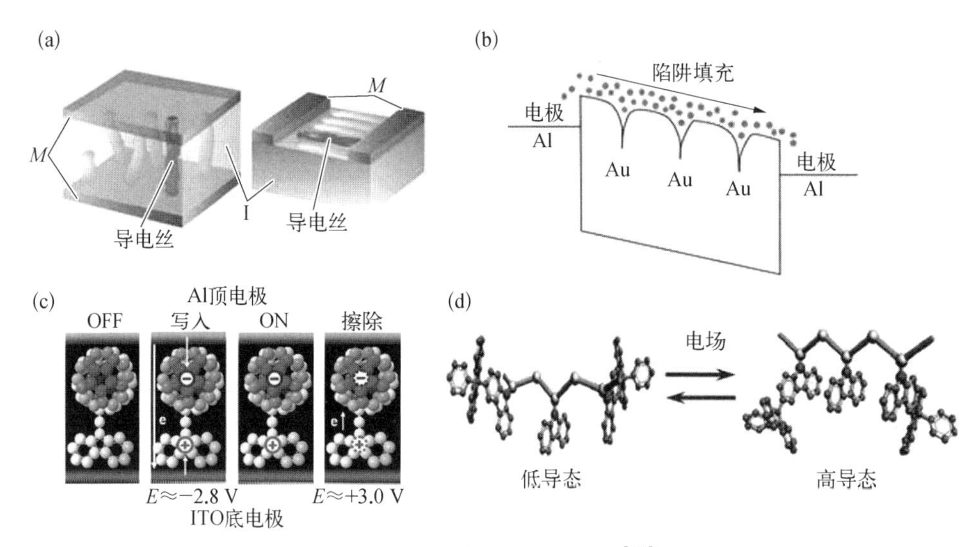

图 2.20　阻变型有机二极管电存储器常见机制[19]：(a) 丝状电导；(b) 空间电荷限制和陷阱；(c) 场致电荷转移；(d) 构象转变

2.4.1　丝状电导

正极活性金属电极中部分金属原子在电脉冲作用下失去电子被氧化，沿电场方向金属阳离子在有机薄膜中迁移至负极，然后在负极处重新得到电子被还原。随着电脉冲作用时间增加，积累的被还原金属原子逐渐在有机薄膜中形成纳米金属导电丝连通正负电极，此时器件从高电阻的低导电态转变为低电阻的高导电态。纳米金属导电丝形成以后，若改变电场方向，组成导电丝的金属原子会因同样过程重新发生迁移回到活性电极，直接导致导电丝破裂，原正负电极间的连通断开，器件回到高电阻的低导电态。纳米金属导电丝的形成与破裂是可逆过程，因此器件具有非易失性可重写存储功能。如图 2.21 所示，2011 年 Lee 等通过 TEM 观测到有机电阻型存储器中银纳米导电丝的形成路径[20]，图 2.21(a)显示未加电测试过的器件的有机活性层中未发现任何银导电丝形成，但是图2.21(b)显示加5 V电压以后在有机层中清晰看到有银纳米导电丝形成并连通了上下电极。随后在反向3 V电压作用下银纳米导电丝破裂与上下电极断开连接，如图2.21(c)所示。这表明纳米金属导电丝在有机电存储器件中真实存在并影响存储过程。

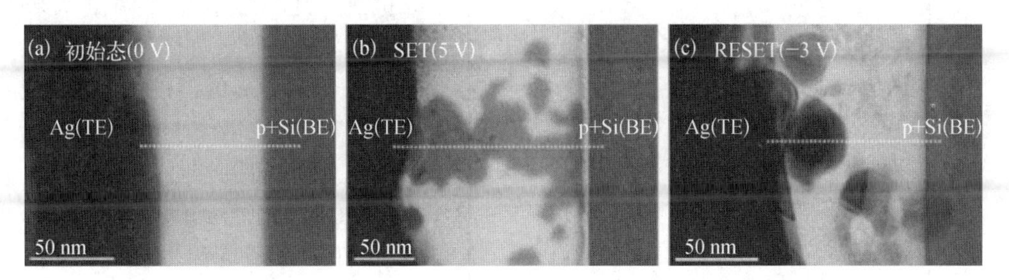

图2.21 不同电阻态下Ag/WPF－BT－FEO/p+Si电存储器件的横截面TEM图像[20]

除了用TEM直接来观察金属导电丝的形成和破裂外，还可以用其他表征手段来证明丝状电导机制。Lee等报道了在PVK的器件中发现了限制电流对器件RESET过程的影响[21]。如图2.22所示，在(a)图中可以看到器件在4 V电压的时候SET到高导态，在6 V电压时RESET到低导态，器件具有典型的单极性特征；若设置器件不同大小的限制电流，从(b)图中可以发现限制电流较小的时候，随着电压的增大，器件并不会RESET到低导态，只有在SET电流较大的时候，器件才可以RESET到低导态。限制电流影响器件SET和RESET过程，可以用丝状电导的机制来解释。在电压作用下，薄膜中形成了金属导电丝，当电流通过金属导电丝时，将产生热量，热量的多少与电流的大小有关。当限制电流较大时，器件高导态的电流较大，产生的热量多，由于形成的金属导电丝很细，较多的热量将把金属细丝熔断，形成了RESET过程。较小的限制电流，产生不了足够的热量将金属丝熔断，因此观察不到RESET过程。

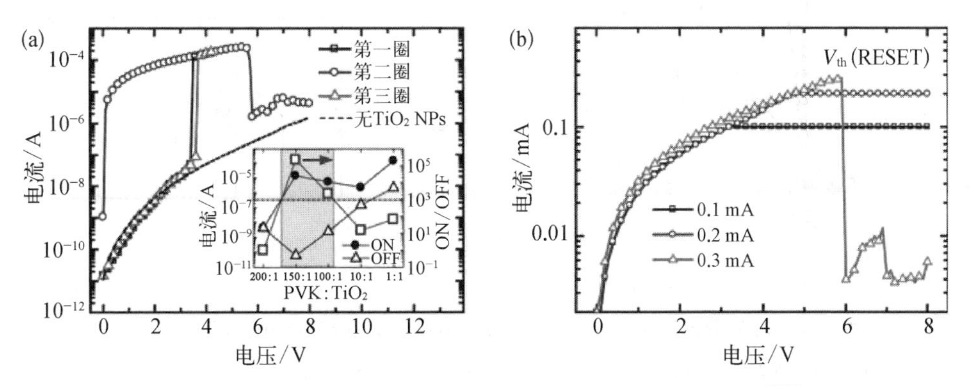

图2.22 Al/PVK/Al的器件在不同限制电流下的$I-V$曲线[21]

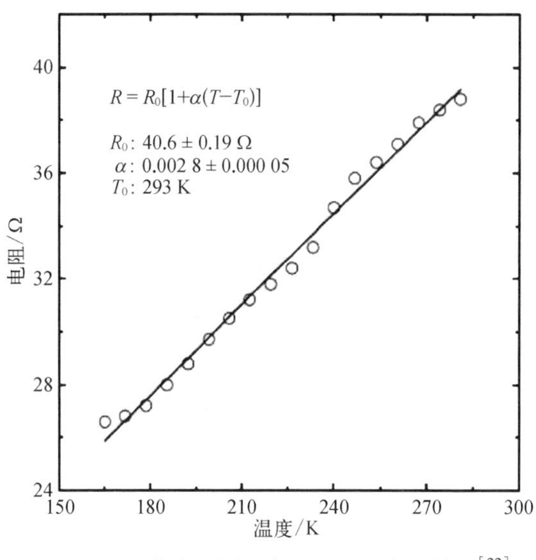

图 2.23 器件在不同温度下电阻的变化情况[22]

通过对 $I-V$ 曲线的拟合也可以证明丝状电导机制，当器件的电流和电压的值是线性关系并且斜率为 1 的时候，可以证明是丝状电导机制。还可以利用变温测试来证明丝状电导[22]，如图 2.23 所示，在 Al/P3HT/Cu 的器件中，当器件处于高导态时，在相同的电压、不同的温度时，得到器件不同的电阻值，从图形可以看到随着温度的增大，器件的电阻逐渐增大，符合金属对温度的特征，并且器件的电阻变化和温度变化也呈线性变化。此外，根据电阻的计算公式，可以大致计算出导电丝的直径。

随着科研的不断进步，对于二端器件交叉领域的认识不断深化，人们对存储机制也有了更新的认识。2014 年，澳大利亚的 E. J. W. List-Kratochvil 课题组[23]发现 ITO/Alq_3/Ag、ITO/Alq_3/Al/Alq_3/Ag 和 Ag/PMMA/Ag 三种器件结构都能得到类似的单极性负微分电阻的现象，并且发现在光照条件下 ITO/Alq_3/Ag 和 ITO/Alq_3/Al/Alq_3/Ag 的器件具有类似于太阳能电池上开路电压和短路电流的现象，如图 2.24(a)所示。从曲线上可以看到器件的短路电流相等，但是开路电压差异较大，基于这样的电流-电压的关系，可以得到图 2.24(b)所示的等效电路。

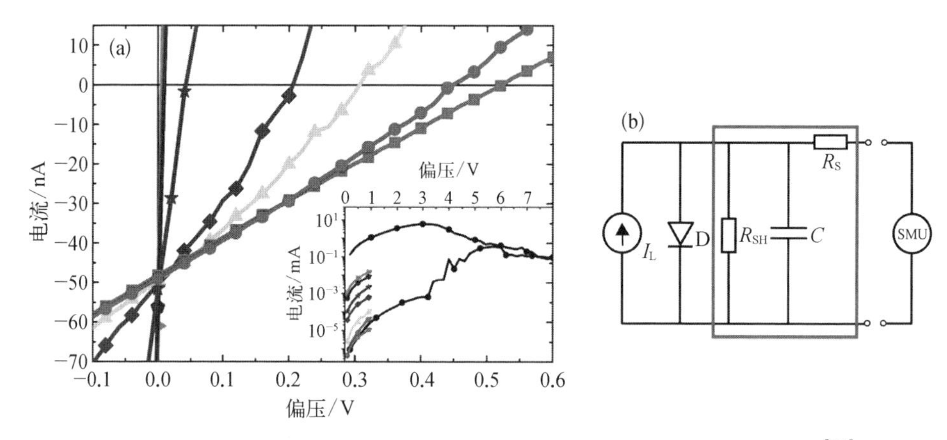

图 2.24 (a) 器件在光照条件下的电流-电压曲线；(b) 器件的等效电路[23]

注：(a) 为器件的 7 个不同电阻状态，对于每种状态在恒定照明下从光源上记录了 −0.1～0.6 V 之间的 $I-V$ 曲线，该光源与该光谱具有很高的光谱重叠 Alq_3 的吸收。

在等效电路中,电流源和整流二极管等效于光生电流源的作用。图 2.24(b)中灰色长方形线框表示器件等效为电阻和电容并联的情况,再串联起一个接触电阻,SMU 是测试单元。在等效电路中,若等效电流源的电流不变,那么器件中无论电阻还是电容发生变化,SMU 测试到的电流的值都不会变化,而电压可能会发生变化,符合观察到的现象。利用阻抗谱可以测试器件的电阻和电容情况,研究者测试了上述三种器件结构在不同电阻状态下的相位和振幅随频率的变化,如图 2.25 所示。

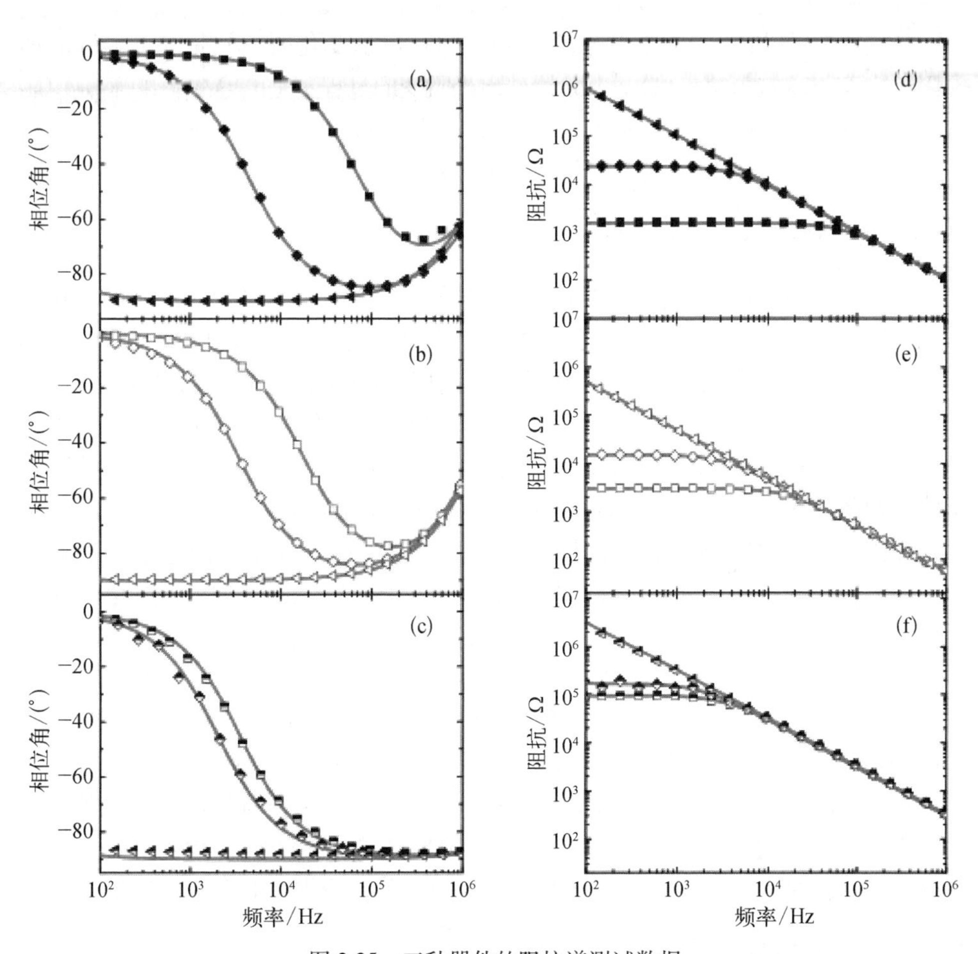

图 2.25 三种器件的阻抗谱测试数据

图 2.25 为上述三种器件的阻抗谱测试情况,左图是器件的相变特性,右图是幅频特性。(a)与(d)、(b)与(e)、(c)与(f)依次是三种器件的数据,其中三角形、菱形、方形分别代表器件的高阻态(HRS)、中间阻态(IRS)、低阻态(LRS)。以(a)图为例,从器件高阻态的相位特性可以看出,其相位角为-90°,电容起主要作用。根据等效电路和阻抗谱的数据,可以计算出表 2.3 的数值。

表 2.3 从等效电路计算出来的电阻和电容的值

	ITO/Alq_3/Ag			ITO/Alq_3/Al/Alq_3/Ag			Ag/PMMA/Ag		
	C/nF	R_S/Ω	R_{SH}/Ω	C/nF	R_S/Ω	R_{SH}/Ω	C/nF	R_S/Ω	R_{SH}/Ω
HRS	1.56	58.2	1.70×10^7	3.16	33.8	1.43×10^8	0.45	13.6	144×10^8
IRS	1.56	49.8	2.30×10^4	3.13	36.9	1.51×10^4	0.41	15.7	1.96×10^5
LRS	1.55	50.5	1.49×10^3	3.32	31.8	2.79×10^3	0.48	15.0	9.53×10^4

从表 2.3 可以看出,器件的电容并没有明显变化,变化明显的是和电容并联的电阻的大小。从这个结果可以知道,器件出现阻变的过程不是电容的变化,而是电阻的改变。因此,作为有机半导体和绝缘体材料,Alq_3和 PMMA 本体的材料都不应具有器件高导态的阻值,材料出现大的电阻变化是基于丝状电导机制。

2.4.2 空间电荷限制和陷阱

有机/聚合物材料固有的电导率比金属低很多。当电极-聚合物发生欧姆接触时,载流子可以很容易地从电极注入聚合物薄膜,并在表面积累形成空间电荷累积。个体电荷间的静电排斥作用会屏蔽施加的电场并限制进一步的电荷注入[24],这就使电流-电压曲线的迟滞特性可以被观察到。材料的空间电荷可能是由多种原因引起的,比如载流子从电极的注入、掺杂物表面的电离和动态离子在电极/聚合物表面的累积。电容-电压特性也可以由于空间电荷而表现出迟滞现象[25]。这种迟滞现象,无论是电流-电压还是电容-电压特性,都可以用来制造数据存储器件。这类器件通过在小探针电压下的电流变化,实现写入、读出过程。当陷阱在材料体内或者表面形成后,载流子迁移率会有显著下降。吸附在聚合物膜上的氧分子[26]、内部的给体-受体结构[27],以及金属或者半导体纳米粒子[28,29],都能作为陷阱的中心。随着施加电压的进一步升高,更多的载流子注入聚合物薄膜,逐步填充薄膜的陷阱。当所有陷阱被填满后,新的载流子注入不再受陷阱影响[30],于是,一个突然的电流增大现象就产生了,从 OFF 态向 ON 态的转变与陷阱的填充程度有关。在陷阱填满的状态下,电流大小受限于被俘获的载流子重新激发(去陷)[31]。空间电荷和陷阱在有机电子学和聚合物器件的开关行为中扮演了重要的角色[32]。

2.4.3 场致电荷转移机制

场致电荷转移机制主要存在于 D-A 材料体系和有机-无机纳米杂化体系中,若 D 和 A 处于同一分子体系内,则给体与受体之间对电子的推拉作用容易在强外电场作用下致使电荷克服两相间的界面势垒发生转移,实现导电态的转变(图 2.26),即宏观上表现为低导电态转向高导电态,实现存储功能。若 D 和 A 处于不同的分子体系内,则分子间电荷转移会导致电偶极子形成,因此会在整个体系内产生一个内电场，则高、低导电态之间的转变就取决于电偶极子产生的内电场，这是因为内电场与施加的外电场方向是相反的。

电荷转移复合物发生在缺电子的电子受体和富电子的电子给体之间。当这两种分子相结合时，电子将在电子给体和受体之间形成电荷转移复合物，这种复合物的实质是分子间的偶极-偶极相互作用。电荷转移复合物的电导率是基于给体-受体之间的离子键作用[33]。当给体和受体之间存在完全电荷转移时(电荷转移程度 $\delta>0.7$)，会形成很强的离子绝缘体盐；当给体太大或者有太大的离子化势能时($\delta<0.4$)，会形成中性分子。在两者之间，给体有适当的尺寸和离子势时($0.4<\delta<0.7$)，形成部分离子键-共价键的盐。这种弱的离子盐产生的不完全的电荷转移可能会产生很高的电导率[34]。许多用于高分子阻变存储器的材料，包括有机金属复合物[35]、富勒烯和碳纳米管复合物[36-39]、金纳米粒子-聚合物复合物[40,41]、有机受体- PVK 复合物[42-44]以及给体-受体型共轭高分子[45-49]的存储机制都可以通过电荷转移作用来解释。

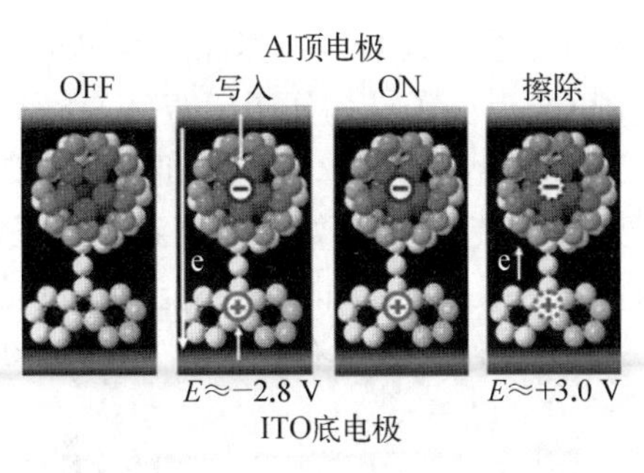

图 2.26　D－A 型高分子中电荷转移作用示意图

2.4.4　构象转变与相变机制

有机功能材料分子在电流热效应影响下发生构象变化，构象由不利于载流子传输的无定形态转变成利于载流子传输的结晶相后，材料的电导率迅速增加，功能材料薄膜电阻态随之发生转变。

分子构象转变方式之一是拓扑学异构，例如索烃分子内的联索环[50]在氧化还原作用下通过带电基团之间的同性排斥异性吸引发生旋转，还原态时势垒较小，电子可越过势垒发生共振隧道效应而导电；氧化态时势垒较大，无共振隧穿而表现出高阻，实现开关功能。类似现象有 $CBPQT^+$ 基团在 TTF 与 DNP 之间移动引起了轮烷分子的电双稳态现象，Raman 光谱发现 DNP 中的 C ═C 振动峰在电场作用后消失，这可能是 $CBPQT^+$ 抑制了的 C ═C 振动，导致了上述移动的发生[51,52]。

另一方式是顺反异构，通过调控有机半导体中的 $\pi-\pi$ 堆积调节导电通道。2008 年，黄维课题组在国际上率先提出聚乙烯基咔唑(PVK)的衍生物 PVK－PF 的相变存储器[53]，PVK－PF 材料分子中咔唑基团在外电场作用下由初始的杂乱无序的排列转变成高度有序的 $\pi-\pi$ 排列，从而电导率增大，器件从高电阻态转变为低电阻态。撤除外电场后由于引入 PVK－PF 中的刚性位阻基团 9－苯基芴(PFM)具有空间位阻效应，导致咔唑基团继续维持高度有序的 $\pi-\pi$ 排列，但是在反向电场下电流热效应致使有序排列重新回到无序，随之电导率降低，器件回到高阻态。图 2.27(a)给出了 PVK－PF 的分子结构与 PVK－PF 分子构象在外电场作用下转变示意图。2010 年,苏州大学 Liu 等设计合成带刚性咔唑基团的 PVK 衍生物 PVCz,其分子结构如图 2.27(b)所示,将 PVCz 应用到二极管电存储器件中实现了 WORM 型存储[54],存储的机制解释如图 2.27(b)所示,电场作用使得 PVCz 分子构形发生转变,由开始的无序到咔唑基团有序排列,材料电导率增加,由于刚性咔唑基团在反向电场作用下不能发生旋转,因此有序排列不会再被改变,导致材料一直处于高导态,故具有一次写入多次读取的存储功能。

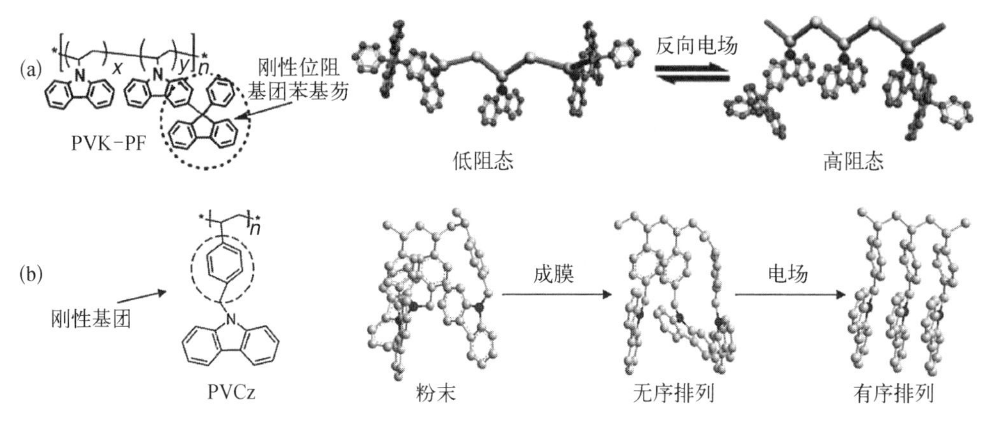

图 2.27 (a) PVK-PF 分子结构和电场作用分子构形变化示意图;(b) PVCz 分子结构和电场作用分子构形变化示意图

材料分子在发生构象转变,排列从无序到有序时,在材料薄膜内部会形成局部结晶态结构,表现出相变特性。如图 2.28 所示,2000 年 Gao 等[55]通过透射电子显微镜(TEM)成像和电子衍射分析证实 NBMN/p-DAB 有机薄膜通电之后其薄膜结构由结晶态转变为非晶态,该有机薄膜导电态也随之从低导态变为高导态。

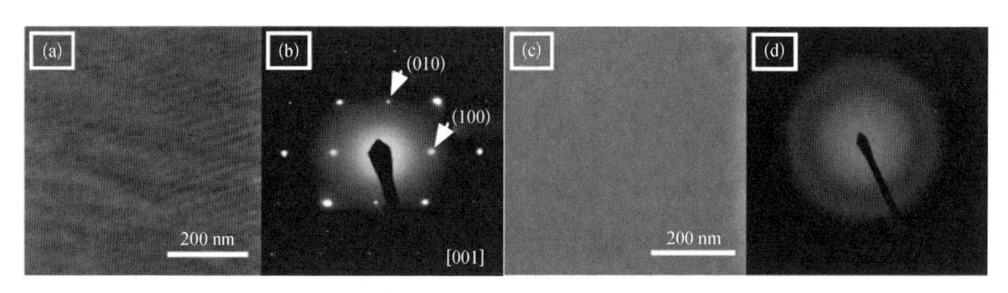

图 2.28 NBMN/p-DAB 有机薄膜通电之前(a) TEM 形貌和(b) 电子衍射图,通电之后(c) TEM 形貌和(d) 电子衍射图[55]

2.4.5 氧化还原机制

有机金属配合物也可通过氧化还原机制实现双稳态[56,57]。如图 2.29 所示,稀土铕配合物 PKEu 的载流子传输方式与 PVK 相似,载流子不能沿着饱和的非共轭主链传输，只能通过咔唑基之间的跳跃实现[56,58]。正向电场时，铝电极界面处的咔唑基团首先失去电子被氧化，产生的空穴在电场作用下向邻近的咔唑基团传输。相邻咔唑之间易形成 π－π 堆积，局部电子云发生离域，并扩展到更大区域[59]。当电压进一步增大时，被还原的铕配合物与被氧化的咔唑基团形成电荷转移络合物，因为其氧化还原电势较高（约 2.8 V）而呈现绝缘性，高导电态转向低导电态。通常络合物的氧化还原电势在-0.25～0.25 V 时具有高电导性[60]，此时器件是单导电态。此后，铕配合物的空间位阻作用使得络合物稳定性降低，反向电场时，薄膜内空穴又回到界面处与电子发生复合，致使咔唑基团与铕配合物解离并恢复到初始态，实现双稳态的可逆转换[56]。

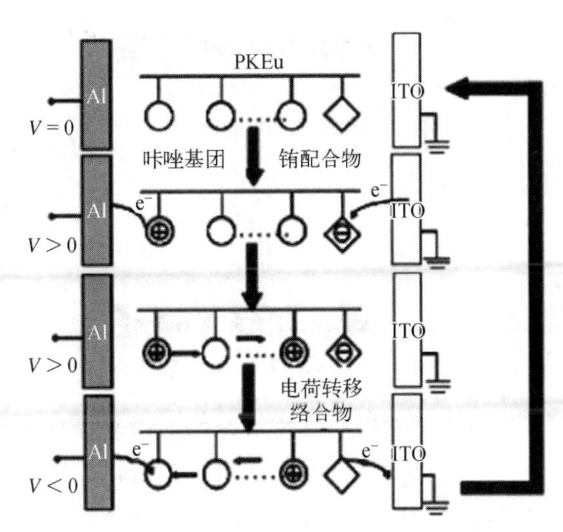

图 2.29 PKEu 存储器的氧化、还原及载流子迁移过程[56]

在有机半导体 PFT2－Fc 中[57]，聚芴及噻吩基团具有较高的载流子迁移率，载流子沿其共轭主链传输。在反向电场作用下，主链上的二茂铁会失去电子被氧化为三价铁，这相当于薄膜由原位二茂铁掺杂转为三价铁掺杂。因为在含二茂铁的有机薄膜中，氧化二茂铁会引起薄膜导电性的提高[61]，所以 PFT2－Fc 薄膜由低导电态转向高导电态。此外，被氧化的二茂铁具有良好的稳定性，除去外加电场后，其氧化态保持不变，表现出非易失性。当施加正向电场时，三价铁被还原为二茂铁，相当于薄膜由原位三价铁掺杂转为二茂铁掺杂器件，器件由高导电态变为低导电态，实现闪存功能。

氧化还原机制通常和丝状电导机制同时存在，活泼金属电极或有机薄膜材料首先在外电场作用下发生电化学反应，然后发生载流子迁移形成丝状电导，导电态发生转变。

2.4.6 隧穿机制

由于掺杂、金属团簇、缺陷或纳米畴等载流子陷阱被创造或引入有机材料功能薄膜中充当导电畴，若导电畴分布密度较大，畴与畴之间间距极小，则在外界电场作用下，被注入的载流子会在各导电畴之间以跳跃形式传输，形成导电通道连接正负电极，器件则表现出高电导率的低阻态。若导电畴在强电场或反向电场下被破坏则会使通路断开，器件重新回到高阻态[62]。其模型如图 2.30 所示。

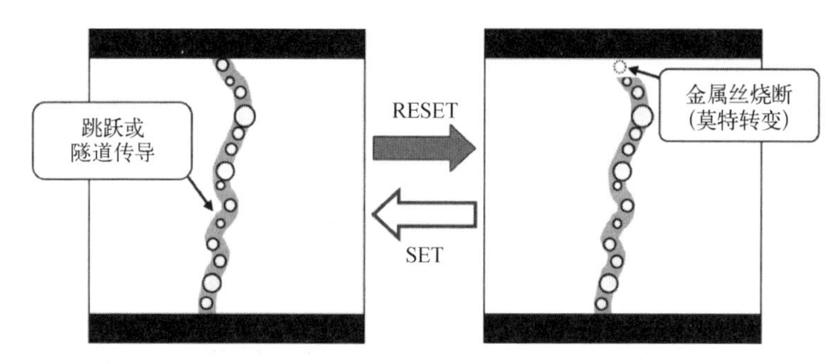

图 2.30 载流子在各导电畴之间跳跃传输示意图

电阻型有机二极管电存储器作为新型存储器，目前其相关存储机制因缺少最直观的证据而众说纷纭，现有部分机制的提法也仅仅能够勉强对特定材料体系的特有器件加以说明，而且有些机制从物理根源上来说是同一种机制。因此，继续总结实验规律，探究具有普适性、可定量描述电阻型有机二极管存储机制的物理模型，引导器件优化设计，仍是目前的主要任务。

2.4.7 载流子输运模型拟合

阻变型存储是一类基于施加电场下（非欧姆导电）材料导电性变化的响应，因为导电性本质上是一种载流子浓度和电荷迁移率的综合产物，所以非欧姆导电可以由下面情况导致：① 载流子浓度的改变；② 电荷迁移率的改变；③ 同时改变载流子浓度和电荷迁移率[63]。聚合物导电机制不像无机有序材料那么容易解释，不能简单地用能带理论解释，因为大部分的聚合物是无定形的。经过大量研究发现，在阻变型存储器中，从电极向聚合物的电荷注入过程是很常见的。一系列载流子的输运模型，如肖特基发射（Schottky emission）模型、热电子发射（thermionic emission）模型、空间电荷限制电流（space-charge-limited current, SCLC）模型、隧穿机制、离子导电、杂质导电和金属丝导电等已经被提出用来解释聚合物导电过程[64]。这些机制可以用来解释聚合物阻变存储器中的电荷产生、俘获、输运等过程[65]，这些机制所对应的特征电流密度-电压曲线或者电流密度-温度之间的关系可以用表 2.4 的模型进行拟合[1]。

表 2.4 基本的载流子输运模型[1]

传导机制	$J-V$ 特性
欧姆传导	$J \propto V \exp\left(\frac{-\Delta E_{ae}}{kT}\right)$
离子传导	$J \propto \frac{V}{T} \exp\left(\frac{-\Delta E_{ai}}{kT}\right)$

续　表

传导机制	$J-V$ 特性
跳跃传导	$J \propto V \exp\left(\frac{\phi}{kT}\right)$
空间电荷限制电流	$J \propto \frac{9\varepsilon_i \mu V^2}{8d^3}$
肖特基发射	$J \propto T^2 \exp\left[\frac{-q(\phi - \sqrt{qV/4\pi\varepsilon})}{kT}\right]$
热电子发射	$J \propto T^2 \exp\left[\frac{-(\phi - q\sqrt{qV/4d\pi\varepsilon})}{kT}\right]$
普尔-弗兰克发射(PF 发射)	$J \propto V \exp\left[\frac{-q(\phi - \sqrt{qV/4\pi\varepsilon})}{kT}\right]$
隧穿或场发射	$J \propto V^2 \exp\left[\frac{-4\sqrt{2m}(q\phi)^{3/2}}{3q\hbar V}\right]$
直接隧穿	$J \propto \frac{v}{d} \exp\left[\frac{(-2d\sqrt{2m\phi})}{\hbar}\right]$
福勒-诺德海姆隧穿(FN 隧穿)	$J \propto V^2 \exp\left[\frac{-4d\sqrt{2m}(\phi)^{3/2}}{3q\hbar V}\right]$

注：ϕ 为势垒高度；V 为电场强度；T 为温度；ε 为介电常数；m 为有效质量；ΔE_{ae} 为电子活化能；ΔE_{ai} 为离子活化能；d 为厚度；q 为电荷量；μ 为载流子迁移率。

需要指出的是，现在一般文献上的拟合数据，常常作为存储机制的证据，具有一定的参考价值。图 2.31 是一些模型[66]。

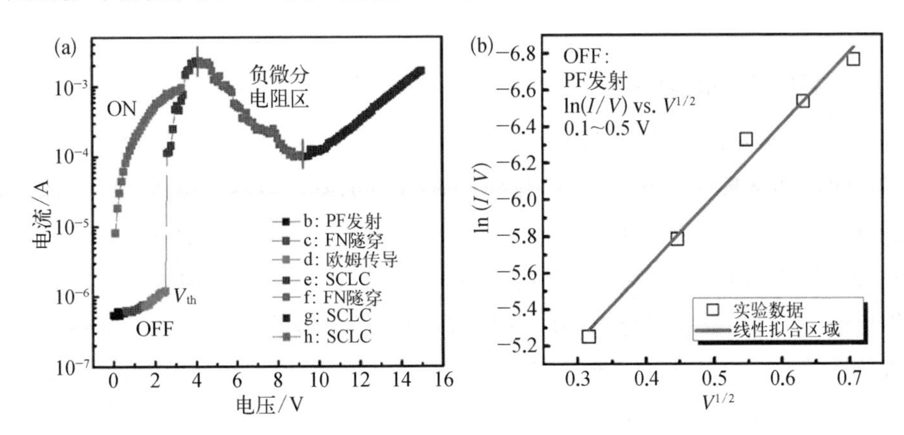

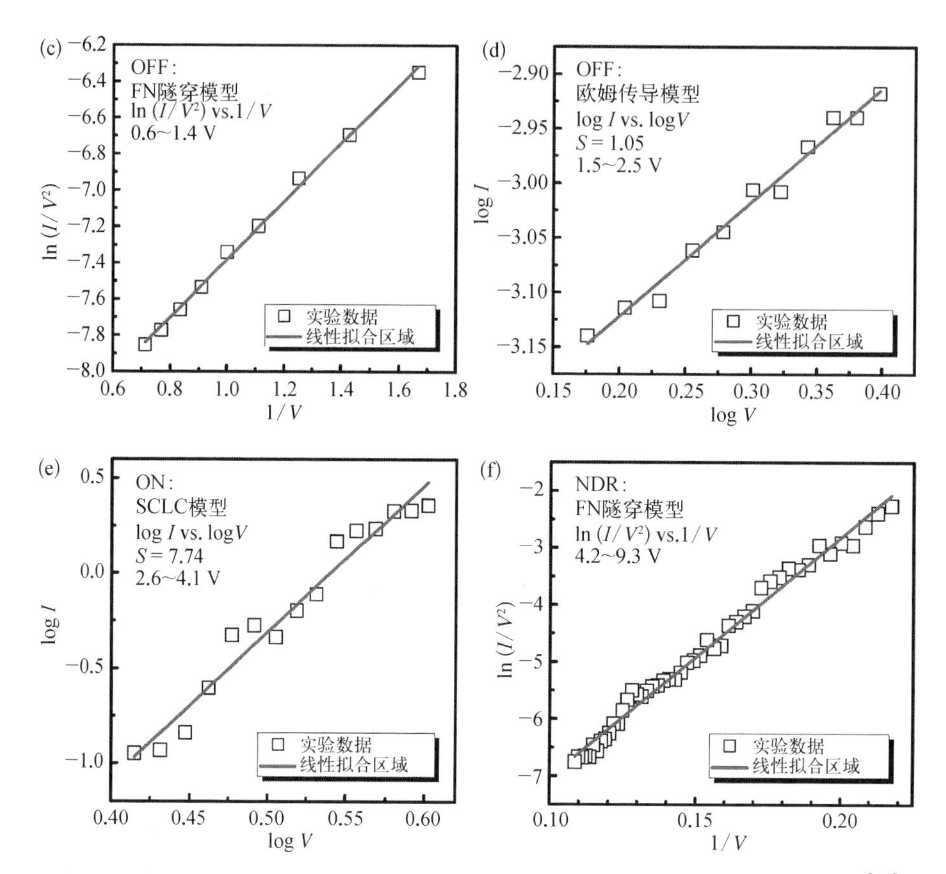

图 2.31　在 ITO/PVK/SiO_2 NP(30 nm)/PVK/Al 电存储器中载流子输运模型拟合[66]

从以上图例可以看到,针对一个 $I-V$ 曲线,我们可以对其进行分区分析,运用相应的公式进行拟合。

2.5 有机电存储材料

2.5.1 有机聚合物材料

1. 有机/无机纳米掺杂材料

自四氰基对苯醌二甲烷中引入碳原子簇 C_{60}实现双稳态现象以来[67],预示着纳米材料可潜在应用于有机电存储领域,基于各种纳米材料[诸如 Au-NP[68-72,41](NP 代表纳米颗粒)、ZnO-NP[73]、CdSe-NP[74]、Cu_2O-NP[75]、碳纳米管[76,77]、C_{60}及其衍生物[78-80]]的有机电存储相继被报道。有机-无机纳米杂化薄膜制备的常用方法是将纳米颗粒分散后与聚合物进行共混,然后在电极上旋涂成膜,该方法简单易行,应用前景广阔。在制备含碳纳米管(碳管)的杂化材料时,由于碳管溶解性差，通常需要对其表面进行化学修饰来提高它在溶剂或聚合物中的分散性，薄膜中纳米材料的良好分散有利于提高器件的稳定性。本书将在2.6.4节就有机/无机纳米粒子掺杂的电存储器进行详细论述。

2. 主链共轭具有推拉电子结构聚合物

主链共轭聚合物以其分子结构可设计和优异的光电性能等特点而广泛应用于电存储器件的制备中。新加坡国立大学的Kang课题组、韩国浦项大学的Ree课题组和台湾大学的Chen课题组以酰亚胺为吸电子基团，通过具有不同给电子能力的单体缩聚，制备了一系列主链含D－A结构的共轭聚合物(图2.32)。研究结果表明，在吸电子基团相同的条件下，引入的不同给电子能力基团对器件的存储类型有着决定性的作用。可以获得如CD和DVD光盘的永久记忆(WORM)、如移动硬盘的闪存和如电脑内存条的动态随机存储(DRAM)三种不同存储类型的电存储器件[81-99]。

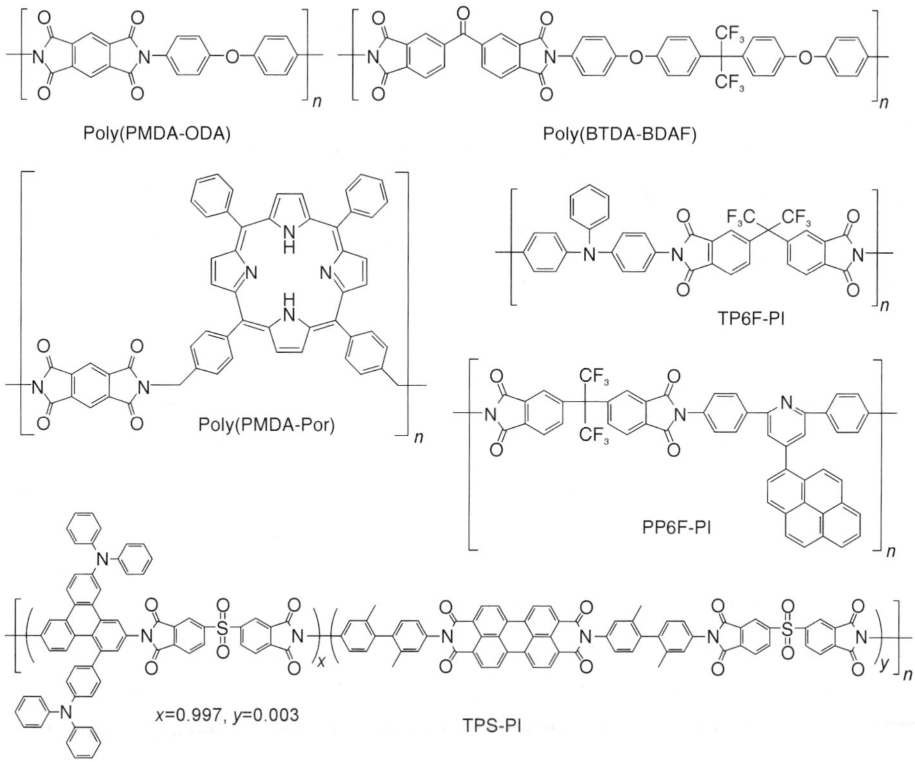

Poly(PMDA-ODA)
Poly(BTDA-BDAF)
Poly(PMDA-Por)
TP6F-PI
PP6F-PI
x=0.997, y=0.003
TPS-PI

图2.32　以酰亚胺为吸电子基团的主链共轭聚合物结构

主链共轭聚合物其相对明确的分子结构，对分析电存储器件实现OFF态到ON态转变的电荷传导机制也是有利的，但是主链共轭聚合物也有其自身无法避免的缺点，如可设计的种类有限、溶解性差、合成困难、分子量不高、分子量分布太宽，这些因素都会增加器件制备的难度,容易造成薄膜介质的缺陷,并且聚合物链在薄膜中的堆积形态难以表征,导致无法明确薄膜内部的电荷传导机制,这对进一步通过共轭聚合物分子结构设计提高器件存储性能来讲无法提供理论依据,使得共轭聚合物很难在超高密度信息存储性能上取得突破性进展,所以近期对此研究报道也越来越少,且都限于二进制的存储体系。

3. 侧链共轭具有推拉电子结构聚合物

侧链共轭聚合物由于单体分子结构可设计性强、聚合方法多样、分子量可控、柔性主链有利于成膜等优点,因此在电存储材料中也占有一席之地。有关侧链共轭聚合物电存储材料可归为侧链含 D－π－A 型推拉电子结构的均聚物、含推拉电子基团的共聚物以及侧链为中性共轭环的聚合物。它们在电场下实现导通的机制是推拉电子基团间发生电荷的转移或者侧链上的共轭基团发生无序到有序的规整排列。

侧链共轭聚合物在有机电子学领域的研究比主链共轭聚合物要少很多,这是因为迄今为止学术界一直都存在一个争议,即侧链共轭聚合物由于其主链的非共轭,就像一根导线挂在棉绳上,会降低其电荷载流子迁移效率,但是其优异的加工性能、分子结构的可设计性和聚合方法的多样性保证了其在电学材料领域仍然有较大潜力。

侧链功能基型聚合物是指功能性基团通过共价键形式连接到聚合物侧链上的一类聚合物。侧链聚合物相对于主链聚合物具有的优势有:聚合物主链柔性较好,有利于其膜的制备;单体的合成相对简单、可选的种类较多。关于侧链聚合物在电存储方面的研究主要归于以下几类。

1）侧链构象变化聚合物

这类聚合物一般没有明显的供/受电子基团,而有一个较大的共轭平面。在电场作用下,这些侧链较大的共轭平面从无序排列向有序排列转变过程后,实现器件从 OFF 态向 ON 态的转变。图 2.33 是一些由聚合物侧链构象变化而实现器件存储性能的材料。新加坡国立大学 E. T. Kang[100] 教授课题组报道了侧链含有咔唑基团的一组 PVK、PMCz、PVBCz,首先对三个聚合物进行模拟计算得出其优化结构,由于咔唑与聚合物主链直接相连,从而使其空间自由度受到限制,因此 PVK 中侧链的咔唑基团基本是以部分或多数的面对面有序排列,使其制备的器件一开始就处于高导态,具有电存储性能。但在咔唑与主链之间加入 2 个碳链的柔性基团后,由于其空间自由度的增大使侧链上的咔唑一开始是处于无序的排列状态。在电场的作用下,当电压达到一定的阈值后侧链中处于无序排列状态的咔唑基团部分或全部向有序的面对面排列转变,从而实现了器件从低导态向高导态转变。继续增加柔性链的长度的 PVBCz 导电机制与 PMCz 相似,所不同的是它的柔性链更长,即空间自由度也就更大,所以在达到高导态之后撤去电压,侧链的咔唑基团又恢复到原始的无序状态,器件表现为易失性的 SRAM 型存储。关于膜内排列有序的变化,作者通过 TEM 和荧光光谱进行了证明。

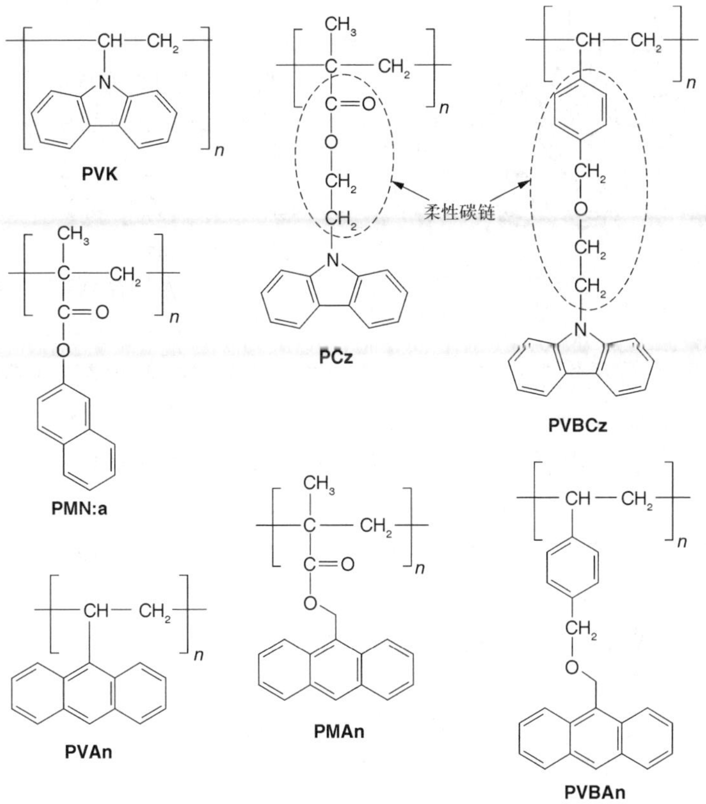

图 2.33　具有或不具有柔性间隔单元的构象变化型聚合物材料

PVK 中咔唑基在有无电场时均易形成 π－π 堆积结构，电荷在堆积面间跳跃，形成导电通道，故无电导态转变。在 PVK－PFM 中[100]，无电场时位阻基增大了咔唑基排列的无序度，堆积结构形成的导电通道减少，载流子输运能力降低，呈现低导电态；一定电场时，带电咔唑基通过吸引邻近咔唑基而形成面面堆积，结构由无序趋向有序，器件由低导电态转向高导电态，这类似于非共轭高分子 PVCz 的转变机制[100]。撤除电场时堆积结构周围因含有刚性 PFM 基，其空间位阻效应抑制了结构重新无序，延长了存储态的保存时间。反向电场时，电极与有机半导体间产生的焦耳热使有序结构重新无序，导电态回到初始态。但是在柔性间隔基 PVK 衍生物中，导电通道在反向电场作用时不能恢复到初始态，无信息擦除功能。相对于柔性间隔基 PVK 衍生物，刚性苯间隔基 PVK 衍生物的器件不仅无信息擦除功能，咔唑的 π－π 堆积结构在除去电场后分离而表现出易失性[100]。

此外在聚合物的构象变化而产生的电存储性能方面，路建美课题组用聚合物 PVCz 制备了 WORM 型电存储器件，用荧光光谱和膜的 XRD 的变化证明了侧链在

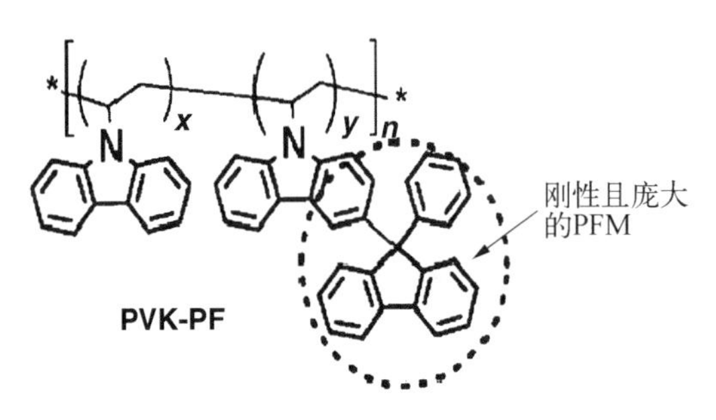

图 2.34　PVK-PF 和 PVCz 的化学结构式

ON 态 OFF 态转变时，聚合物膜的确发生了有序的转变。黄维课题组报道了聚乙烯基咔唑(PVK)的侧链上连接有刚性基团(PF)的聚合物 PVK-PF[图 2.34]。在不同电场作用下，咔唑基团构象排布的可逆变化使其拥有闪速存储性能。

2）侧链含有 D-π-A 型聚合物

含有推拉电子基团的聚合物，在电场作用下容易发生极化作用，电子云能够重新排布而形成电子的流通渠道，使器件从低导态向高导态转变从而实现电存储性能。以偶氮类聚合物为代表的 D-π-A 型材料被很多课题组报道。课题组在偶氮类聚合物方面做了很多工作，如图 2.35 在聚合物单体中，偶氮键对位连接不同的推拉电子基团[101]，器件表现出不同的存储性质。其中取代基为吸电子效应的—NO_2或者—Br 的聚合物 $AzoONO_2$、AzoNEtBr 以及 $AzoNEtNO_2$均表现出非易失性的 WORM 型存储；而取代基为给电子效应的—OCH_3聚合物 $AzoOOCH_3$和 $AzoNEtOCH_3$表现出可重复读写的闪存型存储。这主要是因为—NO_2或者—Br 基团的吸电子效应使偶氮苯在电场作用下能强有力地束缚电荷，形成稳定的电子传输通道，从而表现出非易失性的 WORM 型存储；而—OCH_3取代的偶氮苯束缚电子能力弱，不能形成稳定的电子传输通道，但能在反向电场作用下回复到 OFF 态，即材料表现出闪存型存储。另外 Kang[102]课题组也做过偶氮连接硝基的聚合物，所不同的是其在聚合物中加入了较强的供电子片段三苯胺(图 2.36)来调节其制备器件的性能，得到了闪存型的存储器件。此外，韩国 Ree 课题组也在这方面做了大量工作[103]。

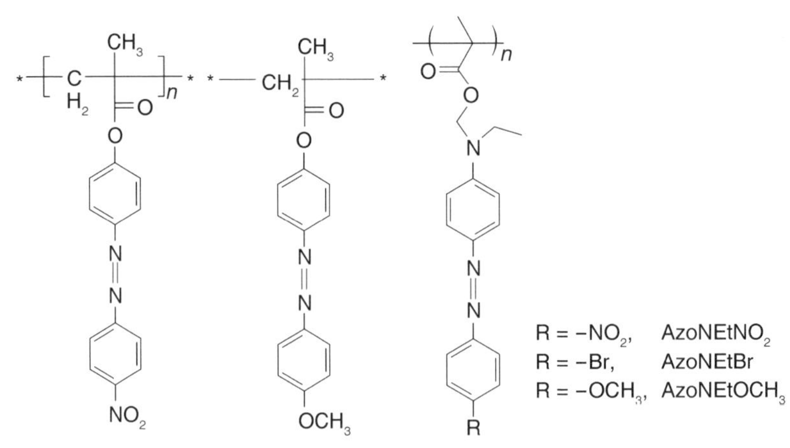

图 2.35　侧链含有 D-A 结构单元的偶氮苯材料[101]

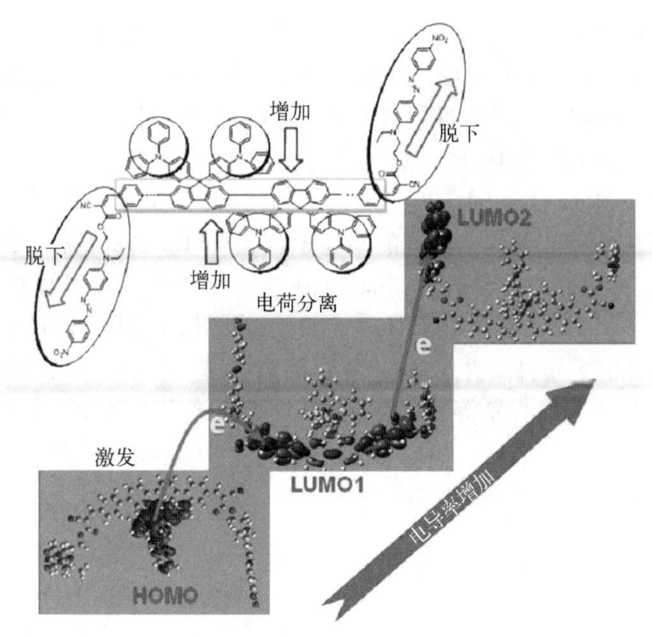

图 2.36　侧链含有强吸电子基团三苯胺的材料[102]
注：HOMO 为最高被占用分子轨道；LUMO 为分子最低空余轨道

3）侧链连接特殊功能材料

具有特殊功能的功能性材料（如富勒烯和石墨烯等）很难成膜，因而在制备器件上会有一定的困难。但是可以效仿侧链含金属配合物的聚合物，用共价键与聚合物单体连接而引入聚合物中，改善其成膜性而制备电存储器件。如 E. T. Kang[104] 报道了以 PVK 为原料在强碱条件下与富勒烯反应，得到了侧链接有少量富勒烯的聚合物 PVK－C_{60}（图 2.37）。该材料通过简单的旋涂方法即可加工成膜，做出的三明治型器件表现出优异的闪存型存储性能，其存储行为主要是由受富勒烯可逆地俘获和释放载流子造成的。

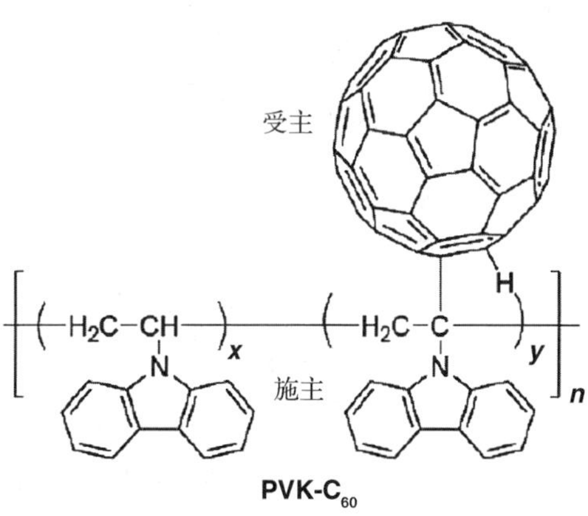

图 2.37　PVK－C_{60}的化学结构式[104]

4. 有机金属配合物材料

基于 D－A 分子的设计思想，Ling 等设计并合成了一系列具有电双稳态功能的有机金属配合物，如 PKEu[56]、PC_zO_xEu[105]、PF6Eu[106] 以及 PF8Eu[107] 等（图 2.38），其中铕配合物充当受体。在非共轭高分子 PKEu 和 PC_zO_xEu 中，电流电压曲线受给体受体形成电荷转移络合物的氧化还原势垒影响,势垒较高时表现为ON 态转向 OFF 态;络合物在反向电场下解离,导电态可恢复到初始态,表现出Flash 功能。与此同时,器件的性能还与配合物分子内给体与受体的比例相关,随着受体比例提高,响应时间缩减,电流开关比增大,ON 态维持时间延长。在共轭高分子 PF6Eu 和 PF8Eu 中,电荷传输与主链上陷阱深度有关,深和浅时分别表现出非易失性或易失性。注意含二茂铁的共轭聚合物 PFT2 - Fe 通过铁的氧化还原来实现双稳态,它不仅具有非易失性,相比于铕配合物还具有低阈值的突出优点,最低值为 1.4 V[108]。另外,有机电子在柔性器件方面优势明显, Ling 等基于共轭高分子 P6FBEu 开发了一种柔性 WORM 型存储器,柔性电极和顶电极分别为导电聚吡咯和金[109],它在电子标签等领域有着潜在的应用价值。不足之处在于聚吡咯的面阻比较大,开关的阈值较高。对于有机金属配合物存储器件,电流开关比一般为 10^2 至 10^4,读写循环次数达百万次以上。

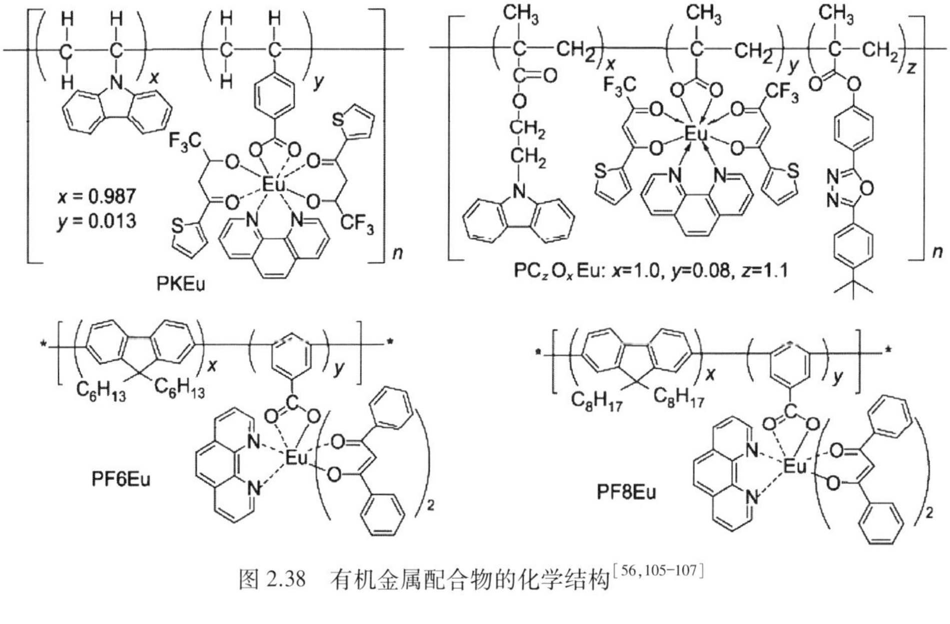

图 2.38 有机金属配合物的化学结构[56,105-107]

2.5.2 有机小分子材料

有机小分子材料是近年来兴起的比较热门的电存储材料,其优点是材料的可选择种类多、合成简单且结构明确。在制备器件之后,可以很清楚地表征膜内的分子排列。正是这些优点使小分子在这一领域越来越受科学家的关注。路建美课题组[110]和陈文章课题组[111]在小分子领域内做了相当出色的工作。如路建美课题组[110]以 *N*,*N* -二氨基二本砜为原料,通过偶氮双键连接 *N*,*N* -二甲基苯胺,在分子中设计两个吸电子能力不同的基团,制备的器件性能突破了传统的电双稳态特性达到了电三稳态性质,首次制备了稳定的“三进制”WORM 型存储器件。用电子依次填满两个不同深度的电荷陷阱机制解释了“三进制”存储机制,并从分子理论计算和 XRD 等方法证明理论解释。

2.5.3　树枝状大分子材料

树枝状大分子由于其超稳定性等优点在其他领域有不少的报道,但在电存储领域目前只有 M. Ree 课题组报道了关于 HCuPc(图 2.39)的树枝状大分子[112]。其制备器件的电存储性能表现为 WORM 型存储。与一般 WORM 型存储不同的是,该器件在低电场下处于高导态,而在高电场作用下处于低导态,存储机制是细丝导电机制。但这类材料只是偶尔有报道,还没有形成体系,对电存储材料的发展也没有形成理论上的支撑。

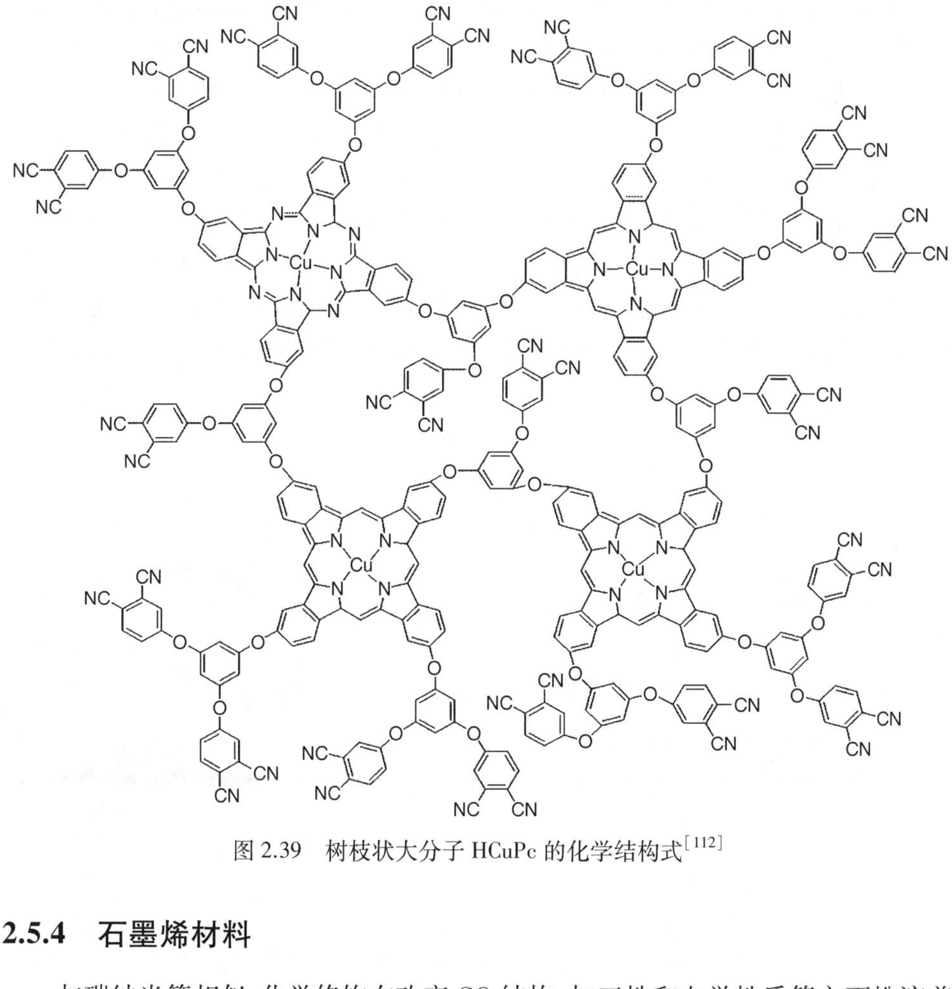

图 2.39　树枝状大分子 HCuPc 的化学结构式[112]

2.5.4　石墨烯材料

与碳纳米管相似,化学修饰在改变 GO 结构、加工性和电学性质等方面扮演着重要的作用[113]。通过羧基酯化作用或者环氧基的开环反应等方式,可以将各种高分子修饰到 GO 表面,并且能通过分子设计来改变材料的电学性质。《国际半导体技术发展蓝图》(2005 版)指明高分子信息存储是一种新兴的存储技术。与 RRAM 类似,高分子存储器可以通过基于对施加的电压响应为高和低两种不同的导电态来存储信息,因而避免了在时间逻辑门的电荷遗失问题,提高了数据保留能力[1]。

GO 是一种非化学计量的材料,通过 Hummers 方法合成的 GO 附带的含氧官能团很难被精确控制[114]。因此通过耦合反应接枝到含氧官能团的聚合物含量也是非化学计量的。根据已经报道的石墨烯的各种化学修饰方法,可以将各种不同的聚合物接枝到 GO 表面和边缘。用多功能的聚合物来共价修饰 GO 是一种有效调控 GO 的电学性质的手段。通过接枝聚合物来引入带隙的 GO,可以作为低维度的平板印刷石墨烯和化学修饰的石墨烯纳米带的补充或替代者。

在陈彧课题组前期的工作中,设计合成了一种高性能的共轭高分子共价接枝的石墨烯信息存储材料 TPAPAM - GO,如图 2.40 所示,并以此材料作为活性层制备了国际上第一个基于石墨烯的高分子存储器件[115]。由于 TPAPAM 具有有效的空穴注入、高载流子迁移率和低极化电势的特性,器件表现出了电双稳态性能和非易失性的可擦写记忆性能,开启电压在-1 V 左右,开关比超过 10^3。ON 态和 OFF 态在连续电压测试下可以稳定 3 小时以上,在读取电压为-1 V 下读写循环次数达到了 10^8以上。分子内形成了双通道的电荷传输途径,通过修饰的 GO 发生的电化学还原后,空穴从 TPAPAM 的 HOMO 传输进入石墨烯的 LUMO 轨道实现电子传输。由于电子传输受散射作用的影响小,更有效的电子传输使得器件从低导态转

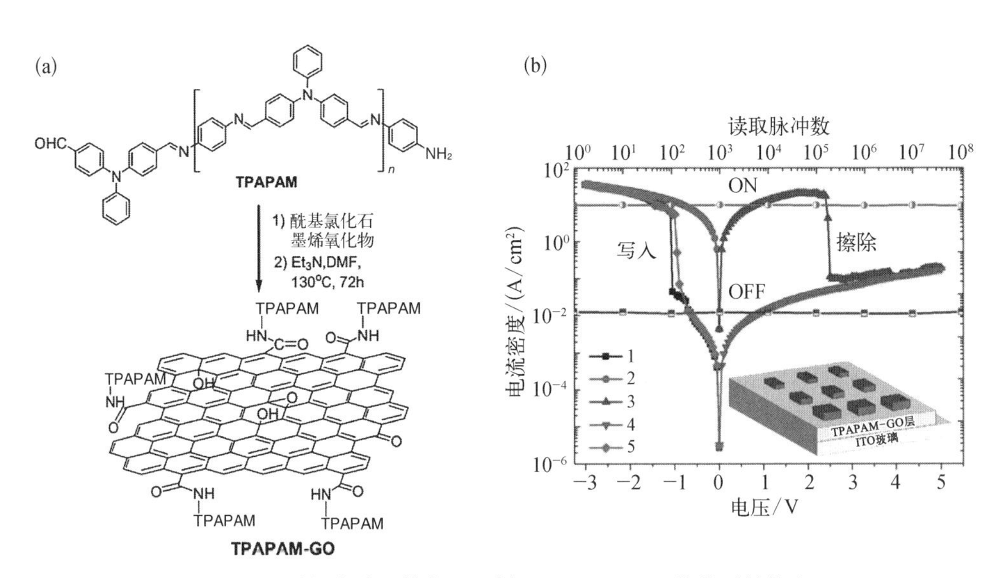

图 2.40 共轭高分子修饰石墨烯 TPAPAM - GO 的分子结构和 Al/TPAPAM - GO/ITO 器件的 $I-V$ 特征曲线[115]

化到了高导态。石墨烯中的电子离域作用使得 TPAPAM－GO 分子的电荷转移态相当稳定,从而导致器件具有非易失性。

通过仔细裁剪接枝到石墨烯上的高分子的结构,可以得到新颖的具有良好的溶解性、电学性质和记忆性能的基于石墨烯的高分子复合材料,它们有潜力应用于下一代电子信息存储领域。将功能性高分子共价接枝到石墨烯,然后直接作为高分子存储器件的活性层的研究还处于起步阶段。而报道的研究工作主要集中于将石墨烯掺杂在高分子中或嵌入高分子薄膜间,整体作为存储器件的活性层,这样制备的器件也表现出不错的存储性能。

Li 等[116]在石墨烯表面引入了 ATRP 引发剂,然后通过 ATRP 聚合,由 GO 表面接枝了聚丙烯酸叔丁酯刷子。接枝上的疏水性聚合物刷子增加了 GO 在有机溶剂中的溶解性,使得 GO－g－PtBA 能够均一稳定分散在甲苯溶液中。这种高分子功能化修饰的石墨烯材料可以与电活性高分子相融合,应用于电子器件。在材料 GO－g－PtBA 中掺杂 5%(质量百分比)的聚 3－己基噻吩(P3HT),研究了其在高分子信息存储领域的应用,制备的 Al/GO-g-PtBA+P3HT/ITO 器件表现出电双稳态开关特性和非易失性可擦写存储效应。

Wu 等[117]将石墨烯薄片夹在两层聚合物薄膜之间,然后整体作为存储器件的活性层,制备的器件结构如图 2.41 所示。这种方法的优势是在实现多层器件结构时不会在旋涂过程中破坏最底下的聚合物层。使用聚苯乙烯(PS)和聚乙烯基咔唑(PVK)作为活性层母体的存储器件分别表现出 WORM 型存储效应和易失性存储效应。存储性能的差异可能是石墨烯薄片与不同聚合物薄膜之间形成的电荷陷阱的深度不同造成的,这为裁剪高分子存储器件的存储性能提供了一种新的方法。

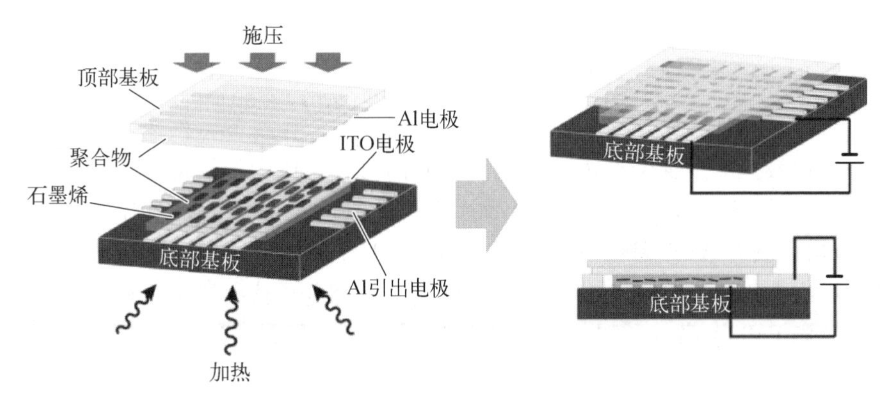

图 2.41　石墨烯薄片夹在聚合物薄膜之间制备的双稳态器件示意图[117]

Zhang 等[118]在 PVK 溶液中掺杂不同质量百分比的石墨烯,旋涂成高分子-石墨烯复合物的薄膜作为存储材料,研究了制备的器件的性能。根据 PVK－石墨烯中掺杂石墨烯含量的不同,器件测得的 $I-V$ 曲线表现出绝缘体、WORM 型存储、反复擦写存储和导体四种不同的电导特性。其中表现出双稳态存储效应的器件的 ON 态和 OFF 态都很稳定,在 1 V 的恒定电压或脉冲电压下能反复读取。研究者认为这种高分子-石墨烯复合材料的传导机制是基于 PVK 的电子/空穴传输能力和石墨烯的电子俘获能力。

如图 2.42 所示,陈文章课题组[119]通过超分子手段在溶液中组装了 PS-b-P4VP 微球,加入 GO 后能通过两者间的氢键作用形成稳定的复合物,基于 BCP∶GO 复合物薄膜的器件表现出阻变型存储效应,器件性能可以可靠地重复。掺杂 7%(质量百分比)GO 的复合物薄膜的器件表现出一次写入多次读出的存储效应,在电压为 1 V 时电流开关比超过 10^5,能承受 10^4 秒的连续读取和 10^8 次脉冲读取操作。开关现象可能是 GO 内在缺陷和 BCP/GO 接触面的电荷俘获作用引起的。控制 BCP 和功能化的 GO 薄片相互间的物理作用,可以形成均匀分散的电荷存储复合物,有望应用于未来的柔性信息存储领域。

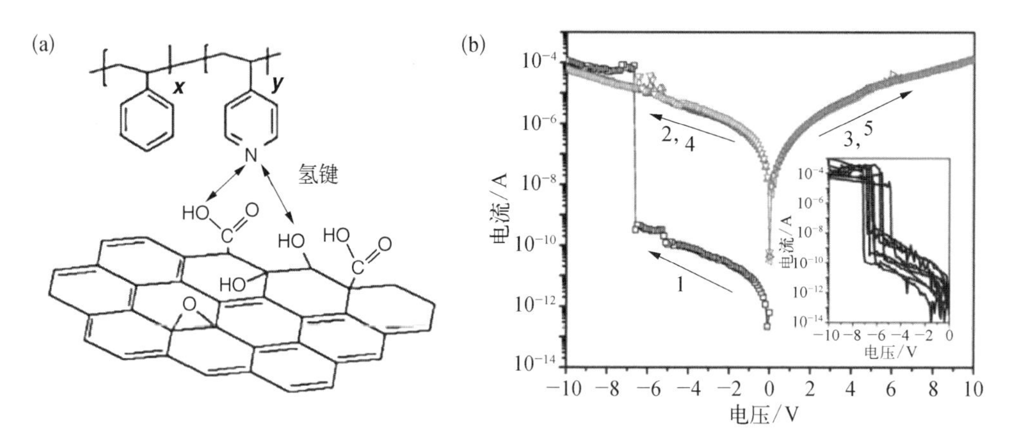

图 2.42 (a)为 PS-b-P4VP 和 GO 的结构示意图;(b)为含有 7%GO 的复合物的 $I-V$ 曲线[119]

石墨烯较强的电荷俘获能力能用来控制高分子母体中的局部电场。如图 2.43(a)~(g)所示,Son 等[120]将石墨烯薄片嵌入绝缘的聚甲基丙烯酸甲酯(PMMA)层,构造出了具有 Al/PMMA/石墨烯/PMMA/ITO/PET 多层结构的器件,该柔性器件表现出电双稳态特性和非易失性存储效应。充电时从电极注入的电子会被石墨烯薄片和 PMMA 高分子层中的电荷陷阱俘获。如图 2.43(h)~(o)达到开启阈值电压时,被俘获的载流子吸引顶电极中的铝原子,从而产生内部电场,使得 Al 顶电极/石墨烯和石墨烯/ITO 电极之间形成连续的导电丝。器件表现出了电双稳态性能,电流开关比达到了 10^6,存储循环次数达 10^5。ON 态的电流符合欧姆定律,并且在不嵌入石墨烯层时观察不到相应的电双稳态行为,进一步证实了导电通道的形成。说明石墨烯在电荷俘获和金属丝的形成中起了关键作用。探索石墨烯双

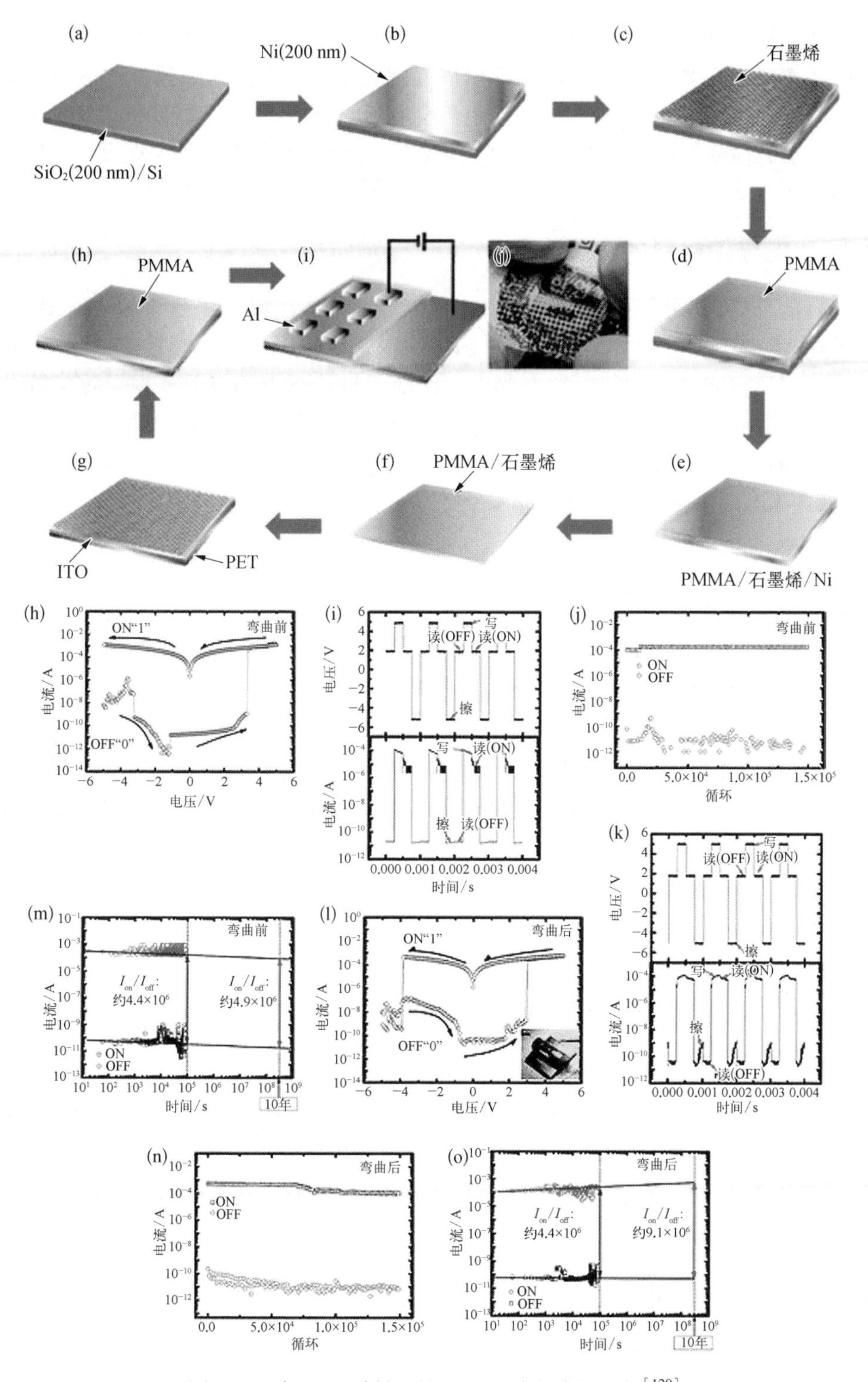

图 2.43　嵌入石墨烯的柔性透明聚合物存储器件[120]

稳态器件的电流-时间特性,预期器件能稳定运行 10 年以上。而且当相邻器件之间的距离减小到单元器件尺寸时,存储单元间也没有相互影响。器件的电双稳态性能在器件弯曲至曲率为 10 mm^{-1}时也不会有所衰减,这预示着器件可以应用于柔性的非易失性存储。更重要的是将可溶液加工处理的聚合物和可大规模生产的石墨烯相结合,并且与二维存储器兼容,具备了与当前的 CMOS 工艺相融合的可能性。

2.5.5 电存储材料的发展方向

目前有机/高分子阻变材料在信息存储方面的应用研究仍处于起步阶段,在开关比、响应速度、读写循环次数、存储密度以及维持时间等关键性能参数方面,离满足应用要求还有很长一段路要走。因缺乏直接有力的实验证据导致大部分对有机二极管电存储机制的描述仅停留在理论分析和间接推测阶段。值得强调的是存储机制精确理论的缺失导致实验研究时无法从理论上对器件进行设计优化,成为有机二极管电存储走向工厂量产实用化的主要障碍。因此归纳总结各类实验规律,从而提出具有普适性、可定量描述有机二极管存储机制的物理模型,引导器件设计,是目前有机二极管存储器研究工作的主要目标。在该领域里开展的工作方向包括制备具有更好电学特性及工艺兼容性的有机/高分子功能材料和薄膜,开发更加先进的器件制备和测试手段,探索更加明确可证的电子跃迁和传输机制,进一步优化材料和器件结构以获取更优的存储性能等。这要求对有机/高分子阻变材料的分子结构设计、合成与组装技术、器件制备与测试工艺、材料功能机制等有深刻的理解、研究和把握,同时也依赖物理学、化学、材料学及器件加工等领域研究人员的紧密合作。有机/高分子及复合阻变材料在信息存储方向的研究主要分为三大方向: ① 材料的设计、合成与组装;② 器件制作、测试及优化;③ 凝聚态电子学机制的研究。未来的研究工作将围绕改善和提升阻变材料和器件在存储应用上的相关参数、研究阻变存储器件的工作原理展开。

2.6 新型二极管电存储器

新兴的有机电子热点研究领域之一——有机电存储器研究由于具有有机电子材料的可薄膜化的特点,可以在柔性、透明衬底上通过旋涂和喷墨打印等技术制备成柔性器件,因而具有器件结构简单、制备成本相对较低等优点。作为一个优良的光电研究平台,基于各类新型材料,可以集成光电、传感等应用的新型多功能电存储器,正逐步引起研究人员的关注。

2.6.1 柔性电存储器

1. 柔性衬底型电存储器件

柔性、透明是有机电存储器与传统电存储器的重大区别之一,这样的特点使得有机电存储器的实际应用范围会更广。为了实现器件的柔性可弯曲和透明,制备器件所使用的衬底要是透明、可弯曲的,如 PET 塑料衬底[121];并且其电极也要选用透光率好的材料制备的,如 ITO[122]和石墨烯材料电极[123,124]等。实现有机电存储器的柔性的一个重要难题就是器件在弯曲以后存储性能的稳定性,如果这一问题得以解决,那么实现柔性透明的有机电存储的实际应用将成为可能。最近关于可弯曲的柔性有机电存储器件被大量报道[121,125],其中 Jeong 等[126]报道了一种室温下在塑料衬底上通过旋涂方法制备的有机电存储器(图 2.44),其采用氧化石墨烯为有机功能材料并采用双铝电极,在电信号作用下实现了闪存功能,该器件在连续弯曲 1 000 次后电阻双稳态基本没有衰减,器件弯曲半径达到 7 mm 时其 ON 态和 OFF 态都很稳定。信息维持时间超过 10^5 s。该研究为未来柔性电存储器件的实现应用迈出了重要一步。

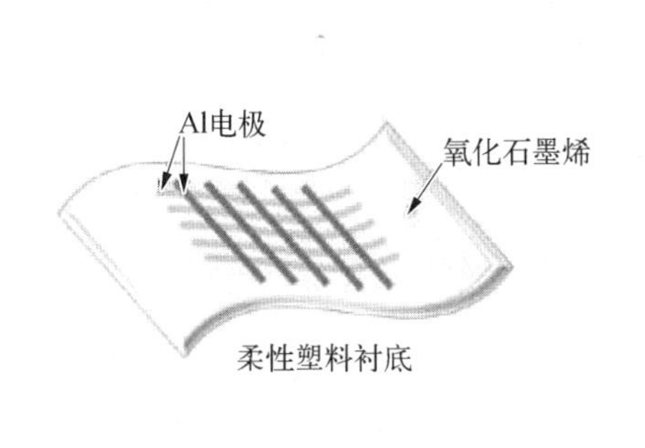

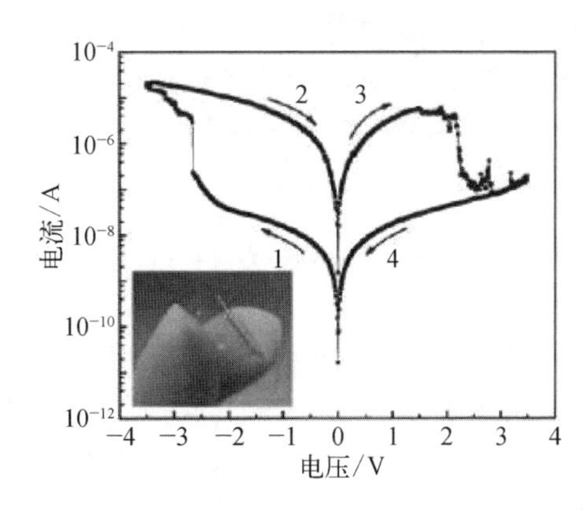

图 2.44　器件结构和器件 $I-V$ 特性曲线(右图左下角的插图是器件弯曲后的照片)[126]

2. 柔性电极型电存储器件

有机新材料的不断合成发现并应用在有机电存储器件上[127,128],使有机电存储实现实际应用成为可能,其中最引人注目的是石墨烯的发现[129](获得了 2010 年的诺贝尔物理学奖)。石墨烯已经成了国际研究的焦点之一。有机电存储器件中,选择合适的电极材料可以降低成本,受热和化学稳定好的材料可以提高器件的稳定性和寿命,电极材料的功函数和有机功能材料的能级匹配可以降低电荷注入势垒,同时电极材料的薄膜电阻大小也决定着存储的开关电压大小,因此有机电存储器件中选择合适的电极材料对器件性能表现十分重要。石墨烯具有良好的导电性,与有机材料的接触电阻小,可与有机材料兼容,而且石墨烯透光率高、质量小,因此石墨烯是很好的电极材料。但是石墨烯不易直接制备且在溶剂中的分散性不是很好,于是选择对其功能化后再分散通过旋涂成膜应用到有机电存储器件[130]中或者直接旋涂制备 GO 薄膜再通过化学方法或高温热处理还原得到还原氧化石墨烯,从而用到有机电存储器件上[123]。南京邮电大学黄维课题组[123,124]报道了将还原氧化石墨烯(rGO)作为电极材料用到有机电存储器件上(图 2.45),并选择有机材料(P3HT : PCBM)作为有机功能材料,实现了非易失性一次写入多次读取的存储功能。ON/OFF 电流比高达 10^5,转变电压低至 0.5~1.2 V。研究发现,该存储器转变的阈值电压随着电极材料 rGO 薄膜电阻的减小而减小,而 ON/OFF 电流比却在增大。其所表现出的电开关现象主要由 PCBM 域的场致极化和邻近域之间形成的局部内电场所决定。

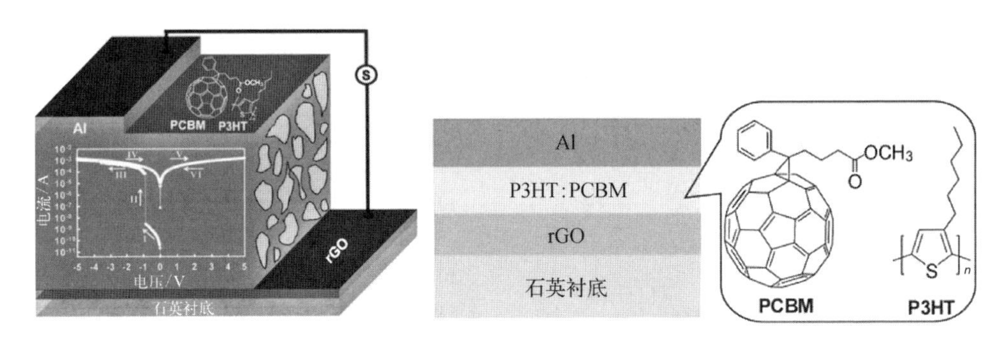

图 2.45 以 rGO 作为电极的二极管电存储器[123,124]

利用高度还原的 hrGO 作为电极,低还原的 lrGO 作为活性层,黄维课题组报道了基于还原氧化石墨烯的全碳电存储器件[131]。器件的制作过程如图 2.46 所示,在平整的硅衬底上旋涂一层氧化石墨烯的薄膜,再用牙签划成条状图案,再将条形的氧化石墨烯薄膜在 1 000℃ 的高温下退火,就可以得到高度还原的 hrGO;在完成 hrGO 的还原工作后,在 hrGO 的表面旋涂一层 PMMA 薄膜,待 PMMA 固化变硬后放到去离子水里,水渗入 PMMA 和 SiO_2 界面间, PMMA 带着 hrGO 从 Si 上剥离;再将 PMMA 和 hrGO 的薄膜转移到 PET 衬底上,然后将带有薄膜的衬底放置到紫外光下照射,再通过显影剂把 PMMA 去掉,这样就可以得到作为电极材料的导电性较好的 hrGO。在具有电极材料的 hrGO 的衬底上旋涂 GO 的溶液,在较低温度下退火,得到作为活性层的轻度还原的 lrGO,最后在 lrGO 上放置一层和底电极交叉的 hrGO,就可以得到交叉结构的全碳器件。图 2.46 是器件制作过程的示意图,图 2.47 是器件的结构示意图和得到的电流-电压曲线。

2.6.2 有机生物电存储

生物电子学(bio-electronics)是生命科学与信息科学的前沿交叉领域,发展十分迅速。生物材料应用于生物芯片,始于 20 世纪 80 年代后期,现已开辟了微型医学检测、传感、成像等多个应用领域。其中,将生物材料(如蛋白质、DNA 等)引入

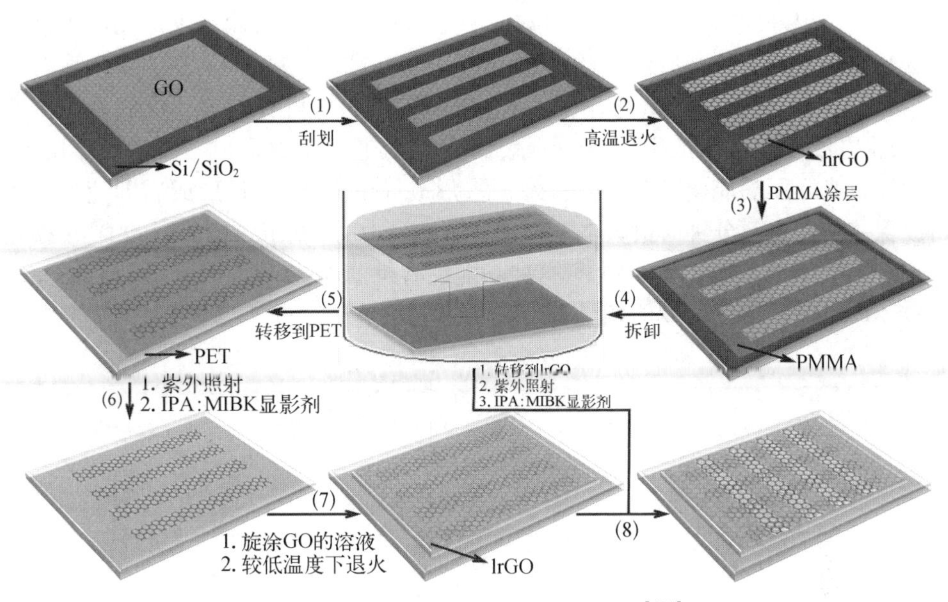

图 2.46 全碳电存储器件的制作过程[131]

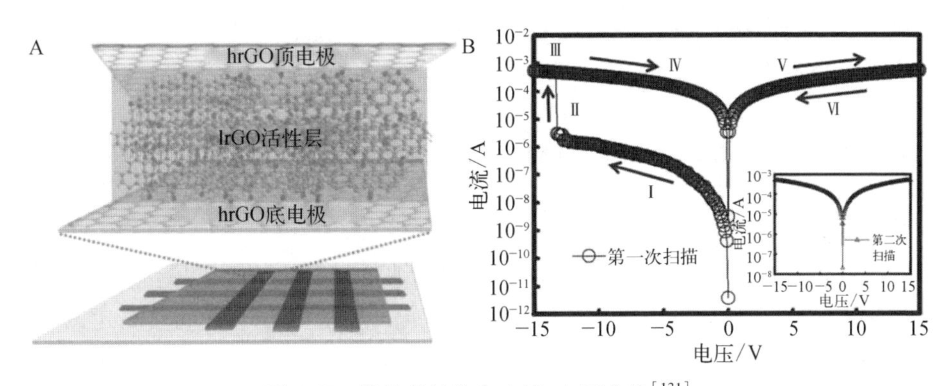

图 2.47 器件的结构和电流-电压曲线[131]

二极管电存储器,研究其电学双稳态特性,是近年来开启的新课题。生物材料具有可生物降解、自治愈的独特性质,并且可以进行化学修饰以适应范围广泛的组织工程[132-134],为实现电存储器的多功能化提供了新的道路。按照其在电存储器件结构中的作用,本节将从其作为活性层材料和电极修饰材料两个部分进行总结。

1. 活性层材料

在作为活性层材料使用时,生物材料常见的两种引入方式是:直接作为活性层材料夹在两电极之间;与无机纳米粒子(如 Au NP、Pt NP 等)进行掺杂、聚合,形成生物无机纳米结构(bio-inorganic nanostructure)。

1) DNA

脱氧核糖核酸(DNA)由于其与金属离子的亲和力,是众所周知的用于金属 NP

合成的一个很好的软模板。DNA 也被证明是与材料加工、薄膜光电应用的常规聚合物完全相容的一种很有前途的光学材料。Hung 等[134]基于 DNA 的生物聚合物纳米复合材料,制备了光致作用下,写一次读多次的有机存储器。他们使用了双 Ag 条状电极,器件结构如图 2.48 所示,DNA 的膜通过旋涂形成。在光照作用下,银盐原位光还原功能化,产生银纳米粒子,形成导电通道,一旦形成后即使电擦也可以保持。光照 5 分钟时最大电流开关比可达到 10^3。基于各种金属的 DNA 模板制作被广泛应用于生物分子科学,这些功能性有机器件被证明可以与轻便、快速的光致还原金属前驱体的发展相结合。

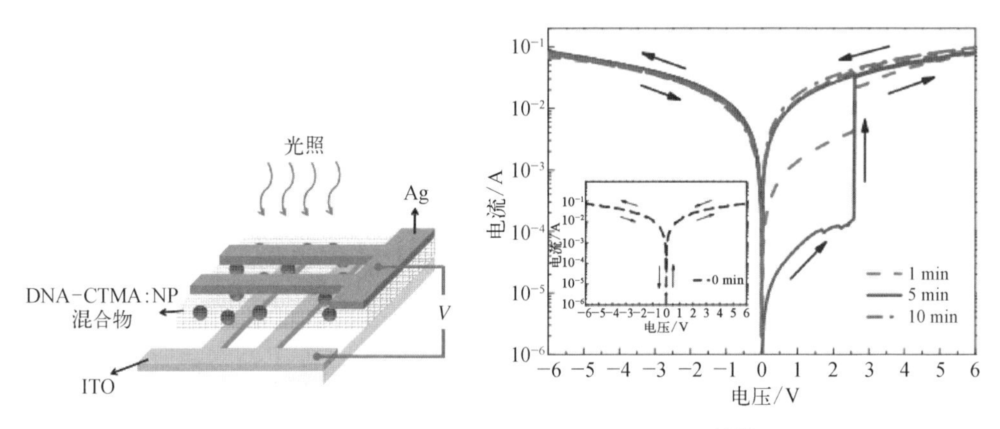

图 2.48 有机二极管电存储器件主要性能指标[134]

2）铁蛋白

铁蛋白是最广泛使用的一种生物分子仿生纳米材料。氧化还原蛋白质可以根据在溶液中的氧化还原反应引起电阻的可逆变化。铁蛋白是一种高度稳定的铁储存蛋白,这种球形空壳蛋白的内径为 8 nm,外径为 12 nm,壳的厚度为 2 nm。它是由几乎所有活的生物体,包括细菌、藻类、高等植物、动物,对铁缺乏和铁超负荷生物体缓冲制备。铁蛋白直径尺寸8 nm 的腔体被用作纳米反应器,其结构的稳定性允许其用于各种纳米结构材料离子交换和热解合成铁蛋白。

相对于在溶液状态下用循环伏安法氧化还原铁蛋白溶液,Xu 等报道了在干燥成膜的情形下直接测量电导率的方法[135]。如图 2.49 所示,2011 年韩国 Jinhan Cho 课题组[136]报道了干燥的多层自组装铁蛋白薄膜非易失性闪存电存储器,他们使用硅片作为衬底,Pb 作为电极,该存储器在-2~2 V 的扫描电压内可实现反复擦写,最大电流开关比可达 10^3。随着自组装层数的增加(5 层、10 层、15 层),器件的开关性能趋于稳定,高、低电流导态在 10^4 s 的耐压测试中并无明显衰减。通过 CS-AFM 测试,在施加外加偏压时,铁蛋白中 Fe^{III}/Fe^{II} 的氧化还原对电荷的俘获和释放,是产生存储现象的原因。

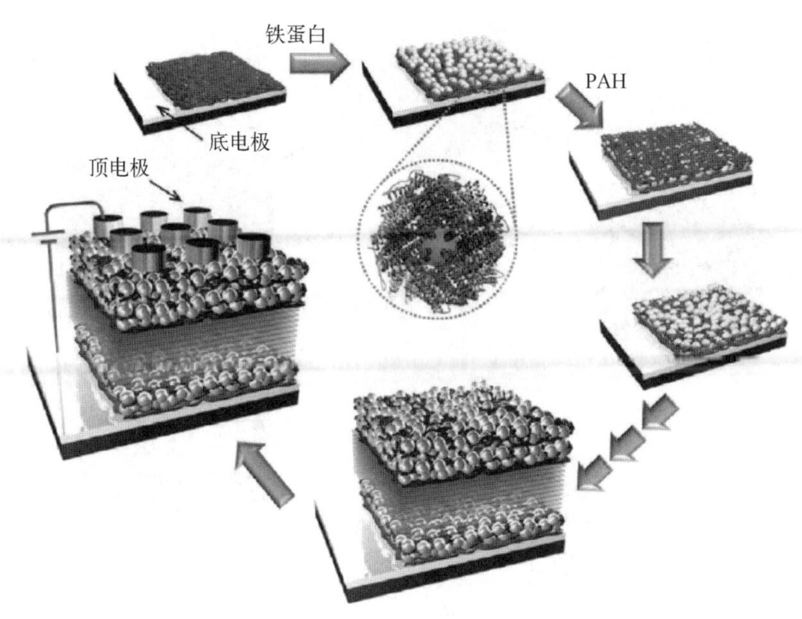

图 2.49 多层自组装多环芳烃/铁蛋白(PAH/ferritin)电存储器的制备过程[136]

研究人员使用大肠杆菌制作大量铁蛋白,再将嵌入金属微粒的铁蛋白在衬底上规则排列,从而制成蛋白质存储器。具体的步骤是:将金属浸在溶液中,这样可使金属微粒进入铁蛋白之中。为了去除会使器件工作不正常的碱金属,需要将其过滤。利用蛋白质的“自组织”作用,铁蛋白能够沿着预先在硅衬底上制作出的有机分子膜的图形,规则整齐地排列。再经清洗和干燥处理,并加热至 500℃后,硅衬底上就仅剩下了规则排列的金属。如果将其加上电压就会流过电流,从而获得存储器必备的电特性。然后利用传统技术在硅衬底上安装电极,就制成了存储器。

迄今已有科技人员开发了利用蛋白质使金属规则排列的技术。然而蛋白质只有在含有钠等碱性金属的生理环境下才能很好地发挥其功能。但是碱金属会损坏半导体器件,因为它会引起器件故障或误动作,甚至导致器件失效。

3) 丝素蛋白

丝素蛋白(silk fibroin, SF)是从蚕丝(silk)中提取的天然高分子纤维蛋白,含量约占蚕丝的 70%~80%,含有 18 种氨基酸,其中甘氨酸(Gly)、丙氨酸(Ala)和丝氨酸(Ser)约占总组成的 80%以上,其提取工艺如图 2.50 所示。丝素本身具有良好的机械性能和理化性质,如良好的柔韧性和抗拉伸强度、透气透湿性、缓释性等,而且经过不同处理可以得到不同的形态,如纤维、溶液、粉、膜以及凝胶等[137,138]。

2012 年,Kundu 课题组[139]在 ITO 玻璃衬底上旋涂了 400 nm 的天然丝素蛋白,使用 Al 作为顶电极,在−15~15 V 的扫描电压范围内,可以实现可擦写的闪存性

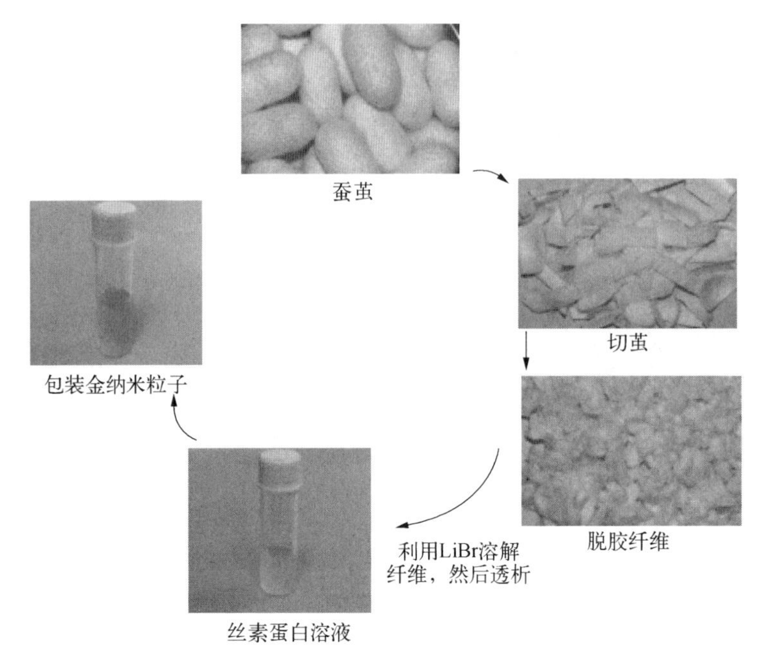

图 2.50　丝素蛋白溶液提取工艺[140]

质，$I-V$ 曲线呈双曲正弦状，开关比只有 10 左右，维持时间在10^3 s。他们使用扫描电子显微镜(SEM)对 SET 前后进行了局部电流成像隧道谱(CITS)的研究，如图 2.51 所示，在 SET(高电阻态到低电阻态)过程中观察到了导电丝渗流通道(SF^+)的形成，而在 RESET 过程中并未发现。这是由于在正向偏压的作用下，空穴从 ITO 注入丝素蛋白的 LUMO，丝素蛋白从 SF^0 被氧化成 SF^+($SF^0+h^+=SF^+$)，形成导电通道。但在负向偏压的作用下，SF^+ 被还原成 SF^0，导电通道被破坏。

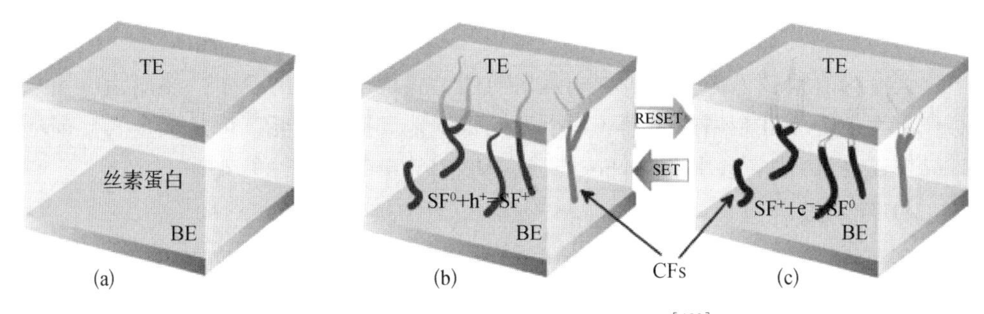

图 2.51　基于丝素蛋白的电存储器机制[139]

注：TE 为顶电极；BE 为底电极；CFs 为形成的丝素蛋白导电丝

2013 年，Narendar[140] 等将丝素蛋白溶液与 Au NP 进行了掺杂，混合溶液旋涂在 ITO 柔性衬底(PET)上，使用 Al 作为顶电极，得到了开启电压在 2 V 以内的闪存器件。作为对比器件，未掺杂 Au NP 时，开启电压大于 10 V，开关比小于 10。因此

Au NP 的掺杂使存储性能得到了大幅提升。在施加偏压时,带负电的 Au NP 与被氧化的 SF 一起形成导电通道,由于带负电荷的 Au NP 俘获电荷的能力更强,因此 Au NP 占主导地位,SF 的导电通道沿着 Au NP 积累的方向。研究发现,当 Au NP 浓度过大时会团簇,反而不利于存储性能的提升。

2014 年,Susnata 等[141]将丝素蛋白作为掺杂主体,研究了 biocompatible electronics (生物相容性电子)。如图 2.52 所示,他们将多壁碳纳米管 MWCNT - CdS 掺杂在 SF 充当浮栅层(floating gate)。器件采用条状电极,从图 2.52(b)中可以看出,加入浮栅层后的器件,开关比得到了大幅提升,产生了一个大的平带电压漂移。由于 SF 的高介电常数,在器件中可视为绝缘势垒,而 MWCNT 的加入增强了电荷转移能力,存储的主要诱导是加正向电压时 CdS 纳米晶对空穴的俘获,而在加反向电压时空穴被释放。

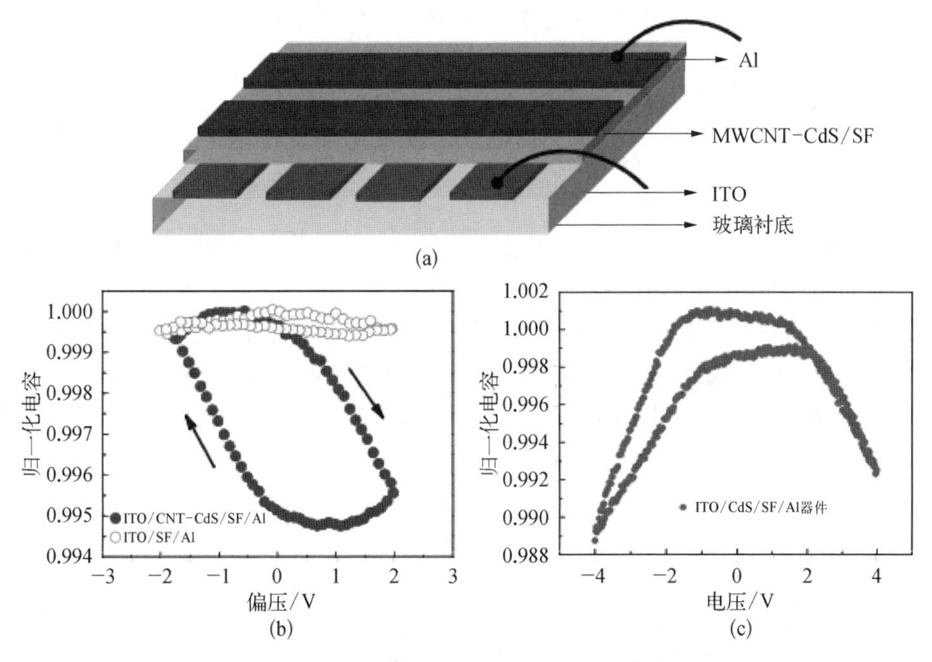

图 2.52 丝素蛋白作为掺杂主体材料[141]

4) 纳米生物材料(病毒)

相比之下,nanostructured biomaterials(纳米生物材料)尤其是纳米结构的病毒材料更早应用于二极管电存储。2006 年,Yang 课题组报道了烟草花叶病毒(tobacco mosaic virus, TMV)与 Pt 纳米粒子共轭的(TMV - Pt)材料,应用于双 Al 条形电极制备的存储器件中。如图 2.53(a)所示,Pt 纳米粒子均匀地分布在一维的 TMV 生物分子上,成为俘获电荷的关键。如图 2.53(b)所示,器件表现出可擦写的特性,开关比大于 10^3,可反复循环超过 200 次而无明显衰减。

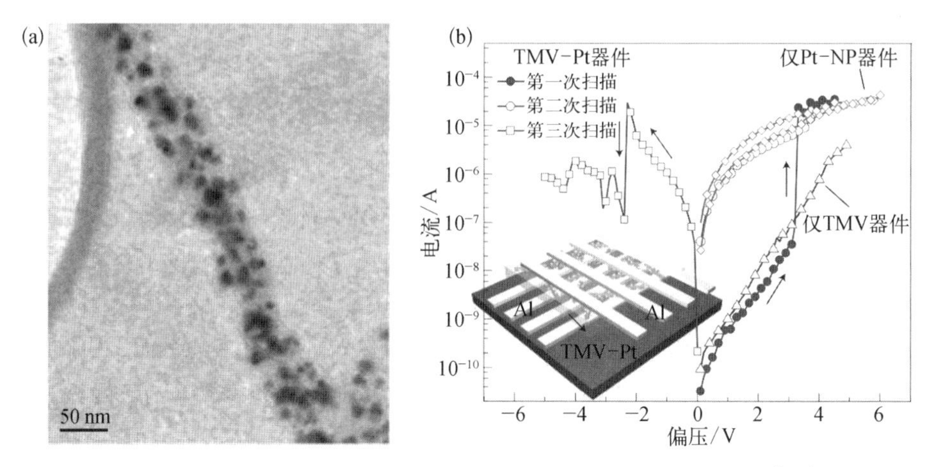

图 2.53 (a) TMV-Pt 的 TEM 图像;(b) 器件结构图和 $I-V$ 曲线[142]

Ozkan 等[143]报道了使用豇豆花叶病毒(cowpea mosaic virus, CPMV)作为生物模板,自组装 CdSe/ZnS 的核壳量子点作为活性层,制备的纳米尺度可擦写电存储器件。这也是病毒分子作为生物模板的一项有益应用。

2. 电极修饰材料

除了用作活性层材料,生物分子有着优异的生物相容性,可以作为电极修饰层材料。如图 2.54 所示,2010 年 Lee 等[144]先用生物素(biotin)修饰 SiO_2 表面,然后将用链霉素封装的 Au NP 旋涂在上面,增强了 Au 纳米粒子的网状均匀分布。在介电氧化物 SiO_2 厚度为 30 nm 时,器件在±12 V 的扫描范围内,只得到了 0.68 V 的存储窗口;当 SiO_2 厚度降低为 10 nm 时,仅在±7 V 的扫描范围内,就可将存储窗口提升到 6.47 V。

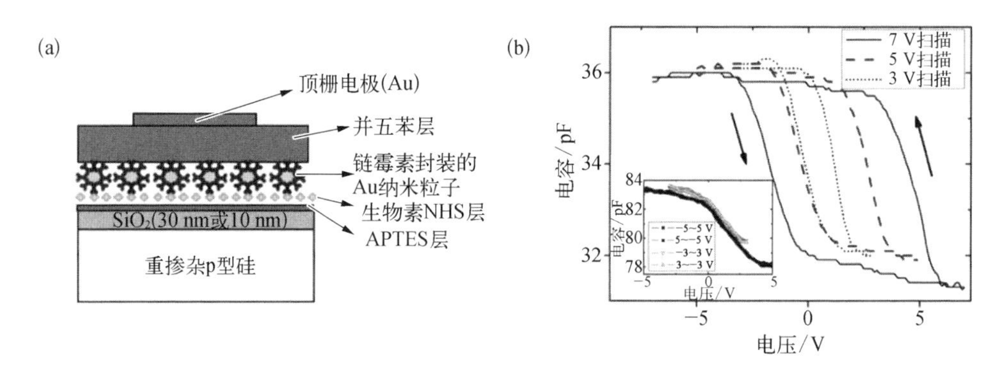

图 2.54 (a) 器件结构图;(b) 典型 $C-V$ 曲线

2013 年, Lee 课题组[145]又使用前列腺特异性膜抗原蛋白(prostate-specific membrane antigen protein)作为单层 Au NP 的修饰材料,在±7 V 的扫描范围内,存

储窗口为3.76 V。这项发现可潜在应用到一个非常具体的静电电容式传感器的适体-特异性生物分子的检测。

目前,基于生物材料的二极管电存储研究依然处于初级阶段,一方面需要尝试引入更加多元的生物分子;另一方面,二极管电存储器的作用机制(如氧化还原机制、丝状电导机制、构象变化机制等)也有待明确,以使生物分子在其中的存储效用更加清晰。不过值得期待的是,生物材料为二极管功能化电存储的应用、存储性能的提升等提供了丰富的设计思路。而生物材料本身的优异性质,也将为仿生电子电路设计以及信息处理开辟新的道路。

2.6.3 有机发光电存储

近些年来,多用途的有机电子器件正在被人们所研究。说起有机发光电存储,我们不得不提及有机发光二极管(organic light-emitting diode, OLED)。美籍华裔教授邓青云在实验室中发现了有机电致发光现象,由此展开了对OLED的研究,1987年,邓青云教授和Vanslyke采用了超薄膜技术,用透明导电膜作阳极,Alq_3作发光层,三芳胺作空穴传输层,Mg/Ag合金作阴极,制成了双层有机电致发光器件。1990年,Burroughes等发现了以共轭高分子PPV为发光层的OLED,从此在全世界范围内掀起了OLED研究的热潮。邓教授也因此被称为"OLED之父"。

由于有机二极管存储器使用直流电作为电源,故有机电存储和电致发光的结合也采用直流驱动,直流驱动的OLED只能应用于载流子注入型的器件结构,对于直流注入型电致发光器件,活性物质为单晶或者薄膜。OLED是类似于电极/绝缘体/电极(MIM)三明治结构的注入型电致发光,其器件结构是单层或多层的有机物内嵌于两个电极之间。这种器件中不存在PN结,也不存在自由载流子,正负载流子分别由两个电极注入,在电场作用下由于相向传输而靠近,因而有机会发生复合,产生激子,进而产生光辐射。通过巧妙的电极设计,将存储器(MEMORY)和发光二极管(OLED)结合在一起的器件就是有机发光二极管存储器MEMOLED。

1. 有机/铁电 MEMOLED

基于铁电材料的MEMOLED基于可调谐的注入势垒,利用铁电材料和半导体材料共混物的相分离来实现。如图2.55(a)所示[146],PFO是发光聚合物,作为有机半导体,其HOMO能级是5.9~6.1 eV,LUMO能级是2.9 eV。P(VDF-TrFE)作为铁电聚合物,P(VDF-TrFE)和PFO按照4∶1的比例共混。阳极材料用金,阴极材料用金属钡,器件以铝封装。铁电材料P(VDF-TrFE)在电场下极化,为器件的非易失性存储提供可能。有机聚合物材料PFO提供导电通道和起到发光的作用。P(VDF-TrFE)是绝缘体,当器件中有电流时,电流只能在PFO相中通过。阴极材料钡/铝相对于PFO,电子的注入势垒很小。而阳极材料金的功函数是

4.7 eV,空穴通过阳极材料金注入 PFO 的 HOMO 能级,需要克服 1.2~1.4 eV 的能级差。这么大的能级差阻止了空穴电荷注入,因而空穴电流很小。因此,用金作为阳极材料,钡和铝作为阴极材料的器件作为 OLEDs,电流的注入很小,基本上没有发光现象。

通过对铁电材料 P(VDF-TrFE)的极化可以调节注入的势垒。如图 2.55(b)所示,铁电材料在和电场方向相反的方向上极化后驱动 OLEDs。铁电材料的负向极化导致了 PFO 的能带弯曲。在阳极聚集的电荷导致了能带弯曲,减小了注入势垒,空穴电流变成了空间限制电流的注入。与此同时,阴极在极化之后仍然是欧姆接触,因此整个二极管处在“开”状态并且发光。类似地,如图 2.55(c)所示,相反方向的极化,导致了注入势垒的进一步增大,空穴的电流被限制,整个二极管在“关”状态,发光也很微弱。对于上面所述的器件,MEMOLED 工作的机制是,铁电的矫顽场大于发光所需要的电场。通过施加一个足够大的电压,二极管的电阻可以被置于 ON 态或者 OFF 态。在 ON 态可以被驱动成一个正常的发光二极管。

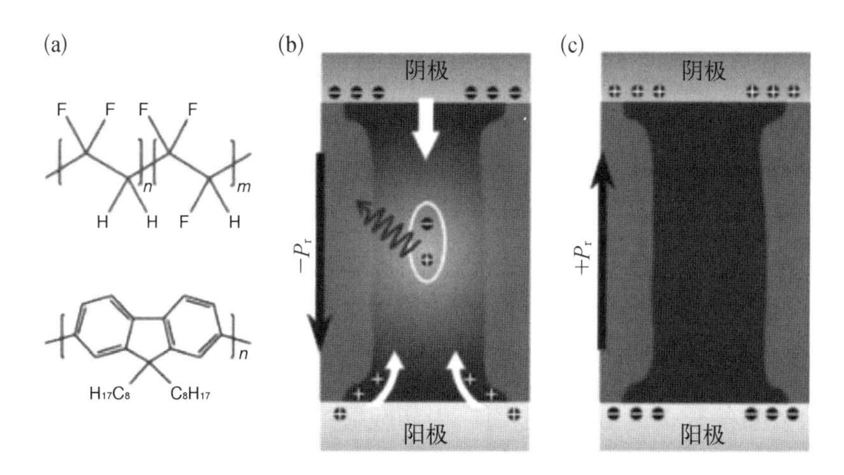

图 2.55 使用铁电聚合物相分离的 MEMOLED 运行机制:(a) 化学结构式;(b) 开态的极化;(c) 关态的极化。红色代表 PFO,蓝色代表 P(VDF-TrFE)

2. 串联式 MEMOLED

对于 MEMOLED 的实现,有一种最直接的方法,将双稳态电存储(OBD)器件和 OLEDITO/PEDOT/MEH-PPV/Ca 串联成 OBLED[147],如图 2.56 所示。图 2.57(a)是单独的 OBD 器件的 $I-V$ 曲线,单独的 OBD 器件具有大的回滞曲线。图 2.57(b)是叠层后的 MEMOLED 器件 $I-V$ 曲线,仍然具有较大的回滞曲线,小图是器件的发光光谱,从而实现了发光与存储的双重功能。

图 2.58 和图 2.59 通过衬底的转移,还可以获得柔性的发光器件。

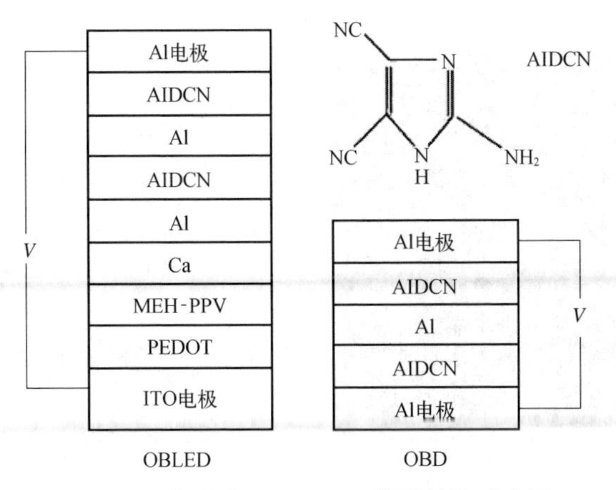

图 2.56 串联式 MEMOLED 器件结构示意图

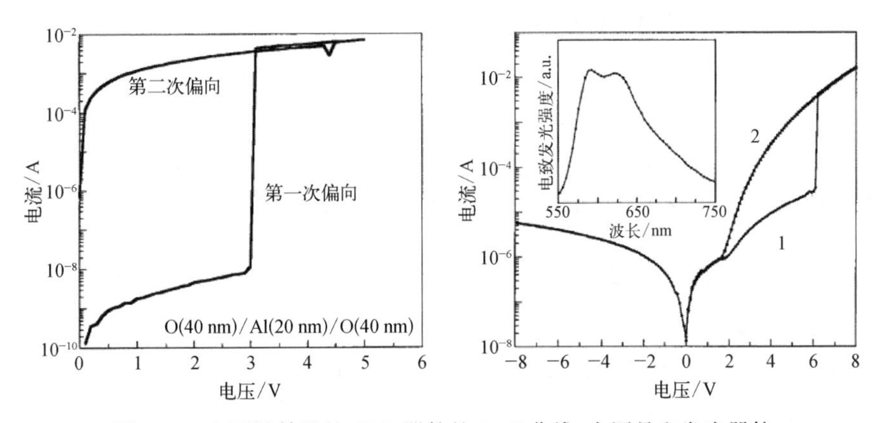

图 2.57 左图是单独的 OBD 器件的 $I-V$ 曲线,右图是和发光器件叠加后的 OBLED 器件的 $I-V$ 曲线和发光情况

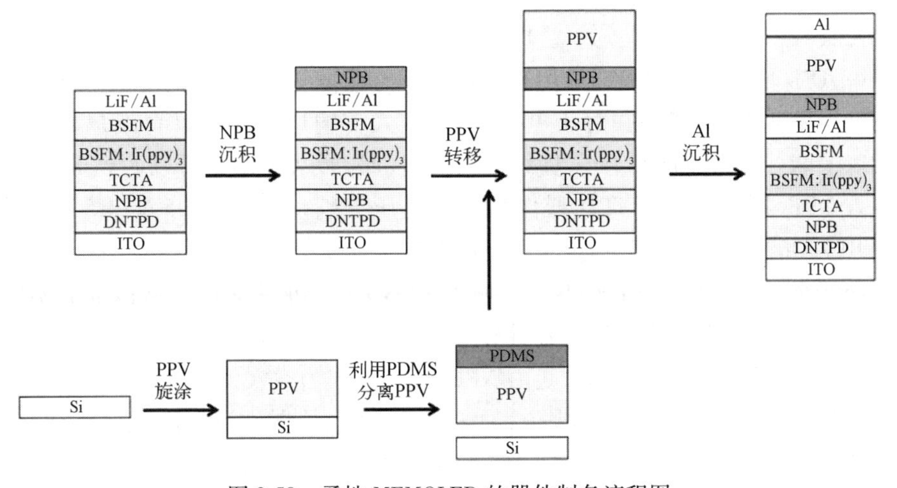

图 2.58 柔性 MEMOLED 的器件制备流程图

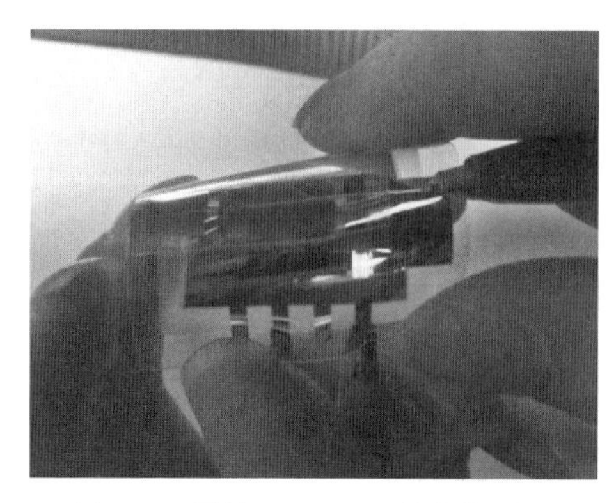

图 2.59　柔性 MEMOLED 的实物图

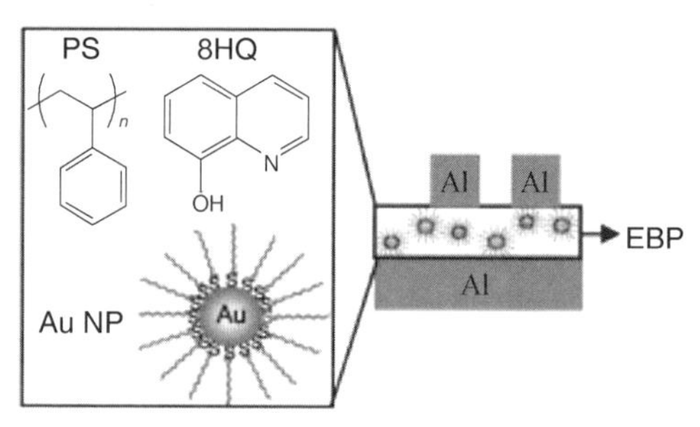

图 2.60　有机二极管存储器的器件结构

3. 有机/无机掺杂 MEMOLED

2006 年，Yang 课题组[148]发现在聚合物的 PLED 器件中，将电存储材料嵌入 OLED 的发光层和电子传输层之间也可以实现存储，如图 2.60 所示是有机二极管存储器的器件结构，在聚合物 PS 和小分子 8HQ 的共混物中掺杂金纳米粒子可以实现双稳态行为，将该层材料嵌入 OLED 中的阴极缓冲层和发光层之间，器件具有存储和发光的功能。

在双稳态过程中的电子是主要的载流子。EBP 层是由 PS、8HQ 和金纳米粒子按照一定的质量比组成的。

如图 2.61(b)所示，通过 PLED 器件的 $I-V$ 曲线可以看到，器件具有存储功能，并且具有负微分电阻的现象。尽管器件开关的机制被报道为在电场下 8HQ 和金纳米粒子之间发生了电荷的转移，随后 8HQ 带正电荷，而金纳米粒子带负电，器件表现为高导态，但是进一步研究器件的主要载流子的类型仍然有必要。通过以下对比实验：① 只有 EBP 层；② EBP 层分别混合在两种不同的空穴传输层材料 NPB 和 TPD 中；③ EBP 和电子传输材料 Alq_3。我们知道，在空穴传输层材料中电子的迁移率通常是很低的，对于电子而言，空穴传输层材料可以看成是电子阻挡层。以上四种材料器件的 $I-V$ 曲线如图 2.61(a)所示，从图中可以看到 EBP、EBP 层混入 NPB、EBP 层混入 TPD 器件的转变电压分别是 1.8 V、3.5 V、3.5 V。对于 Al/EBP/Alq_3/Al 的器件，没有出现回滞现象。

如前文所述，原型器件的高导态发生在 8HQ 和金纳米之间。从以上的实验可以看到，EBP : NPB、EBP : TPD 器件较高的转变电压表示从 8HQ 的电子转移到金纳米粒子的过程变得困难了，这是由 NPB 和 TPD 作为空穴传输层材料对于电子转移的势垒造成的。从另一方面来说，对于 EBP/Alq_3的器件没有出现回滞现象，这是由 Alq_3良好的电子传输能力造成的。以上器件在电荷转移后，电子可能通过在金纳米粒子中隧穿来实现高导态，高导态的电流也大致相同，是由金纳米粒子的浓

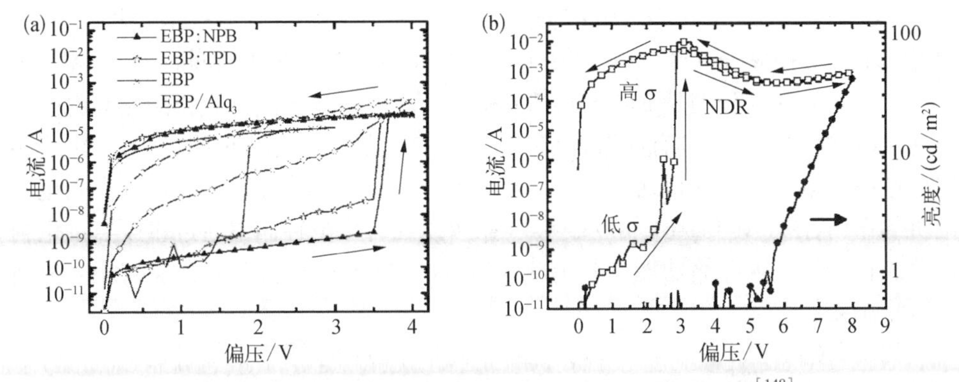

图 2.61 有机二极管存储器和有机发光存储器的器件结构[148]

度相同造成的。以上实验证明，空穴不是主要的载流子类型，电子才是主要的载流子类型。这些结论可以类推到聚合物的发光二极管中。

聚合物双稳态二极管和聚合物双稳态发光二极管的能带结构如图 2.62 所示，其中短线代表金纳米粒子可能的陷阱的能级。从图 2.61(a)可知，单层的 EBP 器件没有负微分电阻(NDR)现象，器件通过隧穿电流来导电。在 PLED 中，从 3 V 到 5.6 V，电子不能从阴极注入到达 EBP 层，因为纳米金的陷阱的能级和 LEP 的 LUMO 能级不匹配。这与器件在该范围内表现出来的负微分电阻现象对应。该负微分电阻表明在该器件中，其纳米点充当电荷陷阱阻止了电子隧穿。由于金纳米粒子的尺寸不一致，因此纳米金的能级不是一个固定值。电子可能先填充深的陷阱，随后再填充浅的陷阱能级。当施加的电压超过 5.6 V 时，对应于接近 LEP 材料 LUMO 浅的陷阱，电子可以从阴极到达 LEP 层，并且观察到发光。相反，当偏压小于 5.6 V 时，被填充的陷阱在 LEP 层 LUMO 能级的下面，没有发光的现象。需要说明的是，只有该聚合物有机发光二极管在 EBP 层含金纳米粒子有这种负微分电阻现象。综上所述，器件工作的要求是：EBP 层需要导通；空穴和电子从电极的注入；在金纳米粒子陷阱能级和 LEP 层能级之间的势垒。尽管金纳米粒子准确的陷阱的能级不明确，但是它在器件中作为电荷陷阱的作用是明确的。该器件也证明了在 LEP 层电子是主导的载流子类型，与之前介绍的双稳态存储一样。

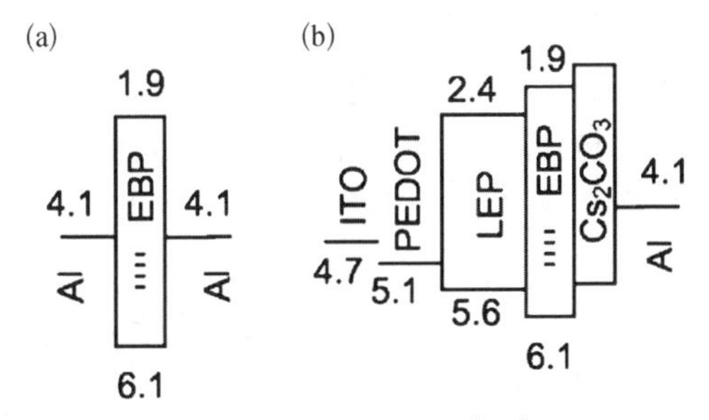

图 2.62 能带结构图[148]

注：图中数字的单位是 V

2010 年，韩国的 Lee 课题组[149]报道通过在 OLED 的空穴传输层中掺杂量子点，也可以实现电存储功能。器件结构是 ITO/(PFO-co-NEPB)：QD (100 nm,

$x\%$)/Al。其中 QD 是 CdSe/ZnS 的核壳结构。此 MEMOLED 器件的结构是 ITO/(PEDOT:PSS,60 nm)/PFO-co-NEPB:QD(60 nm,$x\%$)/PPV/Bphen/LiF/Al。器件中量子点的浓度分别是 0%、5%、10%和 20%。由于量子点主要作用是对电子的束缚,导致器件在负向具有回滞,而在正向没有明显回滞,并且说明,通过在电子传输层中掺杂量子点来获得在正向的双稳态行为。众所周知,量子点具有充当电荷陷阱的作用,由于其 LUMO 能级在 4.3 eV,可以在有机电存储中通过量子点的电荷俘获和释放来实现存储功能。基于此,PFO-co-NEPB 和量子点混合层被用来制备电双稳态器件。

如图 2.63(a)、(b)、(c)所示为三种不同量子点掺杂浓度的器件的 $I-V$ 曲线。可以看出第一个图中量子点的掺杂浓度为 5%的器件开关比最大,为 1 000。在此实验中得到了器件中量子点的最佳浓度,需要注意的是,在负向电压区域器件的开关比最大。而在正向电压区域的开关比较小是由于量子点具有较小的空穴陷阱。量子点由于能级位置的分散决定了其主要对电子的束缚,量子点不适合束缚空穴是因为它的 HOMO 能级不适合作为空穴陷阱。以上量子点嵌入在 PFO 中可以得到高开关比的有机电存储器件,它也在 OLED 中充当过空穴传输层,这是因为作为空穴传输层,量子点不会限制空穴的传输。此外,由于其量子点嵌入在 PFO 层中,该空穴传输层可以产生两种不同的导电状态。

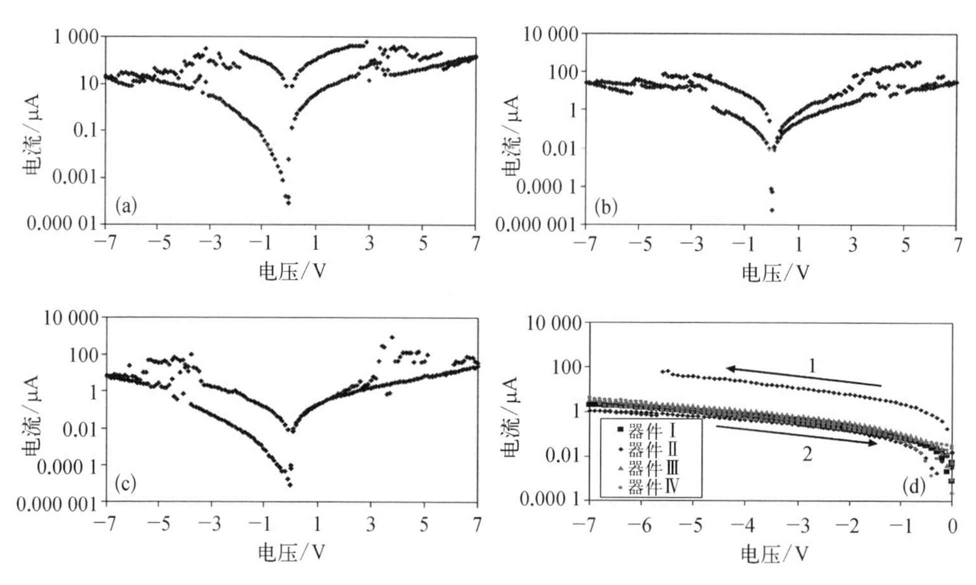

图 2.63 量子点掺杂浓度分别为:(a) 5%,(b) 10%,(c) 20%时的电流-电压存储曲线;(d) MEMOLED 器件在负向的 $I-V$ 特性曲线[149]

图 2.63(d)显示了 MEMOLED 器件在负向的 $I-V$ 特性曲线。对于器件Ⅰ,没有量子点,器件Ⅱ含有 5%的量子点,这两个器件表现出了电流回滞的现象。而掺

杂 10%量子点的器件Ⅲ和掺杂 20%量子点的器件Ⅳ中没有出现电流回滞现象。器件Ⅱ出现的双稳态可以解释为量子点的电荷陷阱作用，OBD 器件中在负向显示出了比其他 OBD 器件更大的开关比。不同的是在 MEMOLED 器件中，器件擦除电压要比单纯的 OBD 器件大，而且在正向电压扫描时没有出现回滞现象。

比较各种不同掺杂浓度量子点的 MEMOLED 器件电流的大小。电流大小如图 2.64 所示，空穴传输层中有量子点的器件电流密度高于没有量子点的器件。这表明量子点促进了空穴从 PEDOT：PSS 到发光层的传输。这可以被解释为掺杂在 PFO 中的量子点减小了 PFO 中空穴的陷阱能级。已经有报道显示，分散在 P3HT 中的量子点减小了陷阱的能量（从 60 meV 减小到 32 meV），并且减小了陷阱的深度。类似的现象也出现在本器件中，器件的发光情况如图 2.64（a）所示。所有拥有量子点的器件，其发光亮度都比没有量子点的高。拥有量子点的器件的电流密度得到提高，器件的亮度也随之提高。

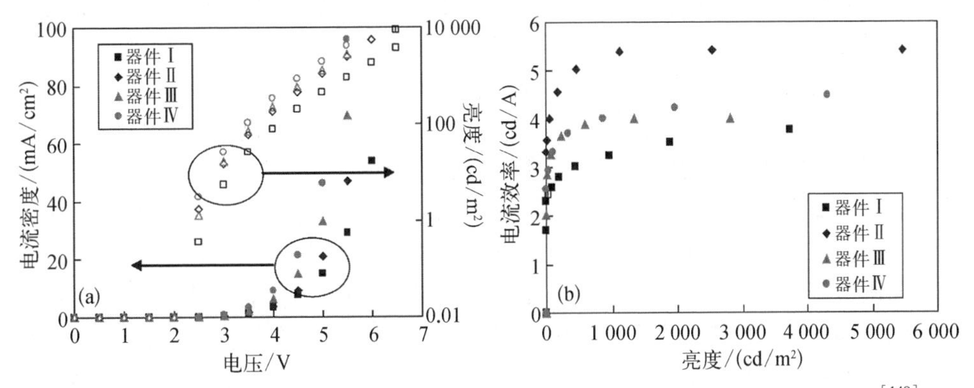

图 2.64　不同掺杂比例下的电流密度-电压-亮度曲线（a）、电流效率-亮度曲线（b）[149]

注：（a）图中空心符号代表为掺杂有量子点的器件，实心符号代表没有掺杂量子点的器件。

器件的电流效率如图 2.64（b）所示，从图可以看到，器件Ⅱ的电流效率最高。高的电流效率归因于空穴注入能力的提高，进而平衡了发光层中空穴和电子的密度。该器件中，由于 Bphen 高的迁移率和材料之间较小的势垒，电子从阴极材料铜注入 Bphen 发光层是高效率的。因此，发光层中高的空穴密度可以促进电荷的平衡。而在器件Ⅲ和Ⅳ中空穴的密度过大，破坏了发光层中电荷的平衡，因而发光效率最高的是量子点掺杂浓度为 5%的器件。

从以上实验图可以看到，器件的发光是在正向电压区域，而器件存储表现良好却是在负向电压的区域，这是因为在正向偏置时，量子点不具有明显的电荷俘获能力，而在负向的时候，量子点可以俘获电子。由于大的电子注入势垒，能够通过发光层到达空穴传输层而被量子点俘获的电子的数目很少，因此，量子点在正向俘获电荷的能力不显著，器件表现出来的开关比也不高。该问题可以尝试通过在电子传输层中加入量子点来解决。

2008 年,韩国 Lee 课题组[150]还报道了在 OLED 器件的空穴注入层和空穴传输层蒸镀一层氧化钼,器件由于氧化钼的作用而出现存储现象,开关比达到 10^3,并且整个器件的驱动电压得到降低。在该器件中,氧化钼充当电荷陷阱来实现存储功能。可见在 OLED 器件中对各层做适当处理有利于实现存储和发光的功能。

2.6.4 有机/无机纳米粒子掺杂的电存储

随着计算机、互联网、电子商务等信息技术的飞速发展,大量的数据信息需要得到及时交换和处理,对数据信息存放的平台——存储器的存储容量和存储速度的要求越来越高,要求存储器具有更大的存储容量、更高的存储密度和更快的存取速度。另外,在电子垃圾问题日益严重的今天,避免存储器寿命结束时对环境造成严重的污染,减少电子垃圾的危害,也是未来存储器的一个重要发展方向。在这样的背景下,如何制备存储密度高、读写速度快且绿色环保型的存储器成为科学界和工业界研究的热点。传统的无机存储器回收比较困难,容易产生电子垃圾,而且受材料本身性质和器件结构的影响,其存储容量已经到了极限。自从有机半导体材料的存储特性被发现以来,以有机半导体材料作为存储功能层的有机半导体二极管存储器引起科学家们广泛的关注,实现了飞速的发展。有机半导体二极管存储器的器件结构类似于三明治结构,通常由有机半导体薄膜及其两端的电极构成,这种存储器具有器件结构简单、存储速度快(纳秒级)、存储密度高(三维堆叠和多阶存储)等特性,并且还可以与柔性衬底兼容,在未来的大容量信息存储、柔性集成电路和印刷电子产品等方面表现出广阔的应用前景。但是由于有机半导体材料本身特性的原因,目前所报道的单纯利用有机半导体材料作为存储活性层的二极管存储器,其读写擦循环次数、存储维持时间以及器件的良品率等方面都有待提高。针对有机半导体二极管存储器出现的上述问题,科研人员发现在有机半导体材料中掺杂一定量的纳米粒子,不但可以有效提高二极管存储器的可靠性、稳定性以及良品率,而且还可以提高存储电流开关比和存储密度,甚至部分原本不具有存储性能的有机材料,如聚苯乙烯(PS)、聚乙烯吡咯烷酮(PVP)、聚甲基丙烯酸甲酯(PMMA)、聚乙烯醇(PVA)等,在掺杂特定的纳米粒子后都具有很好的存储功能。因此,基于纳米粒子掺杂的有机半导体二极管存储器具有重要的研究价值,是有机半导体二极管存储器最终走向实际应用的一条重要途径。

本节首先介绍基于纳米粒子掺杂的有机电存储器件的基本工作原理、器件结构和制备方法;在此基础上,探讨了纳米粒子的类型、形貌、掺杂浓度、表面修饰及主体材料对器件存储性能的影响,并进一步总结了基于纳米粒子掺杂的有机电存储器的存储机制;最后展望了基于纳米粒子掺杂的有机电存储器未来的发展方向。

1. 基本原理

研究发现,电二极管现象通常发生在具有“不完美”结构的有机半导体材料中，所谓的“不完美”是指有机半导体材料中存在物理缺陷，这些物理缺陷类似电荷“陷阱”，可以在外部电压的作用下“俘获”和“释放”电荷，因此这些电荷“陷阱”的深浅、数量和分布密度都是影响有机半导体二极管储器性能的重要因素，然而有机半导体材料本身的物理缺陷通常是不可预测和调控的。

在有机半导体主体材料中掺杂某些纳米粒子时，由于两者的能级不同而形成了一系列的能级差，这些能级差类似一个个电荷“陷阱”。在外部电压的作用下，载流子就会被这些电荷“陷阱”所俘获和释放，进而使有机半导体材料导电性发生突变。研究表明，可以通过改变掺杂纳米粒子的材料、尺寸、表面形貌和掺杂比例等手段，对纳米粒子形成的电荷“陷阱”的深浅、分布和密度进行调控，从而实现对电荷俘获的定量调控。因此，纳米粒子形成的这些电荷“陷阱”对载流子的“俘获”和“释放”作用机制，可以使有机半导体二极管在同一电压下具有两种不同的导电状态（高导态和低导态），人们据此研制出有机半导体二极管存储器，从而实现对信息的存储。

2. 分类依据及存储类型

1）根据存储功能层材料

基于纳米粒子掺杂的有机半导体二极管存储器的存储功能层，又称存储活性层，主要由主体存储材料和纳米粒子共同组成。按照存储功能层主体材料的类型可以分为电容型、铁电型、电阻型三类。电容型有机二极管电存储器的存储功能层主体材料主要为聚合物介电材料，如聚甲基丙烯酸甲酯（PMMA）、聚苯乙烯（PS）、聚酰亚胺（PI）和聚乙烯吡咯烷酮（PVP）等，其典型的存储特性曲线如图 2.65（a）所示。铁电型有机二极管电存储器的存储功能层主体材料则主要为有机铁电材料，如偏氟乙烯-三氟乙烯共聚物[P（VDF - TrFE）]、尼龙（nylon）、聚丙烯烃（polyacrylonitrile）等，其典型的存储特性曲线如图 2.65（b）所示。电阻型存储也称为阻变式存储器（resistive random access memory, RRAM），存储功能层主体材料主要为有机半导体材料，随着器件操作电压的变化，存储器的导电态在高电阻态和低电阻态之间可以发生相互转变，对应了信息存储所需要的二级制信息“0”和“1”，甚至在同样的电压下，其导电态还会出现多个中间电阻态（intermediate resistive state, IRS），即具有多阶存储的特性，其典型的存储特性曲线如图 2.65（c）所示。从目前这三种类型的二极管存储器研究进展来看，电容型二极管存储器存在漏电的问题，因此需要集成配套的周期性刷新脉冲电路；而对于铁电型二极管存储器，由于受材料本身特性的限制，目前多集中于 PVDF 和它的共聚物 P（VDF-TrEE）这两种铁电材料本体存储特性的研究。此外，在二极管结构下铁电型存储器是破坏性地读取信息信号，这会降低器件的使用寿命，当器件的尺寸减小时，电流信号也会随之减弱。因此，目前基于有机铁电材料掺杂纳米粒子的有机/无机体系多用于场效应晶体管存储器的研究中[5]。相比之下，电阻型存储器功能层材料来源广泛，并且具有较快的存储速度，因而成为当前重要的研究对象。鉴于一些聚合物介电材料和有机/无机半导体多组分材料所构成的二极管存储器在一定的条件下也表现出了阻变存储的特征,因此本书所讨论的基于纳米粒子掺杂的电阻型有机半导体二极管存储器,其存储功能层主体材料不单纯局限于有机半导体材料,还包括了一些聚合物介电材料以及有机/无机半导体多组分材料。

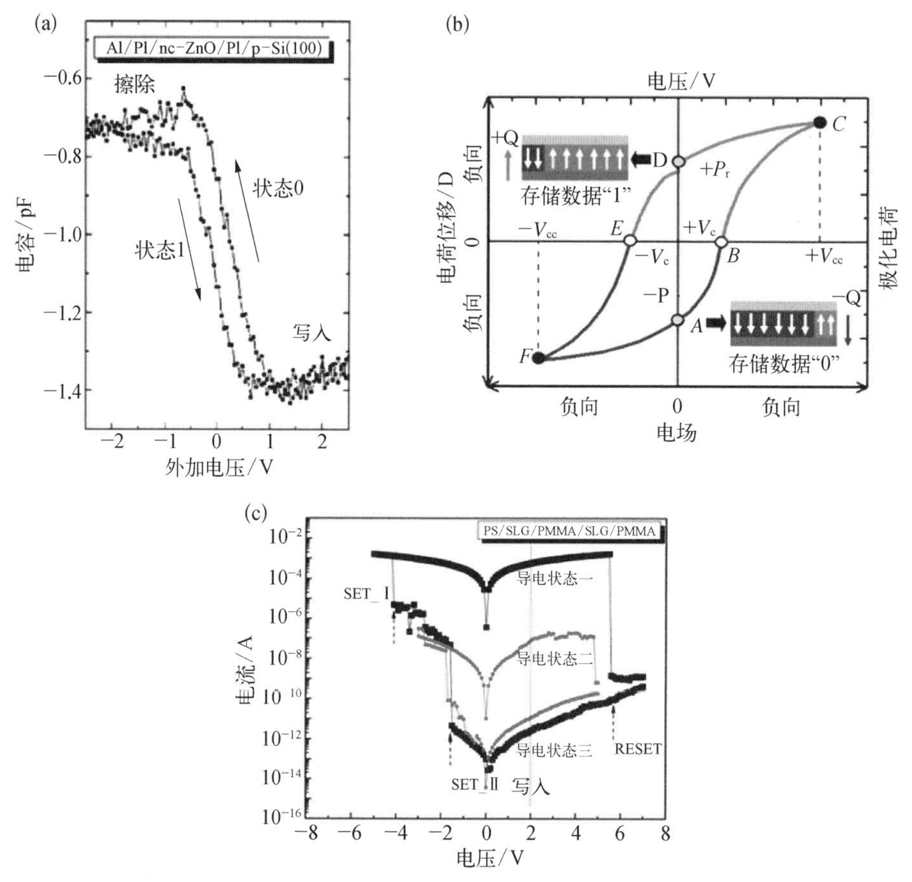

图 2.65 三种典型存储器的 $I-V$ 曲线:(a) 电容型;(b) 铁电型[1];(c) 电阻型

2)根据电学特性

从文献报道来看,基于纳米粒子掺杂的有机半导体二极管存储器都是非易失性存储器,也称非挥发性存储器。其存储的信息可以长久保存,即使在断电以后信息也不会丢失。非易失性存储器按照存储的信息是否可以重复读写,又可分为一次写入多次读取型存储器(WORM)和可重复读写多次的闪存型存储器(Flash)。WORM 型存储器具有信息一旦写入就不会被擦除以及可以反复读取的特征,这种存储功能可以保证其存储的数据不会因为各种意外而丢失或被修改,因此可以用于对重要数据的存档或作为射频标签等,其典型的存储曲线如图 2.66(a)所示。闪存型存储器是可以在不同的电信号作用下反复执行写入、读取、擦除等操作,这种具有可重写功能的非易失性存储器，已广泛应用于电脑硬盘存储和U盘存储等之中，其典型的存储曲线如图2.66(b)所示。

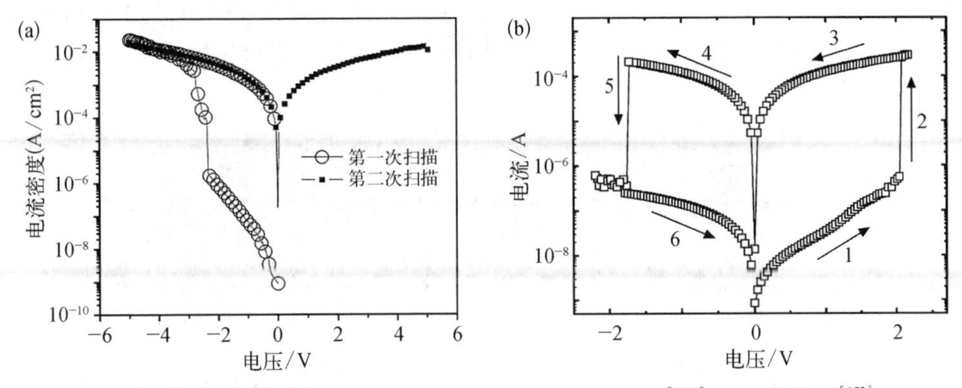

图2.66 电阻型存储器的典型 $I-V$ 曲线：(a) WORM型[151]；(b) 闪存型[152]

3. 器件结构和制备方法

1) 基于纳米粒子掺杂的有机半导体二极管存储器件结构

在纳米粒子掺杂的有机半导体二极管存储器中，有机半导体材料通常充当掺杂的主体，按照纳米粒子在主体材料中掺杂位置的不同，可分为混掺结构和层状结构，其中层状结构的器件又可以分为浮栅式结构和接触式结构。混掺结构的二极管存储器，是指纳米粒子分散地掺杂在有机半导体主体中，这两者构成的分散体系所形成的活性层薄膜夹于底、顶两电极之间，如图2.67(a)所示。2009年，Kim等[153]报道了器件结构为PET/ITO/PMMA+ZnO NP/Al的有机半导体二极管存储器，该存储器采用PET柔性衬底，把ZnO NP均匀掺杂在聚合物介电材料PMMA中，器件在4.4 V时从高导电态切换为低导电态并一直保持在低导电态，表现出WORM型存储特性，在4 V的读取电压下，这个柔性存储器电流开关比为40。层状结构是指纳米粒子与充当主体的活性层材料各自成层，进而共同构成整个存储活性层。如果纳米粒子层被夹在有机主体材料中间，则称为浮栅结构，如图2.67(b)所示。Kim等报道的器件结构为Al/PI/ZnO NP/PI/p-Si二极管存储器，其中聚合物介电材料聚酰亚胺(PI)作为主体材料，第一层PI是在Si表面热聚合而成，充当隧穿层，ZnO NP采用热蒸镀的方式在PI表面形成纳米浮栅层，第二层PI充当绝缘层，由于ZnO NP可以对电子进行有效的俘获，平带电压向正向漂移，与未掺杂ZnO NP的器件相比表现出了清晰的逆时针回滞现象。如果纳米粒子层直接与二极管存储器的两端电极直接接触，则可以作为电极修饰层，如图2.67(c)、(d)，称为接触式结构。2008年，Bernard Kippelen[154]等报道了器件结构为ITO/Ag ND*/PVK/Al和ITO/PVK/Ag ND/Al的二极管存储器，Ag ND与底电极ITO之

* ND代表纳米点(nanodot)。

间使用4-巯基苯甲酸(MBA)作为桥接剂,X射线光电子发射谱学(X-ray photoemission spectroscopy, XPS)和原子力显微术(atomic force microscopy, AFM)等表征结果表明MBA可以诱发Ag ND与ITO强烈的界面相互作用,与ITO/PVK+Ag ND/Al混掺型器件结构相比,当Ag ND与底电极ITO直接接触时,存储器的存储电流开关比从10^2提升到了10^4。

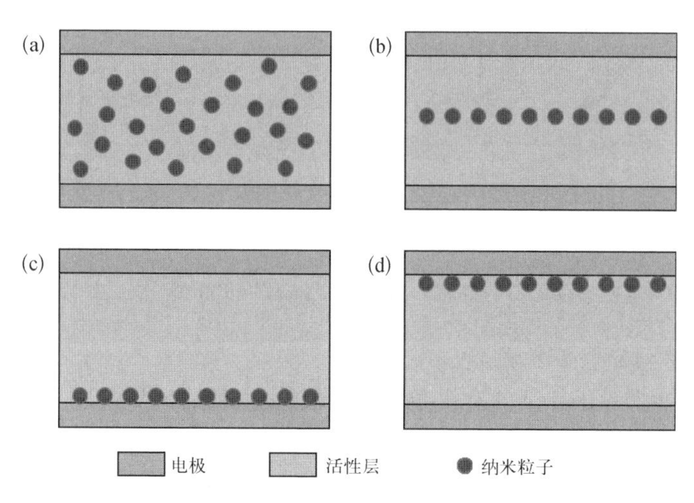

图2.67 纳米粒子掺杂的有机半导体二极管电存储器件结构示意图:(a)混掺结构;(b)层状结构(浮栅结构);(c)、(d)层状结构(顶底接触结构)

对比上述两种纳米掺杂的有机半导体二极管存储器的器件结构,对于混掺结构而言,纳米粒子在活性主体材料的分散密度和本身俘获电荷的能力是影响二极管存储器性能的主要因素。2008年,Laiho[155]等报道的器件结构为Al/PS+PCBM(富勒烯衍生物)/Al的WORM型二极管存储器,在高导电态时表现出负微分电阻效应(negative differential resistance effect, NDR)的特征,即随着电压的增加,对应的电流不断减小。其活性层采用溶液旋涂法制备,当退火温度是120℃时,超过PS的玻璃化转化温度100℃,随着PCBM在PS中的掺杂比例从2%增加到5%,器件的写入电压逐渐从9 V减小到4 V。这是因为高温退火和高掺杂浓度会导致PCBM团簇,当掺杂比例为7%时,在透射电子显微镜(transmission electron microscope, TEM)下可观测到PCBM的大团簇已经贯穿了活性层,可以将上下电极连接起来,器件仅表现出高导电态的特性,存储特性随之消失。另外,由于纳米粒子与有机主体材料共混成膜过程中会产生一定程度的聚合或者相分离,从而导致活性层与器件电极之间的界面不均一,反映到存储器性能上即表现为同一器件中不同存储单元(cell)的存储特性存在差异,可重复性差,进而影响器件的稳定性和寿命[79]。Forrest等[156]发现在结构为Au/PEDOT+PSS/Si的有机半导体二极管存储器中,由于PEDOT与PSS的相分离使导电性消失。Lee等[157]发现PEDOT和PSS的不均匀混合会产生不同的电子态，$I-V$ 特性在器件的不同区域表现出较大区别。

对于层状结构而言，纳米粒子层的厚度和粒径均会对存储器的性能产生影响。2013 年，Wu 等[158]报道的器件结构为 ITO/Ag NP/Alq_3/Al 的有机半导体二极管电存储器，将经过 3-氨基丙基三乙氧基硅烷(APS)修饰后的 ITO 浸入银胶体溶液，浸渍的时间分别为 48 小时、24 小时和 12 小时，在 ITO 电极上自组装了不同厚度的 Ag NP，均方根粗糙度分别为 5.21 nm、3.09 nm、2.32 nm。随着厚度的增加，器件的 ON 态和 OFF 态电流都逐渐增大。此外，当层与层之间是通过蒸镀或旋涂方式成膜时，也会产生互混溶解或是体相分离现象，进而影响存储性能的可重复性。2004 年，Ouisse 等[31]采用转移的方式解决了先后旋涂而互混溶解的问题，他们使用两个衬底并且都旋涂上有机层材料聚芴(polyfluorene, PF)，但是其中一个衬底上先旋涂一层水溶性聚合物聚苯乙烯磺酸钠(polystyrene-sulfonate, PSS)，退火后再旋涂 PF。之后将两个样本紧紧贴在一起并放入去离子水中，待 PSS 溶解后，就可以得到两层附着在一起的 PF 薄膜，为避免金属纳米粒子在水处理过程中发生不期望的氧化，可以加入少量的抗氧化剂。这种工艺可以制备多层的、给受体异质结结构的器件。

从技术上看，多层的有机半导体二极管存储器是实现高密度存储和兼容集成电路的基础结构，但是制备多层结构的二极管存储器件结构需要克服有机活性层材料与纳米粒子和电极之间，以及有机活性材料彼此之间工艺制备的兼容性、可靠性及稳定性的问题[159]。2010 年，Song 等[8]选用了具有稳定的化学和热稳定性的 PI 掺杂 PCBM 有机活性体系，旋涂了 3 层有机活性层，蒸镀了 4 层 Al 电极，分别经过低温退火和高温退火处理，得到了具有三维堆叠结构的非易失性存储器，产率高达 83.3%，为制备基于纳米粒子掺杂的多层结构有机半导体二极管存储器提供了有意义的指导。2013 年，Ji 等[7]报道了结构为 Al/PS+PCBM/Al/P3HT/Au/Al 的柔性、全有机活性层电存储器件，Al/P3HT/Au 和 Al/PS+PCBM/Al 组成 1D-1R(一个二极管、一个电阻型存储器)结构。该存储器具有 64 位阵列单元，在弯曲 10^4次后依然可以稳定保持 10^4 s 的维持特性，而且这种 1D-1R 可以有效地避免集成电路中存在的串扰问题。

2) 纳米粒子掺杂的方法

在基于纳米粒子掺杂的有机半导体二极管存储器中，纳米粒子是否成功地掺杂到有机主体活性材料中是能否产生存储效应的关键，因此选择合适的纳米粒子掺杂方法对于成功制备有机半导体二极管存储器十分重要。目前纳米粒子掺杂到存储活性层的制备方法主要有以下三种。

(1) 旋涂法(spin coating)：旋涂法是制备纳米粒子掺杂的有机活性层的常用的制备方式。如图 2.68 所示，把纳米分散溶液与有机半导体溶液共混，然后将共混液滴加到吸附在旋涂仪的衬底上(刚性衬底如 ITO，柔性衬底如 PET、PI)，旋转、甩干成膜。此方法操作简单，适用于绝大多数纳米粒子和有机物的掺杂体系，例如,2006 年 Paul[160]等报道的器件结构为 Al/PVP+C_{60}/Al 的有机半导体二极管存储器中,主体活性材料 PVP 与充当纳米粒子角色的 C_{60} 分别溶解和分散于异丙醇及甲苯中,C_{60} 与 PVP 以质量比 5%混合后,再对混合溶液超声 2 h 得到均匀分散液,在 7 000 r/min 的转速下旋涂于 Al 底电极上,得到了 30 nm 厚的混合薄膜。同样是 C_{60} 作为掺杂纳米粒子,Majumdar 等[161]则是将 PS 和 C_{60} 使用同一种溶剂 *p*-xylene(对二甲苯),通过改变掺杂的质量比率后混合,实现了二极管存储器的存储特性从绝缘型到闪存型,再到 WORM 型的调制。旋涂法主要适用于主体活性材料是聚合物,而掺杂的客体纳米粒子为可溶解的金属纳米粒子(如 Au NP[162]、Ag NP[154])或可以溶液加工的非金属纳米粒子(如 ZnO NP[153]、PCBM[8]等)。值得注意的是,要选择正交性较差的溶剂,避免在旋涂过程中聚合物主体材料溶液和纳米粒子溶液可能出现的相分离,从而影响活性层薄膜的均匀性。

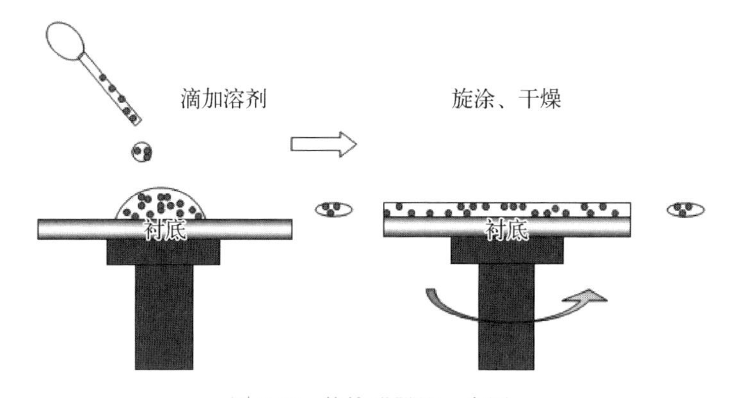

图 2.68　旋涂成膜法示意图

(2) 蒸镀法(deposition):蒸镀法是指目标蒸镀物通过高温加热汽化后沉积在衬底上的成膜方式,属于物理气相沉积(physical vapor deposition, PVD),过程如图 2.69 所示。这种制备方法对象多为用于掺杂的客体材料为有机小分子半导体材料或金属纳米粒子的体系,适用于层状结构纳米掺杂的有机半导体二极管存储器的制备,尤其是浮栅结构。与旋涂的方式相比,蒸镀得到的活性存储层薄膜更加均匀,表面也更加平整,有效减少了缺陷,并可避免主客体材料彼此之间的团簇,因此存储单元的可重复性得到了提高。当主体材料为有机半导体小分子时,如 2-氨基-4,5-二氰基-1H-咪唑(AIDCN)、三(8-羟基喹啉)铝(Alq_3),则整个活性层都可以通过蒸镀的方法制备[159,163,164],如 2002 年 Yang 等[163]报道的器件结构为 Al/AIDCN/Al/AIDCN/Al 的二极管电存储器,活性层 AIDCN 与纳米粒子浮栅层 Al 都采用蒸镀制备,器件表现出可擦写百万次的存储特性, ON 态和 OFF 态在 1 V 的读取电压下可维持 4 h。但是蒸镀法不利于在大面积的衬底上得到均一性良好的活性层薄膜,而且纳米粒子的颗粒大小和分布密度也难以精确地控制和引导[165]。

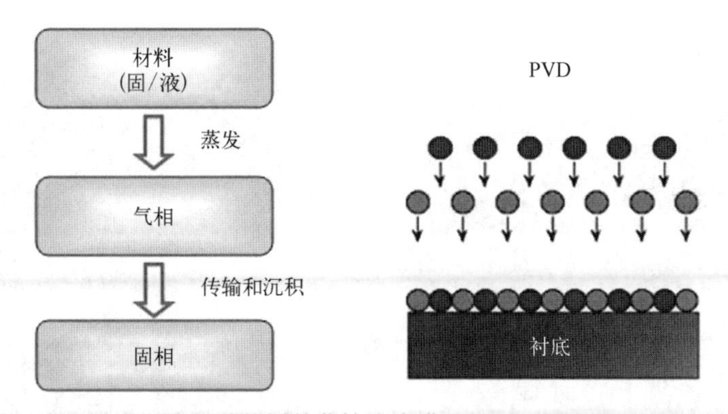

图 2.69　有机功能层的蒸镀法成膜(采用物理气相沉积)

(3) 自组装方式：指纳米粒子经过表面配体修饰可以和主体活性层材料发生自组装的制备方式。纳米粒子通过共价连接的方式嫁接在有机半导体材料上这样可以削弱相分离的尺度[166],有利于纳米粒子之间[167]或有机主体材料与纳米粒子之间[56]的能量转移,可以增进载流子的传输[168]。自组装方式制备的活性层薄膜比蒸镀方法更加均匀平整,并可在分子水平上进行控制,这种优势可把生物材料应用到二极管存储器中[169,170]。例如 Au NP 就常通过主体材料功能化[32,26]或自身表面进行共轭修饰[162,171-173]的方式与主体材料发生自组装。2011 年,Cui 等[174]制备的金纳米粒子功能化的还原氧化石墨烯(Au NP - frGO)存储器件中(平面结构),器件结构如图 2.70 所示,金纳米粒子通过分子桥 π 键和 frGO 发生自组装,具体过程为：MBDT 分子上的重氮功能团可以自发固定到还原氧化石墨烯(rGO)上,然后经过 MBDT 醇硫化使 rGO 功能化,然后单层金纳米粒子通过 MBDT 上的醇硫基与 rGO 共价键发生自组装。

除此之外,纳米粒子掺杂到存储活性层的制备方法还包括滴膜法、蘸膜法、磁控溅射、化学气相沉积(CVD)和喷墨打印等,但是这些方法在一定程度上都不利于纳米粒子的均匀分散。在当前的基于纳米粒子掺杂的有机半导体二极管存储器件制备方式中,旋涂法和蒸镀法是最常用的工艺,因此混掺结构和浮栅结构也是应用较为广泛的两种二极管存储器结构。对于基于纳米掺杂的有机半导体二极管存储器来说,不同的纳米粒子的制备方式会导致不同的有机半导体活性层,从而影响存储性能以及器件的良品率,因此选择合适的纳米制备方式对成功制备有机半导体二极管存储器非常重要。

4. 掺杂体系中的纳米粒子

1) 纳米粒子的类型

在纳米粒子掺杂的有机半导体二极管存储器中,纳米粒子按照材料的种类可以分为有机纳米粒子和无机纳米粒子两大类,而无机纳米粒子又分为金属纳米粒子(metal NP)、非金属纳米粒子(nonmetallic NP)和复合纳米粒子(complex NP)。常用的掺杂纳米粒子如表 2.5 所示。

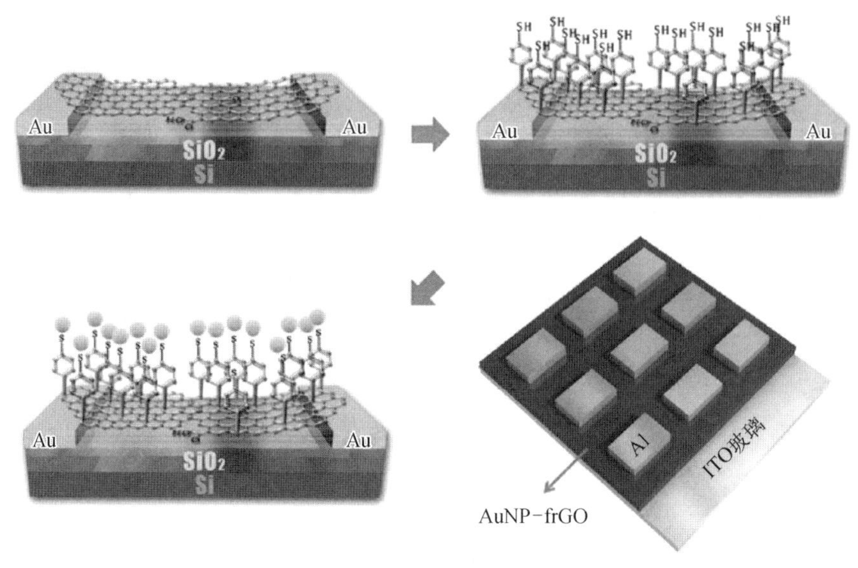

图 2.70 Au NP 自组装示意图[32]

表 2.5 常用的掺杂纳米粒子

类型	类别
金属纳米粒子	Au NP、Ag NP、Al NP、Pt NP、Ni NP
无机半导体纳米粒子	ZnO NP、CdSe NP、ZnSe NP、ZnS NP、Cu_2O NP、Ag_2Se NP
电绝缘纳米粒子	TiO_2 NP、SiO_2 NP、MoO_3 NP
复合纳米粒子	CdSe-ZnS NP、CdTe-CdSe NP
有机纳米粒子	PPy NP、C_{60} NP、PCBM NP、CNT、GO

(1) 金属纳米粒子

金属纳米粒子是基于有机半导体二极管存储器常用的纳米粒子掺杂的粒子。金属纳米粒子具有强吸电子特性,在掺杂体系中常常作为电子受体。文献报道的金属纳米粒子包括 Au NP[41,171,174,175]、Ag NP[154,158,176]、Al NP[163,177]、Pt NP[178]、Ni NP[159]等。在众多的金属纳米粒子中,Au NP 具有高电子密度、介电特性和催化作用,能与多种生物大分子[169,179]结合,且不影响其生物活性[180,181],在医学上广泛应用于免疫标记物的检测、生物传感等领域。2008 年,Chen 等[182,183]将 Au NP 以不同浓度掺杂到 PVK 中,制备了器件结构为 Al/PVK+Au NP/Al 的有机半导体二极管存储器。研究表明,当 Au NP 与 PVK 的比例为 0.083 : 1 进行掺杂时,该存储器具有很好的擦写功能,解决了纯 PVK 作为活性层时高导电态不稳定的问题。2010 年,Lee 等[169]先用生物素(biotin)修饰 SiO_2 表面,然后将用链霉素(streptavidin)封装的 Au NP 旋涂在上面,增强了 Au NP 的网状均匀分布。当介电

氧化物 SiO_2 厚度为 30 nm 时,在−12~12 V 的扫描范围内,只得到了 0.68 V 的存储窗口;当 SiO_2 厚度降低为 10 nm 时,仅在−7~7 V 的扫描范围内就可将存储窗口提升到 6.47 V。2013 年,该课题组[170]又使用前列腺特异性膜抗原蛋白(prostate-specific membrane antigen protein)作为单层 Au NP 的修饰材料,在−7~7 V 的扫描范围内,存储窗口为 3.76 V。这项发现可潜在应用于静电电容式传感器的适体-特异性生物分子的检测。

为了研究不同金属纳米粒子对有机二极管存储器的作用,2005 年 Bozano 等[184]设计了正交实验,对比研究了不同的金属电极、不同的金属浮栅型纳米粒子(Au、Al、Cu、Cr、Ni 等)在不同的有机材料体系下的电存储现象,如图 2.71 所示,在同一种有机主体材料中(Alq_3),使用 Al NP 作浮栅层时器件开关比最高可达 10^6,而 Au NP 作为浮栅层时并无存储现象,说明金属浮栅材料的功函数大小与器件性能(如开关比、阈值电压)之间并无系统性的依赖关系。如图 2.71(b)使用同一种金属纳米浮栅层(Al NP),掺杂在具有不同能级结构的小分子主体材料中(NPB 和 Alq_3)时,得到的 $I-V$ 曲线非常相似。因此他们认为与材料的电子结构相比,纳米粒子的尺寸和在掺杂体中的分布情况更为重要,当离散的纳米粒子分布在具有宽禁带的主体材料中时,电荷的传输主要借助发生在纳米粒子之间的隧穿效应。

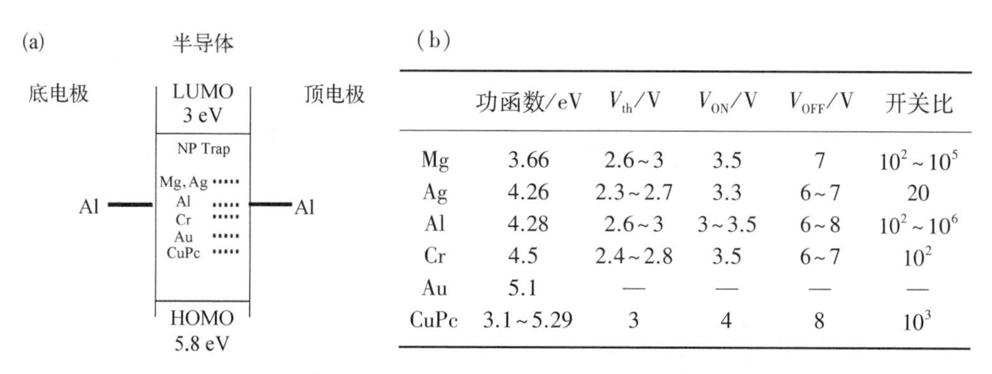

	功函数/eV	V_{th}/V	V_{ON}/V	V_{OFF}/V	开关比
Mg	3.66	2.6~3	3.5	7	10^2~10^5
Ag	4.26	2.3~2.7	3.3	6~7	20
Al	4.28	2.6~3	3~3.5	6~8	10^2~10^6
Cr	4.5	2.4~2.8	3.5	6~7	10^2
Au	5.1	—	—	—	—
CuPc	3.1~5.29	3	4	8	10^3

图 2.71 (a) 器件 Al/Alq_3/NP/Alq_3/Al 选用不同的金属纳米粒子时的能级图;(b) 不同金属纳米粒子器件的 $I-V$ 特性汇总表[39]

虽然金属纳米粒子种类多样,但是金属材料的热不稳定性也会影响器件的阈值电压、维持时间[185]。同时,金属材料具有弱的机械性能,也表明了其不适合在柔性、透明电子器件中应用[186]。

(2) 非金属纳米粒子

相比于金属纳米粒子,非金属纳米粒子材料使用更加广泛,种类更为繁多。非金属纳米粒子又分为无机半导体纳米粒子(ZnO NP[2,153,187,188]、CdSe NP[189]、ZnSe NP[151]、Cu_2O NP[190]、Ag_2Se NP[191]等)和一些电学绝缘性的纳米粒子(TiO_2 NP、

SiO_2 NP[192]、MoO_3 NP[164,193]等)。2009 年,Kim 等[188]将聚合物主体材料 PMMA 分别以 0.5%、1.5%和 2.5%的浓度与 ZnO NP 进行掺杂,制备了器件结构为 ITO/PMMA+ZnO NP/Al 的有机半导体二极管存储器。他们通过 TEM 图像观察到 ZnO NP 聚集在 PMMA 周围,形成了直径约为 150 nm 的颗粒状 PMMA 分子,施加正向电压时,电子从 Al 电极注入 PMMA 实现数据“写入”过程,PMMA 和 ZnO 分别带负电和正电,沿着电压施加方向形成内建电场。当施加负向电压时,内建电场消失,实现“擦除”。他们还发现该存储器的存储性能与 PMMA 和 ZnO NP 的掺杂比例有关,当 PMMA 掺杂浓度为 1.5%时,得到了开关比最大为 5×10^5 的闪存型器件,存储维持时间可以达到 10^5 s;当 PMMA 浓度达到 2.5%时,会导致 ZnO NP 发生聚集,从而降低了存储器的电流开关比。他们还利用同样的体系从刚性的玻璃衬底转移到了柔性的 PET 衬底上,制备了柔性的可擦写非易失性存储器[187]。绝缘性纳米粒子由于本身电学绝缘特性的原因不会产生内建电场,不会影响活性层中载流子传输的过程,有利于阐释二极管存储器的存储机制以及纳米粒子的作用。2012 年,Yi 等[192]在两层 PVK 之间掺入不同粒径的 SiO_2 NP,制备了器件结构为 ITO/PVK/SiO_2 NP/PVK/Al、基于纳米粒子掺杂的有机半导体二极管存储器,如图 2.72(a)所示。他们经过一系列对比实验证实了 SiO_2 NP 的引入有效增大了存储器的 ON 态与 OFF 态电流开关比,并由此产生了负微分电阻效应,如图 2.72(b)所示,一周后测试表明性能良好。

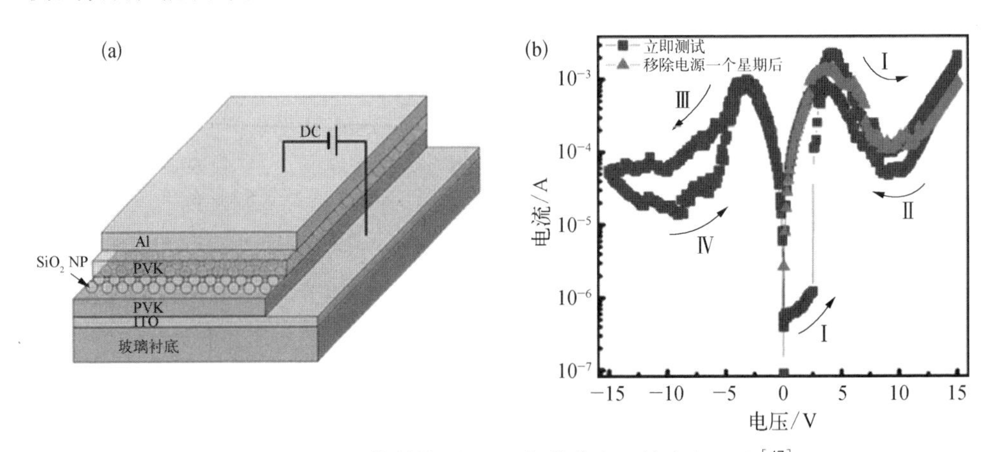

图 2.72 (a) 器件结构图;(b) 负微分电阻效应(NDR)[47]

(3) 复合纳米粒子

复合纳米粒子也是掺杂纳米粒子体系中重要的一类,相比于单纯的纳米粒子,复合结构的纳米粒子具有更多的能级分布和其他特殊的物理性质,对提高有机半导体二极管存储器的存储性能具有一定的促进作用。Kim 课题组在复合纳米粒子掺杂的有机半导体二极管存储器方面开展了系统的研究工作,2007 年[194]他们制备了器件结构为 Al/PVK+CdSe−ZnS NP/ITO 的有机半导体二极管存储器,他们通

过对器件的 $C-V$ 特性的测量,证明了 CdSe - ZnS 核-壳纳米粒子(core-shell NP)是导致电荷俘获以及存储的原因。2010 年,该课题组[195]利用 CdTe - CdSe 复合纳米粒子,进一步制备了器件结构为 p - Si/PVK+CdTe - CdSe NP/Al 的有机半导体二极管存储器,与单纯的 CdTe 纳米粒子掺杂的存储器器件相比,掺杂了 CdTe - CdSe NP 复合纳米粒子的有机半导体二极管存储器具有更加稳定的存储特性,主要原因在于 CdSe 的导带比 Al 电极的功函数低,从而可以防止被 CdSe 俘获的电子逃逸;同时 CdTe 高价带也会阻止 CdTe 俘获的空穴逃逸,这样复合纳米粒子可以起到更好地存储电荷的作用,在-5~5 V 的扫描电压范围内,平带电压漂移的窗口为 2.8 V,在-1 V 的读取电压下,在 10^4 s 的维持时间测试中,复合纳米粒子制备的器件表现出比 CdTe 器件更为稳定的性能。2011 年,Lin 等[196]把 Au NP 作为内核包覆在 ZnO 纳米簇之中,如图 2.73(a)所示,整个复合纳米粒子外形像星状(aster-like),然后利用 PVP 作为掺杂的主体材料,制备了一种有机半导体二极管存储器。由于这种复合纳米粒子具有更大的体表面积,所以能够吸附更多电荷,同时由于半导体性质的 ZnO 的存在,可以阻止 Au NP 内核所吸附的电荷发生逃逸,该存储器在 1 V 的读取电压下,其维持时间可以达到 10^4 s,存储电流开关比可以稳定保持在 4×10^3。图 2.73(b)是 ZnO 纳米簇、Au NP 以及 ZnO/Au 复合纳米粒子的紫外吸收光谱,显示复合纳米粒子比单纯的纳米粒子具有更复杂的吸收光谱和能带结构。

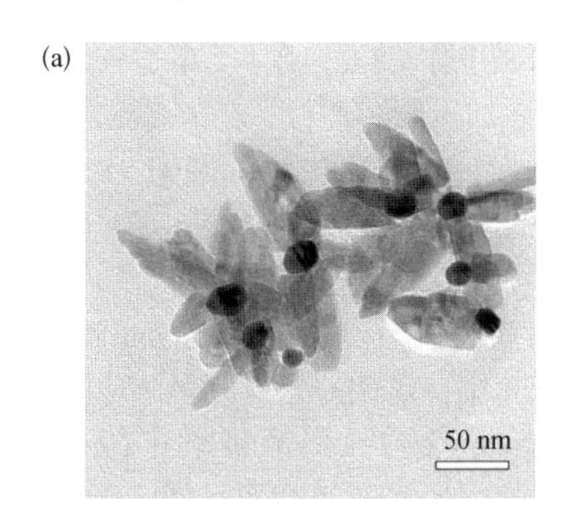

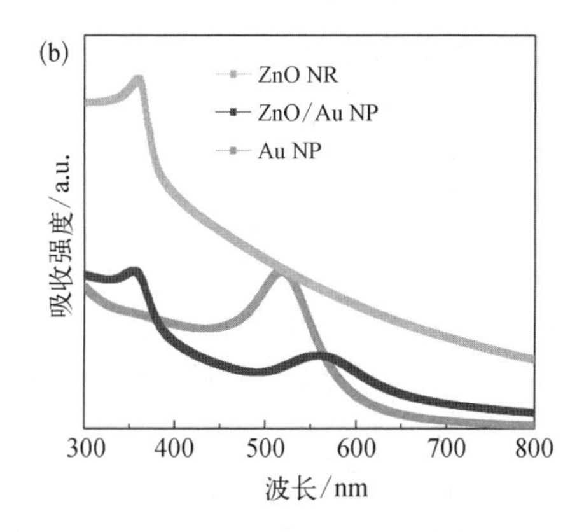

图 2.73 (a) Au NP 内核+ZnO 纳米簇 TEM 图像;(b) 紫外吸收光谱[196]

(4) 有机纳米粒子

有机纳米粒子在有机二极管半导体存储器中的应用还很少,主要是因为有机纳米粒子的粒径一般在微米级别,并且在有机溶剂中易溶解、易聚集、不易保存,但是有机纳米粒子与有机半导体具有天然的兼容性,在储存电荷方面具有优势。2013 年,Hong 等[197]利用静态位阻的作用把有机纳米粒子 PPy NP 均匀分散在聚乙烯醇 PVA 水溶液中,绝缘的 PVA 同时充当了掺杂主体和 PPy NP 的稳定剂,制备了器件结构为ITO/PVA+PPy NP/Al的有机半导体二极管存储器。他们发现，随着PPy NP粒径的增大，存储器的性能也随之变化。当PPy NP粒径为20 nm时，存储器表现出了清晰的二极管性能，可重复擦写100次，当读取电压为2.6 V时，存储电流开关比约100；当PPy NP粒径为60 nm时，存储器的存储电流开关比几乎消失；当PPy NP粒径为100 nm时，存储器已无回滞效应和存储效应。他们分析认为，器件的二极管起源于PPy NP对电荷的俘获，而有机功能层的表面粗糙度是造成存储器的性能随着PPy NP粒径大小产生变化的原因，20 nm的PPy NP在PVA溶液中分散均匀，形成的有机功能层薄膜也较为平滑，而100 nm的PPy NP掺杂所形成的有机层薄膜形貌粗糙度最大，从而导致电荷不易被俘获。有机小分子也可以掺杂在绝缘型聚合物中，实现存储功能。如2011年Salaoru等[198]报道的结构为Al/PVAc+TCNE+TTF/Al的有机半导体二极管电存储器，绝缘型聚合物PVAc作为主体，小分子四硫富瓦(TCNE)和四氰(TTF)分别作为电子给体和受体，构成D-A有机小分子对。通过固定PVAc的浓度(30 mg/ml)，调节小分子对的掺杂浓度(2.5 mg/ml、5.0 mg/ml和10.0 mg/ml)，在掺杂浓度为5.0 mg/ml时存储电流开关比最大，能稳定地反复擦写5 000次。除此之外，类似用于有机二极管电存储D-A小分子的还有PCBM和TTF[79,198]、8HQ和C_{60}[199]。

目前应用比较多的有机纳米粒子主要是碳族材料，一般说来，半导体纳米粒子和绝缘体纳米粒子本身的导电性不强，对电荷的俘获能力比金属纳米粒子差，对电荷传输的影响方式更多表现为物理“陷阱”效应。相比之下，碳族纳米粒子的俘获电荷能力很强，通常在有机半导体二极管存储器中作为电子受体。报道较多的碳族材料有C_{60} NP[160,161]、PCBM NP[155,8,200,201]、碳纳米管(CNT)[202-204]、氧化石墨烯(Graphene oxide)[118,205]等。2011年，Son等[206]制备了结构为Al/PMMA/graphene/PMMA/ITO/PET的柔性有机二极管电存储器，该器件表现出可反复擦写1.5×10^5次的存储特性，写入电压为5 V，擦除电压为-5 V，当读取电压为2 V时，存储电流开关比为10^7，维持时间10^5 s，在对器件进行弯曲(弯曲半径10 mm)后器件的ON态电流有所下降，但是器件的擦写性能和维持时间并未受到影响。相比于二维的石墨烯薄片和一维的石墨烯纳米带，零维的石墨烯量子点(graphene quantum dots, GQD)具有更强的量子限制效应和边缘效应，在电存储器中有利于电荷的“俘获”。此外，与金属纳米粒子相比，石墨烯具有超薄、透明、机械性能好、热稳定性好的优势，更有利于应用于透明、可折叠的电存储器件。2013年，Li等[207]报道了通过双壁碳纳米管(DCNT)制备尺寸均匀(平均直径7 nm)的GQD，他们将其应用于柔性的有机半导体二极管存储器中，如图2.74所示，器件结构为PET/ITO/PMMA+GQD/Al，实现了可擦写的存储特性，写入电压为-1.2 V，擦除电压为2.6 V，当读取电压为1 V时，存储电流开关比为10^3。

2) 纳米粒子的形貌

掺杂纳米粒子的粒径也会影响器件性能，一般说来，在有机二极管电存储器

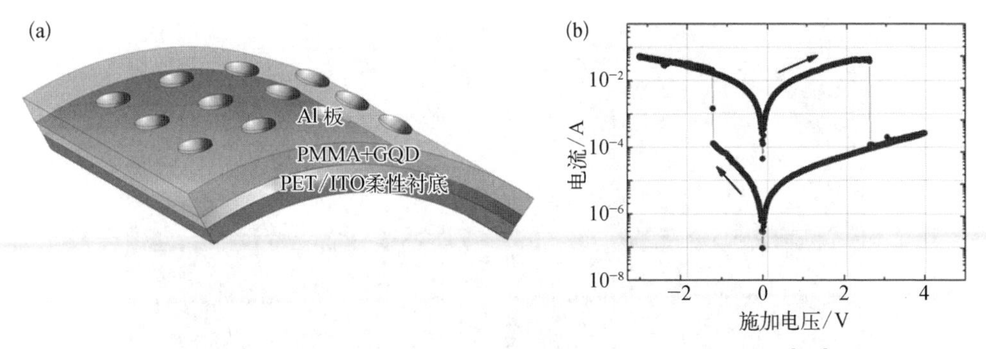

图2.74 (a) 柔性GQD存储器器件结构图,(b) $I-V$ 特性曲线[207]

中,掺杂的纳米粒子直径越小越好(一般5~10 nm,直径30 nm以上的在文献报道中比较少见)。Jun等[190]报道器件中Ag_2Se NP直径仅为2 nm左右,相比之下一般复合纳米粒子的直径稍大一些,如Lin等[195]报道Au NP内核(约15 nm)+ZnO纳米簇(长30 nm,直径10 nm)。掺杂体系的纳米粒子粒径不宜过大,具体原因为:① 直径越小的纳米粒子越有利于和有机主体材料掺杂,有助于均匀分散和良好成膜[159,178,182];② 有机半导体二极管存储器的功能层厚度为几十到几百纳米量级(一般小于300 nm),直径过大的纳米粒子容易直接和上下电极相连,从而干扰器件的导电态[155];③ 直径越小的纳米粒子,单位面积可以提供的"陷阱点"(trapping sites)越多,量子局限效应越明显[185,208]。在2009年Reddy[177,209]等报道的器件结构为Al/Alq_3/Al NP/Alq_3/Al的有机半导体二极管存储器中,中间浮栅层Al NP的厚度和纳米粒子的尺寸就对器件存储性能影响很大,图2.75所示是高分辨TEM的图像。当蒸镀的中间层Al NP平均直径为15 nm时,器件的开关比约为100;纳米粒子平均直径为20 nm时,器件的开关比迅速减小到10;中间层的Al纳米粒子尺寸更大时,渐渐与相邻的纳米粒子连接成片而不具有纳米粒子特性,器件存储性能也随之消失。Yi等[191]在器件结构为Al/PVK/SiO_2 NP/PVK/ITO有机半导体二极管存储器中也同样观察到了类似现象,他们发现随着SiO_2 NP粒径的增加(30 nm、50 nm、70 nm),存储器的电流开关比呈现逐渐降低的趋势,表明较小粒径的SiO_2 NP由于其比表面积较大,从而更容易俘获电荷,有助于导电通道的形成。Yang[210]课题组用导电聚合物聚苯胺(PANI)制备了直径30~120 nm可调的纳米纤维,并将直径为1 nm的Au NP生长在上面,采用聚乙烯醇(PVA)作为绝缘型的掺杂主体,器件结构为Al/PVA+PANI纳米纤维-Au NP/Al。在+3 V电压下器件实现写入,-5 V可以擦除,在扫描电压超过+3 V时,会出现一个NDR区域。当Au NP的直径超过20 nm时器件只能够写入一次,且在ON态呈现出欧姆特性,说明此时是Au NP的金属特性主导了写入过程。另外,需要指出在某些体系中较小的纳米粒子具有较大电荷能量,主要影响导电过程,而较大的纳米粒子电荷保持时间较长,更有利于存储保持特性[3]。

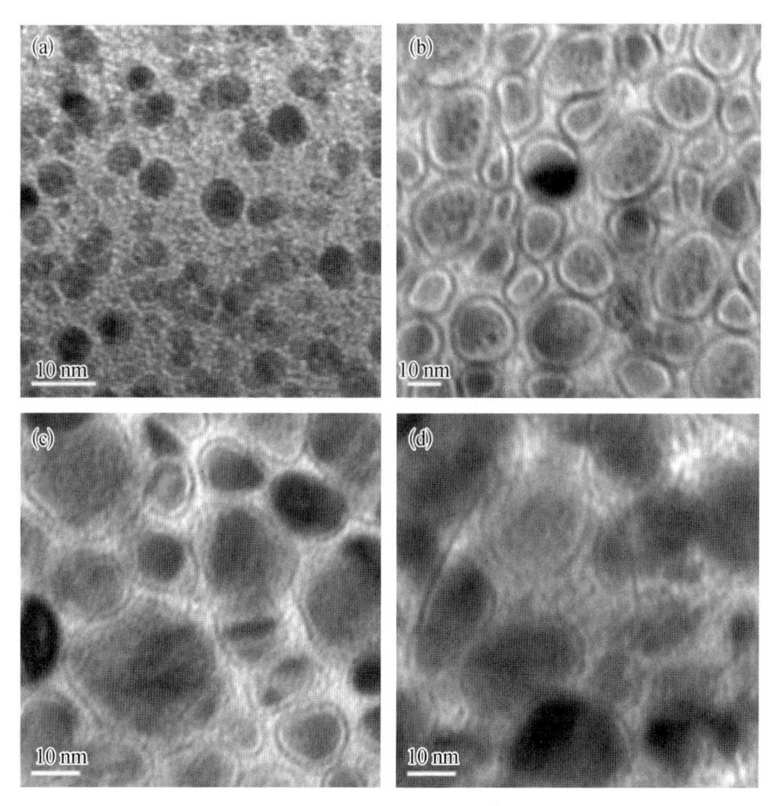

图 2.75　Al NP 浮栅层不同厚度时的 HR－TEM 图像：
(a) 5 nm;(b) 10 nm;(c) 15 nm;(d) 20 nm [209]

2）纳米粒子的浓度

纳米粒子掺杂浓度是影响基于纳米粒子掺杂的有机半导体二极管存储器性能的一个重要的参数。掺杂的浓度过低,纳米粒子间距太大,载流子难以在粒子之间隧穿,因此需要较大的操作电压;掺杂的浓度过高,由于间距的减小,纳米粒子间所带电荷的相互影响作用增大,甚至发生团聚,也不利于维持器件的良品率和稳定性[151,182,211]。对于大多数纳米掺杂的有机半导体二极管存储器都存在一个最佳的掺杂浓度范围,例如在 Chen 等[182]2008 年报道的器件结构为 Al/PVK+Au NP/Al 的有机半导体二极管存储器中(图 2.76),他们发现在 Au NP 和 PVK 质量比在 0∶1~0.2∶1 时,尽管存储器的开关比随着 Au NP 浓度的增加而增加,但是器件的维持时间在 Au NP∶PVK 质量比为 0.083∶1 时最稳定。类似的,在 2009 年 Lee 等报道的器件结构为 ITO/PVK+TiO_2 NP/Al 的有机半导体二极管存储器中,他们把 PVK 与 TiO_2 NP 以体积比 200∶1、150∶1、100∶1、10∶1、1∶1 分别混合旋涂,其中单个的 TiO_2 NP 直径在 3~7 nm,他们观察到只有当体积比为 150∶1 和 100∶1 时器件才有可擦写的存储特性,电流开关比大于 10^3。主要是因为随着 TiO_2 NP 浓度的增加出现了团聚的现象,团聚后的直径大约在 20~40 nm,团聚后的存储器的OFF 态电流逐渐升高,而 ON 态电流几乎恒定,这说明在 TiO_2 NP 的直径较大时被俘获的电荷容易发生逃逸。他们所做的结构为 ITO/PVK/Al 的对比器件,也未测试到存储现象,因此 PVK 与 TiO_2 NP 体积比 200∶1 时,由于 PVK 的掺杂浓度过大,没有出现存储。另外, 2014 年 Onlaor 等[212]研究了 ZnO NP 在 PVP 中的掺杂浓度对器件的响应时间和稳定性的影响,他们发现当 Zn NP 的掺杂浓度为 6%(质量百分比)时,器件显示出微秒级的快速响应和 10^5 s 的稳定维持特性。

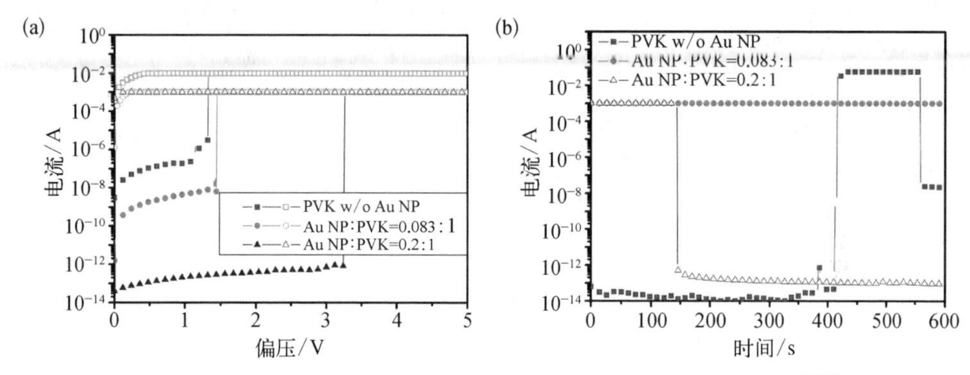

图 2.76 器件 Al/PVK+Au NP/Al 的 $I-V$ 特性和持续时间示意图[182]

注: w/o 指 without。

纳米粒子的掺杂浓度不仅可以影响有机半导体二极管存储器的存储性能,而且还能实现基于同一器件结构的存储类型调控。在 2009 年 Liu 等[205]所报道的器件结构为 ITO/PVK+CNT/Al 的有机半导体二极管存储器中,PVK 与 CNT 在甲苯溶液中进行共混掺杂,随着 CNT 掺杂浓度的变化,该存储器的存储类型也发生改变,如图 2.77 所示: 当 CNT 含量为 0.2%时,器件表现为低导电状态;当 CNT 含量为 1%时,器件的存储类型为 WORM 型;当 CNT 含量 2%时,器件的存储类型为闪存型;当 CNT 含量为 3%时,器件表现为高导电状态。这是因为,当 CNT 含量为 0.2%时,相邻 CNT 间的间距过大,电子不能通过相邻 CNT 间跳跃传输,在-4~4 V 的扫描电压内,器件的导电状态主要由 PVK 的电导率决定,因此处于较低的导电态;当 CNT 含量为 1%时,较高的 CNT 含量为电子传输提供了某种通道,由于 CNT 具有强的吸电子特性,对俘获的电子具有很强的局限能力,当器件达到开启电压时电流迅速增加,器件表现为 WORM 型;当 CNT 含量为 2%时,CNT 间距进一步减小,相互影响作用增大,对电子的局限能力减小,所以器件表现为可重复读写的闪存型;而当 CNT 含量达到 3%时,相邻 CNT 的间距进一步减小到电子可以通过 CNT 自由传输,此时器件变为高导电状态。2012 年,Zhang 等[118]在制备的有机半导体二极管存储器 ITO/PVK+GO/Al 中也观察到了类似的现象,他们利用石墨烯与 PVK 共混作为存储活性层,当 PVK-石墨烯中石墨烯的质量比为 0.2%时,器件表现为低导电态;质量比为 2%时,器件表现为 WORM 型;当质量比 4%时,器件表现为闪存型;质量比为 6%时,器件表现为高导态。

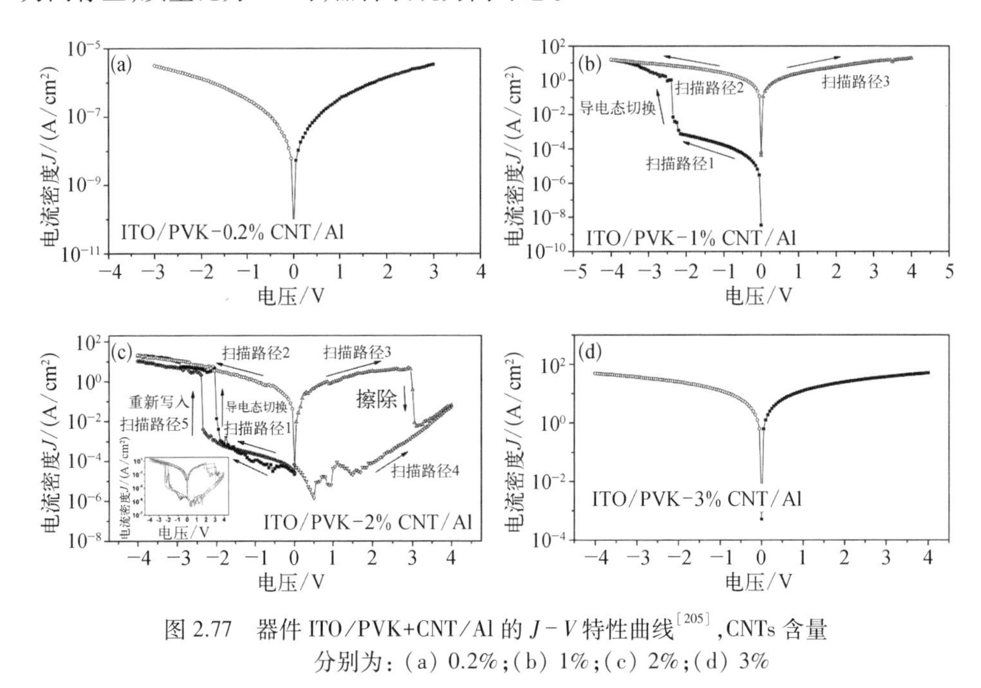

图 2.77 器件 ITO/PVK+CNT/Al 的 $J-V$ 特性曲线[205],CNTs 含量分别为:(a) 0.2%;(b) 1%;(c) 2%;(d) 3%

3)纳米粒子的表面修饰

纳米粒子经过表面配体修饰或封装,可以提高其在溶剂中的溶解性[17]或者形成良好的自组装薄膜[213],最终可以增强有机半导体二极管存储器的存储可靠性和稳定性[174,214,215]。常用的修饰剂如图 2.78 所示,有硫醇类[41,182]、聚吡啶类[171,173]、生物素类[169,170]等。Yang 等[174,198]将 1-十二烷硫醇(1-dodecanethiol, DT)封装后的 Au NP 与共轭小分子 8HQ 共混在绝缘主体聚合物 PS 之中,制备了器件结构为 Al/PS+Au-DT+8HQ/Al 的有机半导体二极管存储器,当写入电压为 2.8 V、擦除电压为-1.7 V 时,最大电流开关比可达到 10^5,并且在 25 ns 的时间内就可以实现信息的擦写。在该存储器中,由于封装基团 DT 的存在,阻止了断电后 8HQ 与 Au NP 之间电荷的复合,使器件的稳定性得到了提升,在 1 V 的读取电压下,器件的存储态可以在氮气环境中保持 50 h。在此基础上,他们[67,68]还利用芳香硫醇(2-naphthalenethiol, 2NT)取代饱和硫醇 DT,对 Au NP 进行修饰,制备了器件结构为 Al/PS+Au-2NT NP/Al 的有机半导体二极管存储器,发现存储器的存储类型从闪存型变为 WORM 型,原因在于 2NT 本身具有共轭结构,在高电场作用下极化后会带电,使器件可以一直保持在高导电态,而 8HQ 共轭小分子的加入与否并不会影响器件的 $I-V$ 曲线。同时,他们又采用同样带有芳香基团的(2-benzeneethanethiol, BET)对 Au NP 进行修饰,制备了器件结构为 Al/PS+Au-

BET NP/Al 的有机半导体二极管存储器，该存储器同样表现了 WORM 型存储，但是这种器件结构的电流开关比小于 2NT 封装的器件，原因在于 BET 的 π 共轭电子基团更少。说明 Au NP 被饱和有机配体修饰时，存储器表现出可擦写的特性；而被共轭有机配体修饰时，存储器倾向于表现出不可逆的 WORM 特性[216,217]。

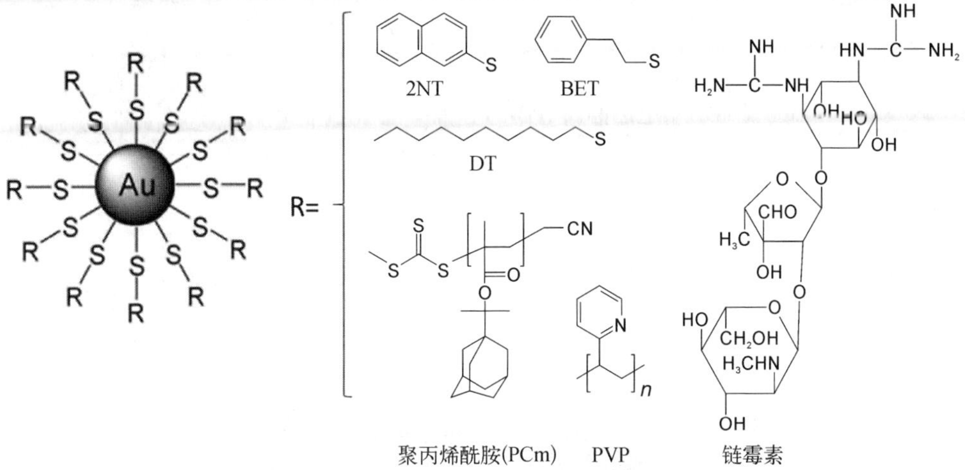

图 2.78 Au NP 的修饰材料及其化学结构式

4）掺杂的主体材料

在纳米粒子掺杂的有机半导体二极管存储器中，掺杂主体可分为聚合物、有机小分子和生物大分子材料三大类。主体材料在器件中具有用作掺杂基质、电荷给体、隧穿层等功能。常用的主体材料如表 2.6 所示。

表 2.6 常用的掺杂主体材料及其化学结构式

掺杂的主体材料	化学结构式
导电聚合物	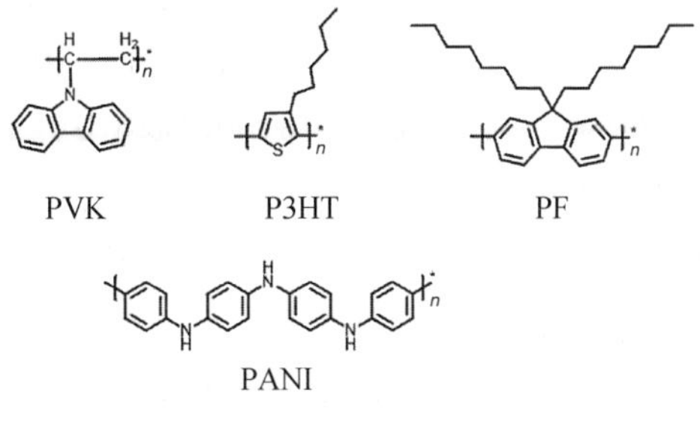 PVK P3HT PF PANI

续 表

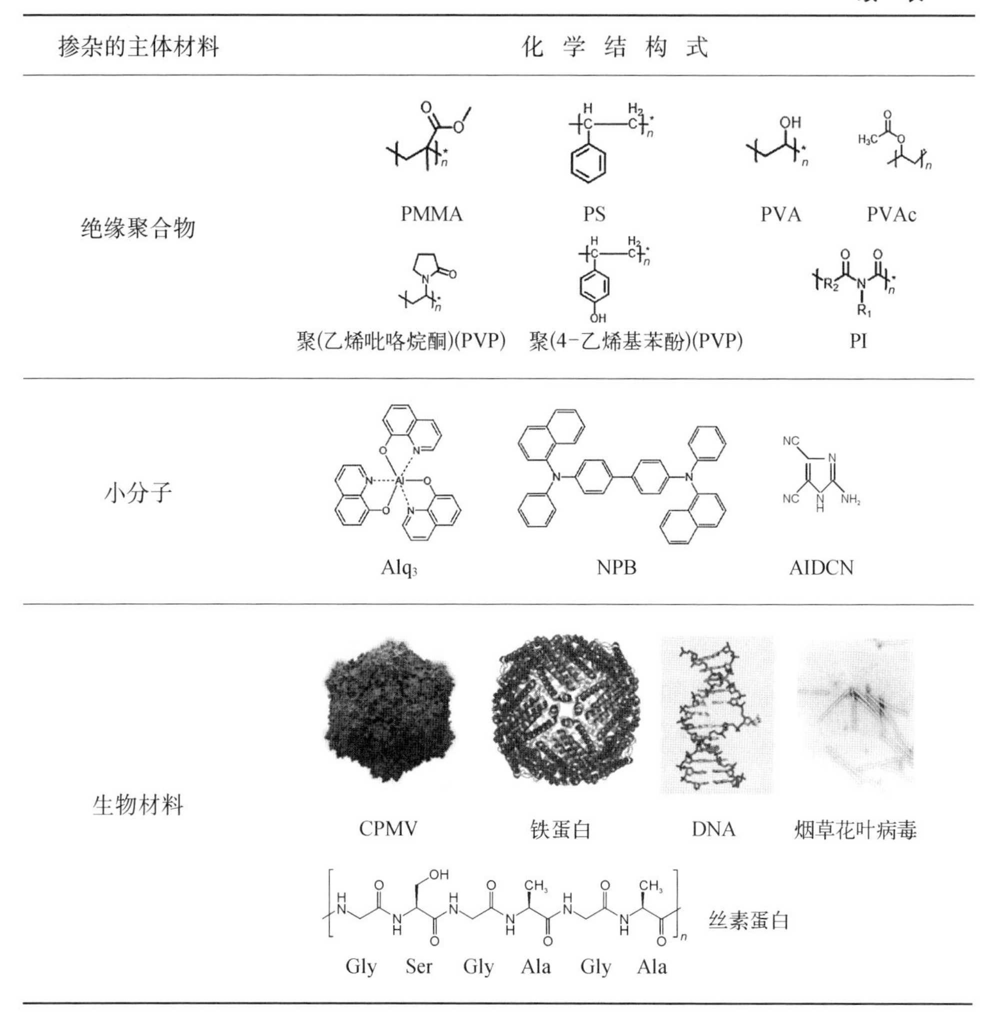

掺杂的主体材料	化学结构式
绝缘聚合物	PMMA　PS　PVA　PVAc　聚(乙烯吡咯烷酮)(PVP)　聚(4-乙烯基苯酚)(PVP)　PI
小分子	Alq_3　NPB　AIDCN
生物材料	CPMV　铁蛋白　DNA　烟草花叶病毒　丝素蛋白（Gly Ser Gly Ala Gly Ala）

聚合物分为导电聚合物和绝缘聚合物。由于掺杂的纳米粒子多以吸电子的金属纳米粒子或碳族材料为主,因此使用的导电聚合物多采用电荷给体材料,如聚乙烯基咔唑(PVK)[183,188]、聚3-己基噻吩(P3HT)[162]、聚芴(PF)[31]、聚苯胺(PANI)[173,209]等,在外加电场作用下,它们失去电子,在掺杂的纳米粒子之间产生电荷转移。2006年,Ankita等[162]使用共轭聚合物P3HT作为主体,与Au NP混合掺杂后旋涂成膜,制备了器件结构为Al/P3HT+Au NP/Al的有机半导体二极管存储器,Au NP在其中充当了电荷陷阱的作用,初始电流3~4 V可以写入,-10 V可以擦除,该存储器表现出了可重复擦写3 000次的闪速存储特性,在1 V的读取电压下高、低导电态电流量级分别为10^{-9} A和10^{-4} A,电流开关比高达10^5。与Yang等[174]报道的Al/PS+Al-DT+8HQ/Al器件相比,首先两者在高导电态时

的导电机制不同,P3HT 体系是 PF 发射,而 PS 体系是 FN 隧穿,因为 P3HT 比 8HQ 拥有更高的 HOMO(highest occupied molecular orbital,最高占据分子轨道)和更低的 LUMO(lowest unoccupied molecular orbital,最低未占分子轨道),所以载流子是在 P3HT 薄膜里跳跃传输,而 PS 体系里载流子是在 8HQ 分子之间隧穿传输。另外,由于 P3HT 拥有较高的迁移率,所以带负电的 Au NP 与带正电的 P3HT 之间的库仑力作用更加显著。再者, P3HT 体系擦除电压比 PS 体系要高−1.7 V,这是因为在电荷转移后, P3HT 聚合物链上的空穴都会离域,使整个系统更加稳定。Chen 等[183]也证明在导电聚合物作为主体材料掺杂的体系里,载流子传输主要是空穴在聚合物链上的咔唑基团之间跳跃。

绝缘型聚合物在掺杂了纳米粒子之后,可用于制备高密度、低电压的电存储器件。利用绝缘聚合物不同的禁带宽度,可以调节"陷阱"能级。在掺杂型器件中,绝缘聚合物多用于掺杂的惰性基质或隧穿层。常用的绝缘型掺杂聚合物有聚甲基丙烯酸甲(PMMA)、聚苯乙烯(PS)、聚(4 −乙烯基苯酚)(PVP)、聚(乙烯吡咯烷酮)(PVP)、聚乙烯醇(PVA)、聚乙酸乙烯酯(PVAc)、聚酰亚胺(PI)。

小分子材料主要有 8 羟基喹啉铝 Alq_3、*N*,*N*′−二(1 −萘基)− *N*,*N*′−二苯基− 1,1′−联苯− 4 − 4′−二胺(NPB)、4,5 −二氰基− 2 −氨基咪唑(AIDCN)等。2012 年,Onlaor 等[152]研究了基于有机/无机结构的不同的小分子层对器件性能的影响。他们使用了 Al/Alq_3/Al/Alq_3/Al 和 Al/Alq_3/Al/ZnSe/Al 两种器件结构,活性层 Alq_3 和 ZnSe 都采用蒸镀的方式,厚度为 100 nm。因为 ZnSe 的导电能级要更接近 Al 电极的功函数,电子得以更容易注入和传输到 Al NP 浮栅层,电流开关比高达 10^4,比 Alq_3高了一个数量级。此外,无机的 ZnSe 不仅可以作为电子传输层,还可以充当"自封装层",在没有对器件进行其他封装工艺的情况下,器件的性能可以保持一年,相较于使用 Alq_3作为活性层时提高了器件的寿命。

而生物材料具有可生物降解、自治愈的独特性质,并且可以进行化学修饰适应范围广泛的组织工程,为实现有机半导体二极管存储器的多功能化提供了新的途径。在纳米粒子掺杂的二极管存储器中,生物材料既可作为掺杂的主体,也可以用于电极或纳米粒子的修饰材料。2008 年,Ozkan 等[218]报道了使用豇豆花叶病毒(cowpea mosaic virus, CPMV)作为生物模板,自组装的 CdSe − ZnS 复合量子点作为活性层,在纳米尺度上制备了可擦写存储器,这也是病毒分子作为生物模板的一项有益应用。常用的生物材料有脱氧核糖核酸(DNA)、铁蛋白、丝素蛋白(silk fibroin, SF)、烟草花叶病毒(tobacco mosaic virus, TMV)等。Kundu 等对丝素蛋白掺杂纳米粒子的有机半导体二极管存储器做了系统研究, 2012 年他们从天然蚕茧中提取了丝素蛋白,制备了器件结构为 ITO /SF /Al 的生物忆阻器。2013 年他们[180]将丝素蛋白溶液与 Au NP 进行了浓度比为 10 : 1 的掺杂,混合溶液旋涂在 ITO 柔性衬底(PET)上,制备了器件结构为 PET/ITO/SF+Au NP/Al 的柔性有机半导体二极管存储器,得到了开启电压在 2 V 以内(写入电压为+1.43 V,擦除电压为-1.31 V)的闪存型存储器,当读取电压为+0.2 V时,存储电流开关比为10^6。而结构为/ITO/SF/Al的对比器件,由于丝素蛋白的弱导电性和高介电常数,未掺杂Au NP时二极管存储器的开启电压>10 V,存储电流开关比<10,因此Au NP的掺杂使二极管存储器的性能得到了大幅提升。在施加正向电压时,靠近顶电极的丝素蛋白被氧化(SF^+),沿着带负电的Au NP积累的方向,一起形成了连接顶、底电极的导电通道,器件变为ON态。当施加负向电压时,由于带负电荷的Au NP的排斥作用,以及丝素蛋白被重新还原,导电通道断裂,器件又回到OFF态。基于丝素蛋白的高介电常数,2014年他们[204]又将丝素蛋白作为惰性的掺杂主体制备了器件结构为ITO/SF+CNT－CdS/Al的有机二极管存储器,如图2.79(a)所示。图2.79(b)和图2.79(c)是两个对比器件的$C-V$曲线,器件结构分别为ITO/SF/Al和ITO/SF+CdS/Al,可以看出,在丝素蛋白中掺杂了用CdS修饰后的多壁碳纳米管以后,$C-V$曲线产生了一个大的平带电压漂移,显示出良好的存储能力。其存储机制是在施加正向电压时CdS纳米晶俘获空穴,而在加反向电压时空穴被释放,多壁碳纳米管的加入增强了电荷转移能力。

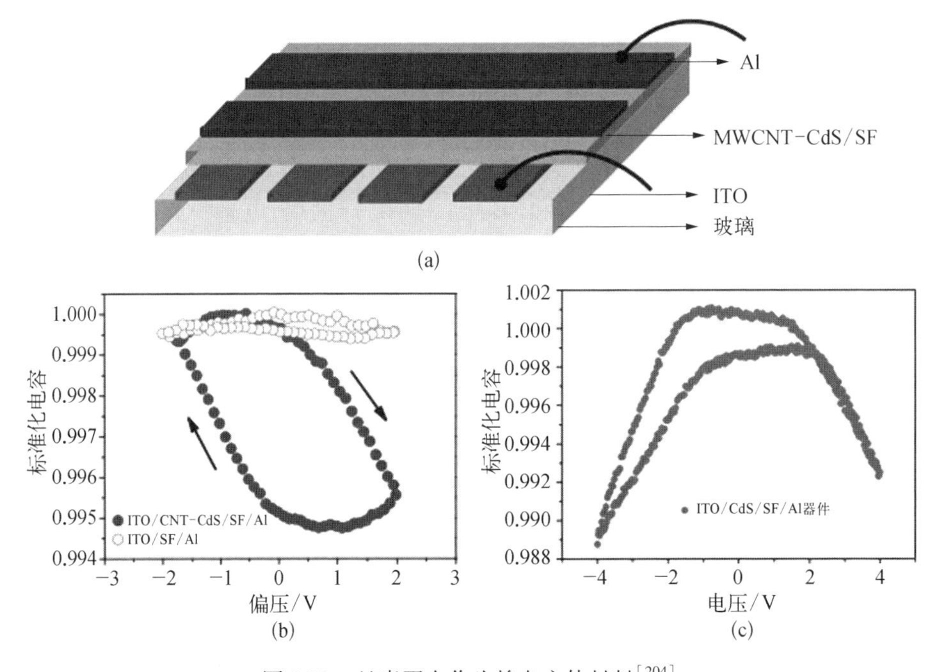

图2.79　丝素蛋白作为掺杂主体材料[204]

5. 掺杂器件的存储机制

有机材料电二极管的变化究其根本原因,主要有载流子浓度N的变化、载流子迁移率μ的变化,以及载流子浓度N和迁移率μ同时变化。通过研究人员的探索和总结,有机电存储机制大致分为以下7类: ① 丝状电导机制[8,220,221],在电场的作用下,两电极之间形成和熔断可导电的纳米导电丝;② 场致电荷转移机制[222],在电场作用下电荷由给体向受体的转移;③ 载流子的俘获与释放机制[177,184,223],由材料中的陷阱对载流子的俘获和释放实现电二极管的相互转变;④ 氧化还原机制[224],发生了氧化还原反应从而改变了功能层的电导率;⑤ 材料的构象转变[99,225],在电场作用下部分有机材料发生构象转变,电导率也因此改变;⑥ 薄膜与电极的界面偶极子作用[226],有机材料和金属电极接触由于两者载流子的迁移率不同,在界面累积大量正负电荷进而形成的电场对载流子注入有阻挡或促进作用;⑦ 外加电场下有机薄膜内的相分离,电场作用下材料发生相分离而引起的电导率变化。

在研究有机电二极管器件的存储机制时,需要对不同导电态的载流子传导机制进行分析。有机半导体材料中载流子的传输模型主要有欧姆传导(Ohmic conduction)、热电子发射(thermionic emission, TE)、空间电荷限制电流(space charge-limited current, SCLC)、FN 隧穿(Fowler-Nordheim tunneling)等,上述传输模型可以通过对 $I-V$ 曲线进行拟合计算而得到[3]。基于纳米粒子掺杂的电存储器件在进行拟合研究时,多将其输运机制解释为 FN 隧穿过程和 SCLC 过程[154]。载流子的输运包括载流子的注入、传输、复合等过程。而输运过程往往受到电极材料[216]、外加偏压、温度[176]等因素的作用,而纳米粒子掺杂的电存储器器件结构又较为复杂,因此载流子的输运往往由多个过程共同组成。如 2014 年 Ouyang[176]的研究结果表明,有机半导体二极管存储器在常温下具有明显的开关特性,但是低温下开关现象会消失。他们通过对 $I-V$ 曲线的进行拟合后认为:在温度高于 220 K 时,热能高于库仑能(Coulomb energy, E_C),这时 PF 发射是电荷传输的主导机制;当在温度低于 220 K 时,热能低于库仑能,这时 FN 隧穿占主导过程。值得注意的是,这种导电机制的拟合借鉴了经典无机存储的理论,因此可作为有机电存储机制研究的参考。

与有机电存储七大存储机制类似,如表 2.7 所示,基于纳米粒子掺杂的存储机制主要集中于以下三种:丝状电导机制、场致电荷转移机制和载流子的俘获与释放机制。在同一个电存储器中也会存在多种机制的协同作用[159,179,192,220,244,245]。

表 2.7　文献报道的典型器件结构、成膜工艺、存储特性及存储机制

成膜工艺	器件结构	主体	纳米粒子	存储特性	存储机制	参考文献
蒸镀	ITO/Alq_3/Al NP/Alq_3/Al	Alq_3	Al	Flash+NOR	charge transfer	[33,63]
蒸镀	Si/SiO_2/Al/Alq_3/Ni/Alq_3/Al	Alq_3	Ni(NiO)	Flash+NOR	charge trap	[10]
蒸镀	ITO/Alq_3/MoO_3 NP/Alq_3/Al	Alq_3	MoO_3	Flash+NOR	charge trap	[227]

续 表

成膜工艺	器件结构	主体	纳米粒子	存储特性	存储机制	参考文献
蒸镀	Al/AIDCN/Al NP/AIDCN/Al	AIDCN	Al	Flash	charge transfer	[18]
旋涂	ITO/PVK/SiO_2 NP/PVK/Al	PVK	SiO_2	WORM+NOR	charge trap	[47]
旋涂	ITO/Ag NDs/PVK/Al	PVK	Ag	NDR	charge trap	[6]
旋涂	Al/PVK+Au NP/TaN	PVK	Au	Flash	charge transfer	[31]
旋涂	ITO/PVK+TiO_2 NP/Al	PVK	TiO_2	Flash+NOR	filament	[11]
旋涂	Al/PVK+CdSe-ZnS QDs/ITO	PVK	CdSe-ZnS	电容型	charge trap	[49]
旋涂	ITO/PVK+CNT/Al	PVK	CNT	WORM、Flash	charge transfer	[58]
旋涂	Al/P3HT+Au NP/Al	P3HT	Au	Flash	charge transfer	[17]
旋涂	Al/PANI+Au NP/Al	PANI	Au	Flash+NOR	charge transfer	[27]
旋涂	Al/PCm+Au NP/Al	PCm	Au	Flash	filament	[66,92]
旋涂	Al/Au-DT NP+8HQ+PS/Al	PS	Au-DT	Flash	charge transfer	[29,30,67,68,69,70]
旋涂	Al/PS+C_{60}/Al	PS	C_{60}	NDR(Flash/WORM)	charge trap	[16]
旋涂	Al/PS+PCBM/Al	PS	PCBM	WORM+NOR	charge trap	[6,13]
旋涂	Al/PVP+C_{60}/Al	PVP	C_{60}	电容型	charge trap	[15]
旋涂	PET/ITO/PMMA+GQDs/Al	PMMA	GQDs	Flash	charge trap	[61]
旋涂	Si/SiO_2/Al/PI+PCBM/Al	PI	PCBM	NOR	charge trap	[12,57]
旋涂	Al/PI/ZnO NP/PI/p-Si	PI	ZnO	电容型	charge trap	[2]
旋涂	ITO/PVA+PPy NP/Al	PVA	PPy	Flash+NOR	charge trap	[52]
旋涂	ITO/DNA+Ag NP/Al	DNA	Ag	WORM	氧化还原、filament	[74]

续　表

成膜工艺	器件结构	主体	纳米粒子	存储特性	存储机制	参考文献
旋涂	PET/ITO/丝素蛋白+Au NP/Al	丝素蛋白	Au	电容型	氧化还原、trap、filament	[35,59,76]
自组装	ITO/frGO－Au NP/Al	frGO	Au	Flash	charge trap	[25]
自组装	Au/CPMV+CdSe－ZnS QDs/Pt	CPMV	CdSe－ZnS	Flash	charge transfer	[73]
自组装+旋涂	Si/SiO_2/APTES/生物素－NHS/Au NP/石墨烯/Au	石墨烯	Au NP	电容型	charge trap	[24]
自组装+旋涂	Al/PVA+TMV+Pb NP/Al	PVA\TMV	Pb	Flash	charge transfer+charge trap	[34]
自组装+蒸镀	ITO/Ag NP/Alq_3/Al	Alq_3	Ag NP	Flash+NOR	charge trap+filament	[8]
打印	Au/PEDT/PEDT+Au NP/PEDT/Au	PEDT	Au	WORM	filament	[86]
旋涂+化学气相沉积	ITO/PMMA/石墨烯/PMMA/Al	PMMA	石墨烯	Flash	filament	[57]

注：① 存储特性栏，除表明电容型外，其余均为电阻型存储；
② 存储机制栏，filament 代指丝状电导机制，charge transfer 代指场致电荷转移机制，charge trap 代指载流子俘获与释放机制。

1）丝状电导机制

在一些有机材料和金属纳米粒子掺杂体系中，金属纳米粒子在电场或者热作用下和邻近的金属纳米粒子相连而形成可导电的金属纳米丝，从而可以实现器件由低导电态到高导电态的转变。例如 2007 年 Yeo 等[227]报道的均匀分散于 PEDT 或 PHOST 中的水或醇溶性 Au NP 在热退火作用下，纳米粒子的边界逐步熔化进而和邻近的纳米粒子相连接形成可导电金纳米丝，具体过程如图 2.80 所示：初始状态下，金纳米粒子被包裹在配体聚合物（PEDOT）中间，每个纳米粒子之间的边界分明。温度持续升高的过程中（最高达 250℃），金纳米粒子内核逐步熔化开，纳米粒子间的边界变得模糊起来，最后相邻的纳米粒子完全连接在一起，导电的金纳米丝形成。当金纳米丝形成以后，器件的电导率与金纳米丝的长度和密度相关。值得注意的是这个过程同样可以在电场作用下实现。他们同时指出含有较大直径 Au NP 的器件需要更高的转变温度，这是由于较大纳米粒子间具有更大的表面积和空间距离。

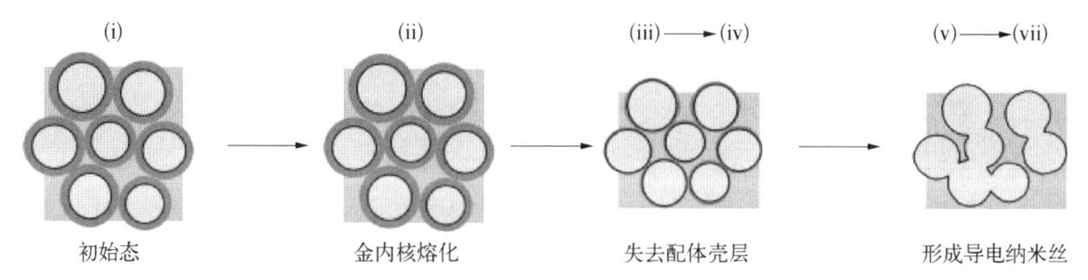

图 2.80 Au NP 在热作用下逐步与邻近纳米粒子相连形成导电纳米丝的示意图[227]

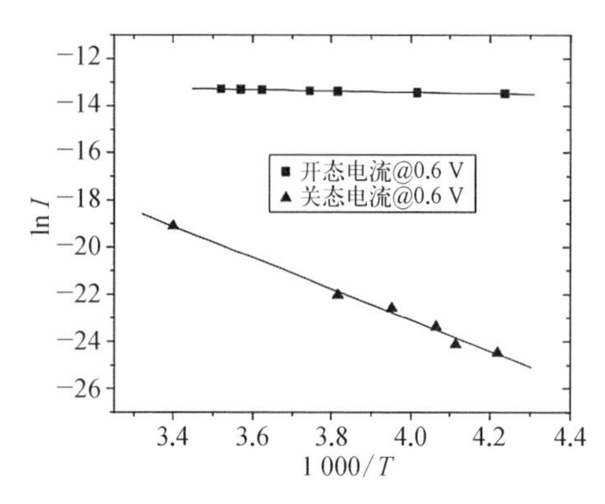

图 2.81 阿累尼乌斯曲线图[229]

遵从丝状电导机制的有机半导体二极管存储器的高导电态会受到温度的影响，温度越高导电性越强[228]，这种变化关系可以用阿伦尼乌斯曲线图(Arrhenius Plot, $1/T-\ln I$)表示出来。如图 2.81 所示，2009 年 Kwan[229]等制备了基于可光交联材料的有机半导体二极管存储器，测量电压为 0.6 V 时，ON 态电流与温度变化并无依赖性，说明可能是金属传导或者隧穿机制。而 OFF 态电流表现出明显的温度依赖特性，这归结于热活化的机制。他们通过聚焦离子束(focused ion-beam, FIB)对器件做了横截面，再使用 TEM 和能量色散 X 射线光谱(energy dispersive X-ray spectroscopy, EDS)，如图 2.82 所示，观察到在器件内形成的局部导电通道。此外，X 射线光电子能谱分析(X-ray photoelectron spectroscopy, XPS)[230]、红外等表征方式，都可以用来观测形成的导电丝通道。这种丝状纳米导电通道的范围一般在 1 nm 到 100 μm 之间，施加较高的电压所导致的局部焦耳热或反向电压都可以破坏已经形成的导电丝。在这样的机制中，体系中的纳米粒子通常是金属纳米粒子，导电丝一旦形成，电荷就会沿着这一路径传输，直到导电丝被熔断，信息被擦除，新的通道建立后，电荷沿新通道传输。2011 年 Lin 等[231]报道的器件结构为 Al/PCm+Au NP/Al 的有机半导体二极管存储器就是这样的存储机制，研究中用光束诱导电阻变化(OBIRCH)这样一种非破坏性的表征方法，直观地展示了器件在各导电状态间相互转化时电荷的空间分布和传输路径(如图 2.83 所示，点代表电荷传输路径)。器件在由“OFF”态到“ON”态转变的写入过程中形成导电纳米丝，建立了局域的导电通道，用 1 V 的电压去读取“ON”态时，电流沿着已形成的局域导电通道传输。在用−6.5～−7 V 的电压擦除时，已经形成的导电纳米丝会发生熔断，局域的导电通道被关闭。再次施加写入电压时，新的局域导电通道重新建立。值得注意的是，由于 Au NP 在主体中的分散一定程度上是随机的，因此导电通道的重新建立并不一定重现之前的路径而是随机的过程，反映在写入电压上是一定幅度的电压值漂移。

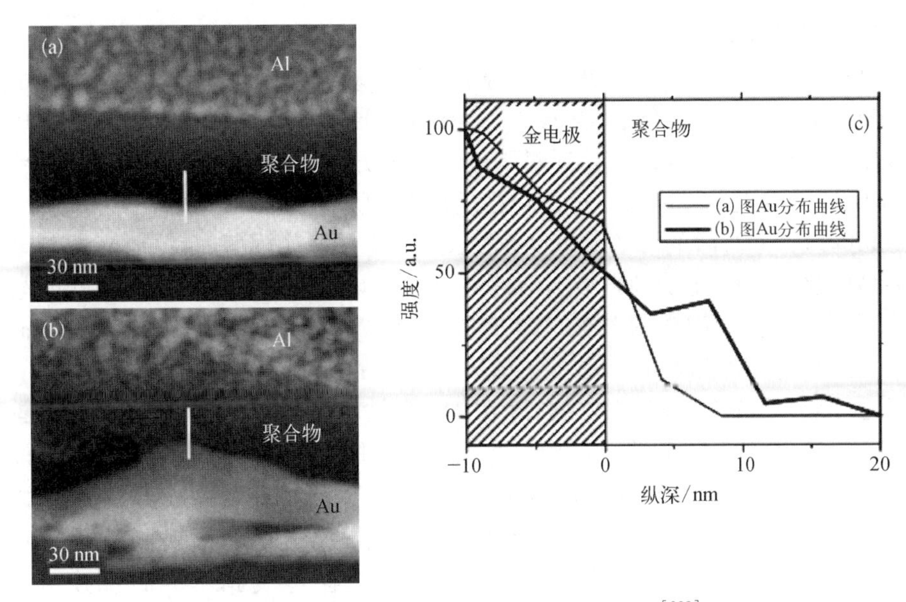

图 2.82 TEM－EDS 观察到的局部导电通道[229]

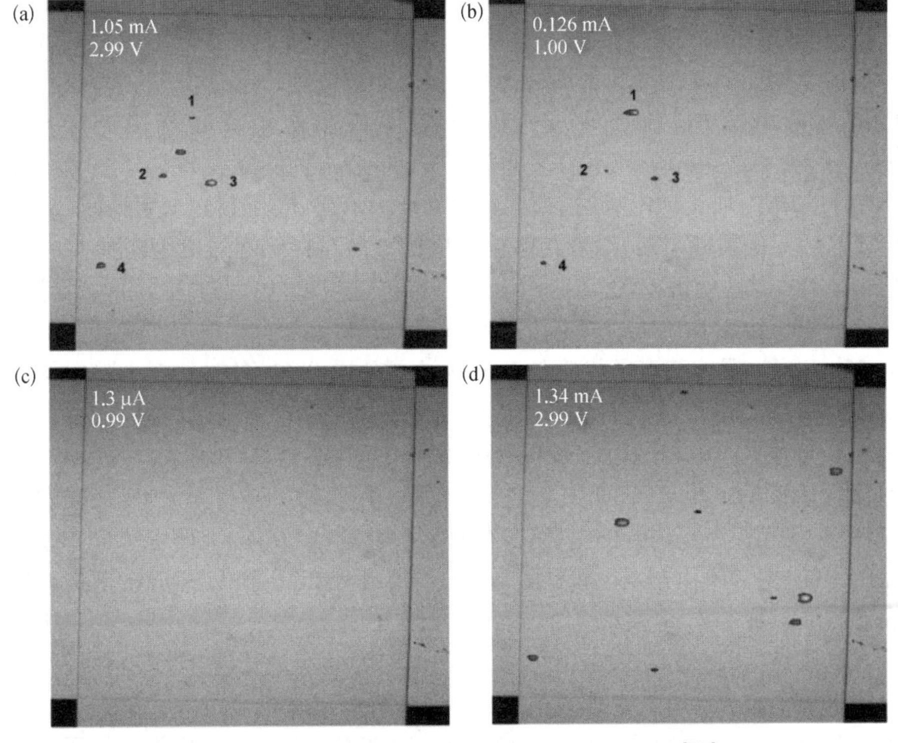

图 2.83 器件 Al/PC：Au NP/Al 的 OBIRCH 载流子传输路径图[231]：(a) 施加 3 V 写入电压时；(b) 写入后用 1 V 电压读取；(c) 反向电压擦除后用 1 V 电压读取；(d) 再次施加写入电压

2）场致电荷转移机制

早在 1979 年，Potember 等[232]就报道了四氰基对苯醌二甲烷(TCNQ)和 Cu 离子之间形成电荷转移络合物(charge transfer complex, CT complex)从而产生电开关的现象。2003 年,Adachi 等[233]通过真空蒸镀的方式制备结构为 ITO/Al/TCNQ+Cu NP/Al 的有机半导体二极管存储器,用 AFM 研究了 Cu：TCNQ 不同掺杂比例(1：1,0：1,1：2)时的活性层薄膜形貌,以 1：1 的比例混蒸时,混掺薄膜有均匀的多晶形貌,有利于形成顶电极与活性层之间均匀的接触面。通过紫外吸收光谱研究不同的掺杂比例(0：1,1：2,1：1,3：2,2：1,4：1)薄膜在 600~1 200 nm 波长范围内的宽带吸收峰,证实了混掺薄膜内存在的 CT 态。该工作还发现 ITO/Al 表面通过紫外臭氧处理的方式生长薄 Al_2O_3层,是产生双稳态的关键步骤。这是因为 Al_2O_3具有高的介电常数($\varepsilon \approx 10$),在施加电压时 Al/Al_2O_3与 Cu：TCNQ 层的界面可以形成大的内建电场,有助于 Cu：TCNQ 络合物与中性的 TCNQ 之间的电荷转移,当 Al_2O_3厚度为 7.5 nm 时,该存储器件表现出稳定的开关特性和高达 10^4的电流开关比。一般来说,电荷的注入、传输和俘获过程,会受到外界温度的影响,但是场致电荷转移机制所导致的阈值电压是与温度无关的,Yang 课题组针对器件结构为 Al/PS+Au－DT+8HQ/Al 的电存储器进行了细致研究,发现高导态时不同电压下电流与温度的依赖关系如图 2.84(a)所示,此外,阈值电压随着有机活性层薄膜厚度的增加而呈现出线性增加的关系[198]。如图 2.84(b)所示,对器件工作在高导电态时的电流-电压曲线进行拟合表明,在低电压区是直接隧穿(direct tunnelling)主导,高电压区则是 FN 隧穿主导,而这两种隧穿模式都是不受外界温度影响的。在施加正向电场时,如图 2.84(c)所示,当电压到达一定值时,8HQ 中的电子获得足够的能量后,沿着与电场相反的方向直接隧穿过电绝缘的 DT 外壳,到达 Au NP 内核,使得 8HQ 和 Au NP 分别带正电和负电。在高电压区,载流子的传输主要是发生在 8HQ 分子之间的 FN 隧穿。该器件从低导电态跃迁到高导电态只需 25 ns,这说明该载流子传输是由电场诱导的电荷转移过程,因为材料构象变化所需时间在 30 μs 尺度,而分子异构化或金属原子移动需要的时间在毫秒尺度。分别在横向和纵向施加−10 V 和 10 V 的直流电压,通过 AFM 研究了 PS+Au-DT+8HQ 薄膜表面的电势分布,如图 2.84(d)所示,由于在 8HQ 和 Au NP 之间发生了电荷转移,薄膜被电场诱导的电荷转移所极化,在这两个方向上的电势分布表现出明显的不同。另外,由于诱导极化的作用,当器件处在高导电态时,在正负电压方向表现出非对称的 $I-V$ 曲线[213]。

在场致电荷转移的体系中,因为器件导电态的改变是通过电荷转移来实现的,所以要求纳米粒子和有机主体材料应分别具有较强的得电子能力和易失去电子的能力,即具有给体-受体(donor-acceptor, D－A)体系的特征。在电场作用下有机主体材料上的电子获得足够的能量,在克服界面势垒后转移至具有较强吸电子能力的纳米粒子上,这样有机主体材料失去电子而被氧化,使得电导率大幅增加,实现

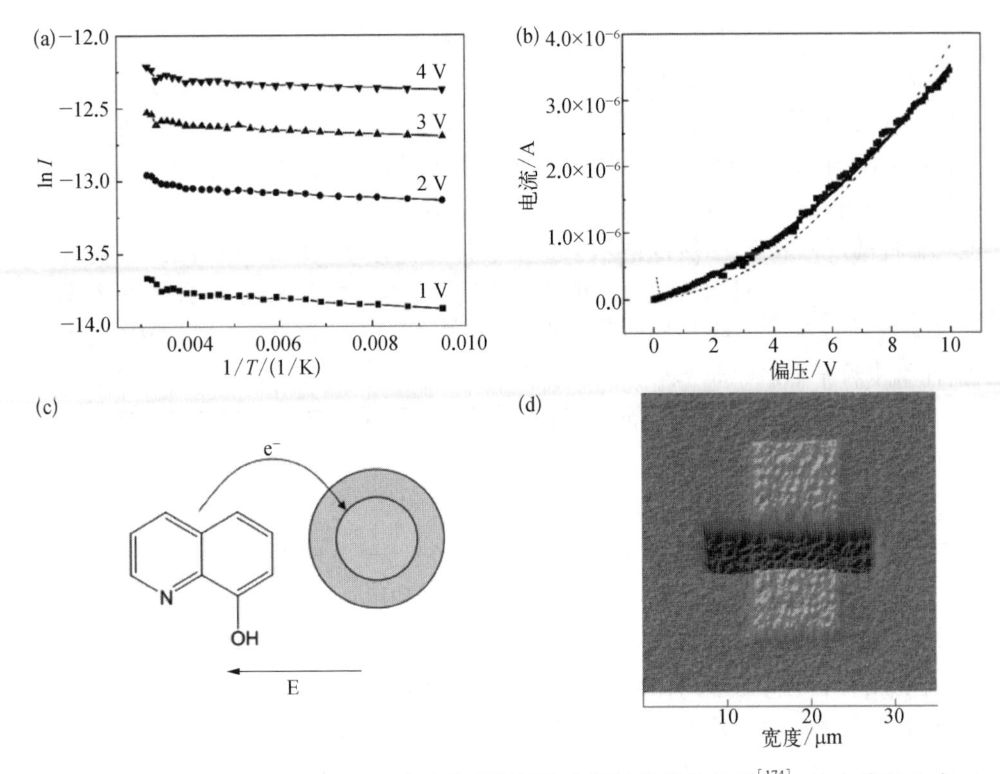

图 2.84 Al/Au-DT+8HQ+PS/Al 电存储器的场致电荷转移特性分析[174]：(a) 高导电态时不同电压对温度的 Arrhenius 曲线图；(b) 高导电态的 $I-V$ 曲线，实验结果与电荷传输拟合结果的对比；(c) 从 8HQ 到 Au NP 的场致电荷转移示意图，内环是 Au NP，外环是封端的 DT[198]；(d) 薄膜表面电势 AFM 扫描图

了从低导电状态到高导电状态的转变。在施加反向电压后，电子通过隧穿作用从纳米粒子释放出来，主体材料被还原，器件回到低导电状态。这种场致电荷转移与纳米粒子性质和周围有机物的分子结构有关：主体材料通常是具有较强失电子能力基团的半导体，而纳米粒子则为导电性很强的金属材料和碳族材料，如 Au NP、Ag NP、Cu NP、Al NP、C_{60} NP、CNT 等。

3) 载流子俘获与释放机制

该理论模型的提出，可以追溯到 1967 年 Simmons 和 Verderber[234] 制备的器件结构为 Al/SiO_2/Au 的无机半导体器件，他们发现在蒸镀 Au 电极过程中自发形成的 Au NP 在活性层中的扩散，会形成一个类似于电荷深“陷阱”的杂质能带。在施加不同方向外加电场时，这些“陷阱”杂质能带就会俘获和释放电荷，从而实现信息的存储。在纳米粒子掺杂的有机半导体二极管存储器中，纳米粒子因尺寸小而显现的量子局限效应可以充当俘获电荷的“陷阱”，通过对载流子的俘获和释放影响器件的导电态。在这个过程中，纳米粒子在主体中形成能级“陷阱”的深浅与对载流子的俘获能力成正比，如果纳米粒子俘获载流子的能力较差，器件表现为浅陷阱型，当电压撤去以后所俘获的载流子可以被释放，存储器表现为易失性的动态随机存储器（DRAM）或静态随机存储器（SRAM）。相反，如果纳米粒子俘获载流子的能力较强，器件表现为深陷阱型，电压撤去以后载流子被牢牢束缚在纳米粒子中，存储器的存储类型则为非易失性的 WORM 或 Flash。另外，在这种机制下有机半导体二极管存储器高电阻态和低电阻态的电流在一定程度上与纳米粒子层的厚度和器件的尺寸成正比，所以纳米粒子是器件产生存储效应的关键因素。载流子的传输既可以通过主体材料本身，也可以通过纳米粒子之间的隧穿，此时的主体材料多为宽带隙有机绝缘半导体，以利于形成深“陷阱”，如 PS、PVP、PMMA、PVA 等；而纳米粒子则多数属于半导体或绝缘体非金属纳米粒子，如 Cr NP、CdSe NP、ZnS NP、CuPc NP 以及部分金属及碳族纳米粒子，如 Au NP、Ag NP、Mg NP、Al NP、C_{60} NP 等。

在 2006 年 Paul 等[160]报道的器件结构为 Al/PVP+C_{60} NP/Al 的有机半导体二极管存储器中，与器件结构为 Al/PVP/Al 的二极管导电性为绝缘状态相比，掺杂有 5% C_{60} NP 的器件具有明显的存储性能。他们利用拉曼光谱对存储器的存储机制进行了研究，发现器件在完成写入操作后，C_{60} NP 的拉曼光谱峰的强度明显下降，直观证实了电荷是存储在 C_{60} NP 上的而不是 PVP 中。此外，当“陷阱”在充电后，空间电荷形成的内建电场限制电荷的传输，会导致 NDR 区域的出现。2009 年，Yook 等[164]制备了器件结构为 ITO/Alq_3/MnO_3/Alq_3/Al 的有机半导体二极管存储器，他们发现当施加的正向偏压大于 2.4 V 时，只有含有 MnO_3 纳米浮栅层的器件能观察到 NDR 现象，在低电压区其 $\log J-\log V$ 拟合曲线符合 SCLC 的模型，这证明了是由 MnO_3 引起的空间电荷限制作用。

纳米粒子充当“陷阱”俘获和释放电荷的过程一般经历三个阶段，以 2007 年 Lin 等报道的 Al/PS+Au NP/Al 有机半导体二极管存储器为例，如图 2.85 所示：由于金的功函数（约 5.1 eV）低于 PS，Au NP 在体系中作为“陷阱”对载流子有俘获作用，图 2.85（a）在低电压下电流由少量的热电子主导电荷传输机制符合欧姆模型；图 2.85（b）随着电压增大，部分载流子通过热隧穿进入 Au NP，电荷传输机制符合“陷阱”填充的 SCLC 模型；图 2.85（c）电压持续增大，可能发生了 FN 隧穿，注入的载流子迅速增加，Au NP 对电荷的俘获接近饱和，电荷传输机制符合“陷阱”填满的 SCLC 模型；图 2.85（d）“陷阱”全部填满后，器件进入高导电状态，此时电荷传输机制符合欧姆模型。整个过程的电流电压拟合曲线如图 2.85（e）所示。

6. 小结

本节介绍了纳米粒子掺杂的有机半导体二极管存储器的基本结构——混掺结构、层状结构；列举了器件的存储类型——非易失性和易失性；总结了纳米粒子掺杂功能层三种制备方法——旋涂法、蒸镀法、自组装法，并分别介绍了这三种方法的优缺点和适用范围。在此基础上归纳了掺杂体系中纳米粒子的类型、形貌、掺杂

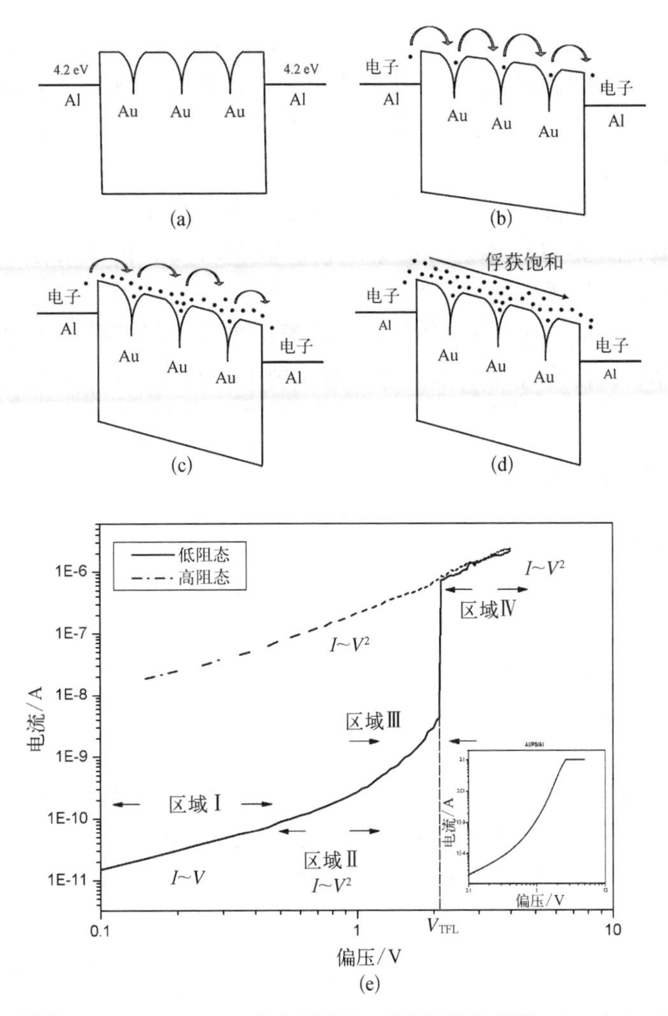

图 2.85　器件 Al/PS+Au NP/Al 的电子传输过程示意图;器件 Al/PS+Au NP/Al 的电流-电压拟合曲线(log I - log V)

浓度、表面修饰、掺杂主体材料对器件存储特性的影响;概括了文献中的金属、非金属纳米粒子,复合纳米粒子以及有机纳米粒子,并分别探讨了这几类纳米粒子的类型对器件性能的影响方式,为未来的研究提供了参考。最后深入分析了器件的存储机制,与普通有机存储二极管的七大存储机制不同,掺杂器件的存储机制与纳米粒子密切相关,主要分为三种情况——丝状电导机制、场致电荷转移机制和载流子的俘获与释放机制,并梳理了三种机制各自的具体存储过程和存储特点,是对目前纳米粒子掺杂的有机存储二极管研究较为全面的总结。

需要指出的是虽然目前基于纳米粒子掺杂的有机存储器件的研究已经取得很多令人振奋的成果,但是也存在一些问题需要解决和完善: ① 从器件制备的角度,解决掺杂体系的相分离问题,以实现更加简单、低成本的制备方式;② 从掺杂纳米粒子的角度,实现更小粒径的纳米粒子,是纳米材料研究者需要解决的问题;③ 从存储机制探究的角度,用各种表征和分析技术手段使存储机制更加明确;④ 从商业应用的角度,实现多阶高密度存储和提高器件其他存储性能。以上这些正是我们未来研究的目标。

当前,纳米粒子所具有的可喷墨打印的特性和生物相容性,可以与柔性衬底和柔性电极(如石墨烯)进行工艺上的集成,在低成本、大面积加工、柔性电子、生物电子等领域已显示出了广阔的应用前景。可以肯定的是,随着纳米粒子制备技术的提高和有机电存储二极管研究的深入,这类纳米粒子掺杂的有机电存储二极管会在有机电存储器件研究领域占据越来越重要的地位,并有望成为有机电存储器商业应用的突破口。

2.6.5 分子开关存储器件

1. 分子开关介绍

美国著名物理物理学家 Feynman 于 1959 年提出一种"积小为大(bottom-up)"的思想,即从单个的原子或分子出发组装成需要的分子器件,打破了传统的"化大为小(top-down)"思想的禁锢,促进了"分子电子学"概念的诞生。尽管这种想法在当时科技水平的限制下无疑是一种幻想,但是却为物理学家们突破传统微电子器件的极限指明了方向。

从 20 世纪 80 年代起,分子电子学就进入到迅速发展阶段,以扫描隧道显微镜(STM)、原子力显微镜(AFM)等为代表的实验设备和实验技术的出现,使科学家们对分子器件的研究进入一个崭新的阶段。经过科研工作者三十余年的探索,分子电子学的研究已经取得了许多非常重要的进展。到目前为止,研究人员已经设计并制造了多种分子器件,如分子开关、分子导线、分子存储器及分子整流器等。其中,分子开关的研究特别引人关注,因为它可以作为未来逻辑和存储电路的基本单元。

所谓分子开关就是具有双稳态性质的分子体系。可以认为,凡是通过外界刺激可以可逆地在两种状态间发生转化的任何分子体系都是分子开关[235]。当外界的光、电、热、磁、pH 等条件发生改变时,分子的几何结构或者化学性质也随之改变,这些变化可以用于信息的存储与传输。图 2.86 为单分子器件示意图。

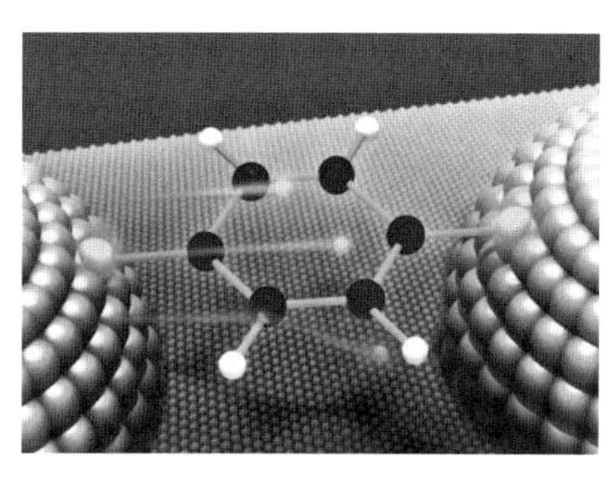

图 2.86 单分子器件示意图

目前人们研究较多的两类双稳态分子[236-238]是轮烷(rotaxane)和索烃(catenane),如图 2.87 所示。轮烷由 1 个环状的部分和 1 个棒状的部分组成,环可以以棒为轴进行旋转或沿棒的方向滑动,棒的两端带有位阻较大的基团可以阻止环的脱落。若在棒上引入 2 个不同的位点,当环停留于这 2 个不同的位点时,就对应了 2 种不同的状态。电化学或化学环境诱导的轮烷分子开关早已报道。索烃由 2 个套在一起的环组成,2 个环之间可以发生转动。在索烃中的 1 个环上引入不同的位点,同样可以构成双稳态分子开关。

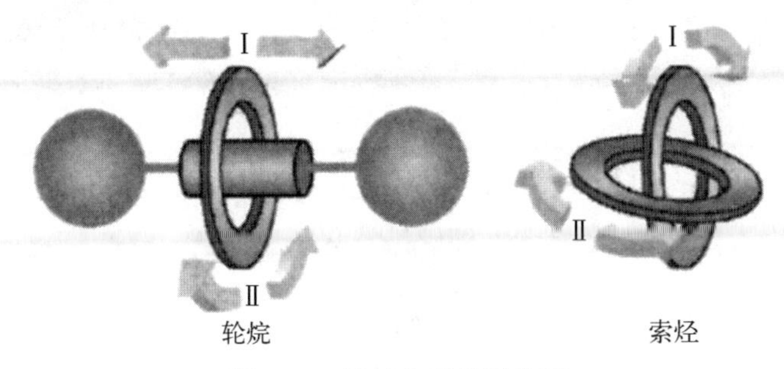

图 2.87　轮烷和索烃示意图

研究分子存储器件的目标是在很小的面积上采用各种加工方法来制作高密度的存储器件。在分子水平上的电子学存储应该是通过双稳态或多稳态分子来实现的。这种材料在电场下,可以从原来的绝缘态直接跃迁为导电态,相当于计算机存储器件中的“0”和“1”两种状态。从而实现二进制存储。

2. 分子开关存储器制备以及测试方法

目前在分子器件研究领域已经发展了多种实用性的技术,如扫描隧道显微术(STM)、自组装技术(SAM)、光摄技术等。其中应用最广的是扫描隧道显微术[239],它的工作原理是建立在量子力学的隧道效应基础上的,随后又先后诞生了静电力显微镜、原子力显微镜(AFM)、扫描离子电导显微镜等,最终形成了一系列丰富的扫描体系。STM 和 AFM 技术的缺点是不容易确定探针与分子的接触类型,因此测量的分子电导值不够稳定。如图 2.88 分子自组装技术是指分子在氢键、静电、疏水亲脂作用、范德瓦尔斯力等弱作用推动下,自发地构筑具有特殊结构和形状的稳定集合体的过程,该技术在分子器件的研究中被广泛采用。

作为一种重要的辅助操纵技术,光镊在分子器件研究中也占有重要的地位。光镊的基本原理是利用光学梯度力形成的光阱俘获或操纵原子。光束与微粒之间非机械接触,不会产生机械损伤,并且几乎不影响粒子周围的环境。光镊不仅是操控微小粒子的机械手,同时又是微小粒子静态和动态力学特性的理想研究手段。在单分子实验中,常把分子样品连接到一个介质小球上,通过光镊操纵介质小球达到操纵样品分子的目的[240,241](图 2.88、图 2.89)。这种光学技术在分子尺度上实现了传统机械镊子的功能,因而被称为光镊技术。

分子开关的主要测试方式可以分为两类:第一类[图 2.90(a)~(c)]两个电极之间为多分子层,第二类[图 2.90(d)~(f)]两个电极之间为单个分子。通过这两类测试平台对具有开关特性的分子进行测试。

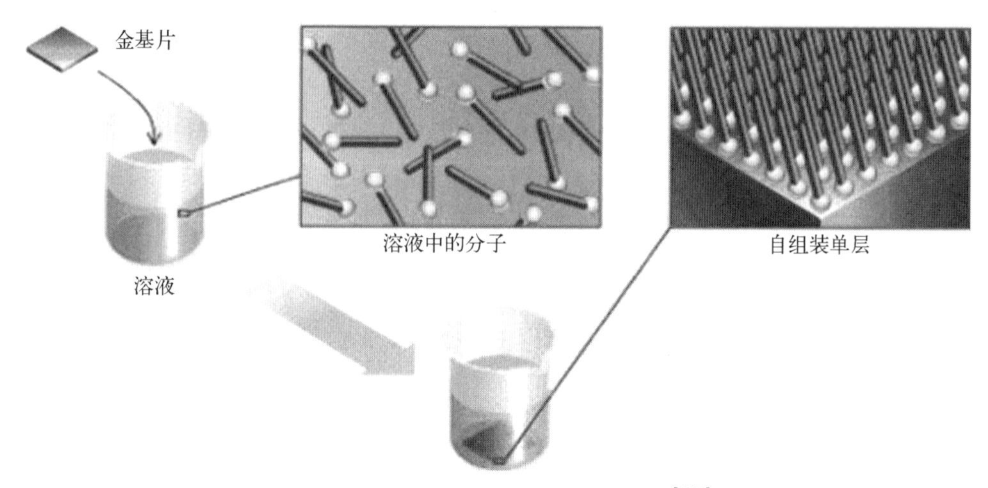

图 2.88 利用自组装技术形成的分子膜[240]

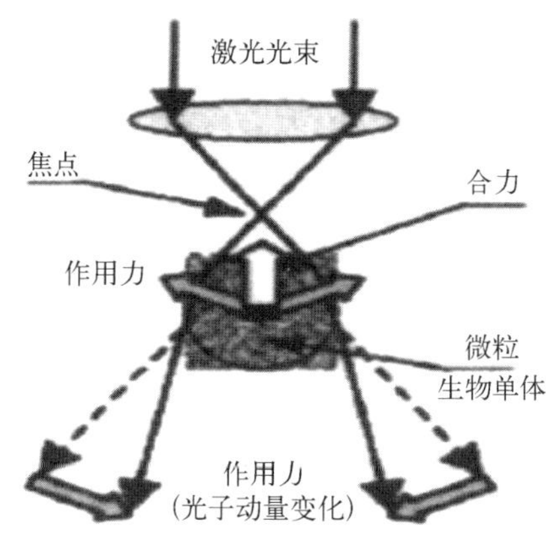

图 2.89 光镊的工作原理示意图[241]

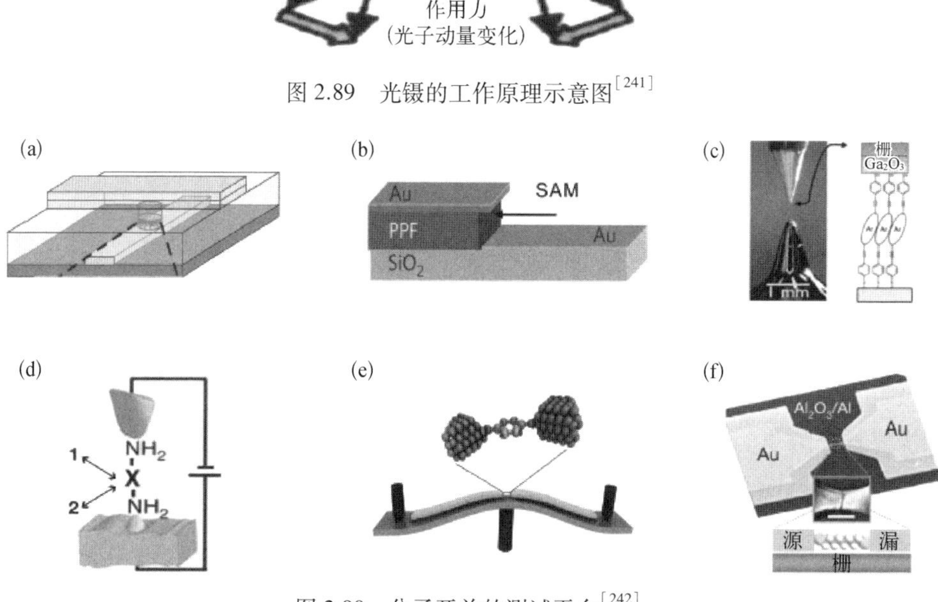

图 2.90 分子开关的测试平台[242]

3. 分子开关存储器研究进展

Reed 等利用自组装技术，用苯乙炔低聚物分子组装成可擦写的分子存储器，如图 2.91 所示。因为在分子中部的苯环上引入—NO_2 和—NH_2 两种功能基团，它们分别位于苯环的两边，并指向分子外部，这种不对称的结构使得分子的电子云极容易受干扰，因而在外电场作用下，其分子的扭曲变形非常敏感。当对这个分子施加电压时，分子发生扭曲阻碍电流的流通；当撤去电压后，分子变回原形，电流可以继续通过。这个存储器是靠存储高、低电导状态来运行的，其比特保留时间能大于 15 min。

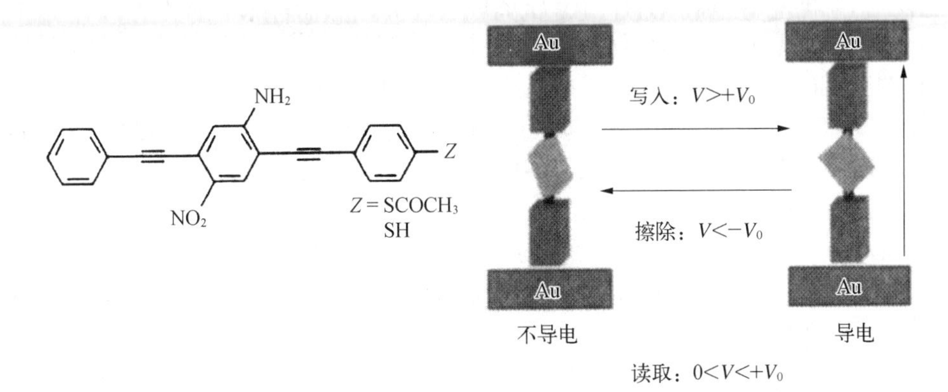

图 2.91　组装分子结构和分子存储原理示意图

IBM 公司的研究人员能够通过诱导萘酞菁（naphthalocyanine）有机分子内的氢原子进行互变异构反应，将单独一个分子打开和关闭。他们使用低温扫描隧道显微镜对这种分子开关进行操作和表征。这种分子开关的出现使得制造尺寸超小、但是速度堪比超级计算机的芯片成为可能。

Del 等通过两个碳纳米管成功计算了偶氮苯的电导变化。他们不但发现了相当大的开关电导比，还预言了这种比率取决于对碳纳米管手性的使用。然而，目前关于偶氮苯衍生物开关电导比实验的报道还很少[243]。

Mativetsky 等通过使用导电 AFM 技术创建了一个分子结（金衬底-偶氮苯 STM - 镀金属尖），通过足够的柔韧性来适应预期的偶氮苯自组装引起的高度变化。他们的研究主要关注紫外光引起的开关反式-顺式状态的变化。照射后，他们观察到电导增加了 25~30 倍，这种现象是因为隧道的势垒长度相应地下降了一阶[244]。

现在分子电子还不太可能取代硅基电子，但是我们有足够的理由相信，分子电子未来会成为硅基电子的重要补充。基于分子开关的存储器在超高密度存储上具有无限的前景。传统基于硅的 CMOS 芯片的开发正在接近其物理极限，因此目前 IT 行业正在探索新的、真正具有突破性的技术，以进一步提高计算机的性能。模块化分子逻辑是一个可能的候选方案，虽然将其应用于具体实践仍然还有很长的距离。

2.6.6 多进制二极管电存储器

信息爆炸时代已经来临,仅 2008 年的信息量就相当于过去 5 年信息总量的 10 倍,而且每年还在以 73%的增长率增长。欧洲核子研究中心进行的大型强子对撞机实验每年产生大约 15 PB 的珍贵科学数据,如果按照现在每台普通计算机的存储容量为 1 000 GB 来计算,每年就需要 1 万 5 千台这样的计算机来存储这些实验数据。这说明现在飞速增长的大容量信息存储需求和滞后的信息存储技术之间产生了巨大的矛盾,这种矛盾的根源是目前传统二进制的光存储和磁存储技术自身的物理因素限制,其存储密度已经走向了极限[245-249]。磁存储是改变磁性颗粒的顺反磁性实现“0”和“1”的二进制存储,只有通过缩小磁性颗粒尺寸提高存储密度,而磁性颗粒太小会引起“巨磁阻”效应消磁而丢失信息,因此其存储容量是有限的。光存储技术的信息存储密度由记录信息的光波长决定,光波长不可能无限缩小来提高存储密度,现在无论光还是磁存储技术的理论最高存储密度在 10^{12} bit/cm^{2}左右,这离美国国防高级研究计划署提出的未来信息存储密度要达到 10^{15} bit/cm^{2}的要求相差了 1 000 倍,还不能实现 3D《阿凡达》电影胶片量从 700 kg 浓缩至一张碟片。

当前广泛应用的存储技术都是基于“0”和“1”的二进制存储,其理论极限存储容量远远不能满足现代海量存储的需求,因此突破二进制存储的限制,达到设计合成具有“0”、“1”、“2”……多位数值存储功能的三进制、四进制乃至更多进制的电存储信息材料和纳米器件已经到了刻不容缓的地步。多进制存储在单位面积内的信息存储容量比二进制存储技术呈数量级增长,这就可以用更少的存储单元获得惊人的存储能力,将使所有需要具有存储能力的电子器件变得更加紧凑,意味着器件制造工艺会更加简单,从而真正意义上实现容量大、尺寸小、功耗低、速度快、成本低的新一代海量信息电存储器件。

2008 年,Jung 等[250]首次报道了基于核-壳结构的 $Ge_2Sb_2Te_5$/GeTe 纳米线在脉冲电场下产生了晶态、无定形态及两种状态之间的中间态,这三种相态不同的电阻则可以对应数据存储中的“0”、“1”、“2”三进制存储。这为三进制的实现和超高密度信息存储器件的研究开辟了先河。遗憾的是基于相变的三进制存储仅此一例,后续未见报道,这可能是由于相变材料导电机制解释不清、纳米介质性能不稳定以及器件制备工艺的烦琐等原因造成的。因此,寻找具有长效稳定性及器件化工艺简便的超高密度多进制信息存储材料迫在眉睫。

2009 年,苏州大学路建美课题组[251]通过总结二进制电存储材料的分子结构特性和其在电场作用下电荷传导机制之间的关系,以 *N*,*N*-二氨基二本砜(Azo)为原料,通过偶氮双键连接 *N*,*N*-二甲基苯胺,在分子中设计两个吸电子能力不同的基团,借助理论计算设计合成了一个大共轭平面 V 形有机分子,通过真空蒸镀制备了“ITO/有机小分子/Al”简单的三明治结构器件，首次实现了有机小分子的三进制电存储。如图2.92所示，其在电场作用下具有三个稳定的导电态，即具备了“0”、“1”、“2”三进制存储的功能，从电子依次填满两个不同深度的电荷陷阱机制来解释“三进制”存储机制，并从分子理论计算和XRD等方法证明理论解释。该课题组以“电荷陷阱”理论为指导，通过调节分子骨架中吸电子基团数量和强度（即“电荷陷阱”的数量和深度），进一步实现了其他类型的三进制电存储器[253-256]。金属纳米粒子[257]或石墨烯材料[258]，基于其功函数的匹配性，在有机半导体存储器中可以作为不同深度的电荷“陷阱”，通过逐步填充电荷陷阱的方式实现多阶存储。2011年，Lee课题组[259]报道了通过阵列式的Au NP作为电子俘获的“陷阱”的电容型电存储器，器件结构为Si/HfO_2/Au NP/HfO_2/Pt，在饱和电压的调节下控制电容的耦合，实现了五阶存储。混合不同氧化还原活性分子或基于生物材料（如半胱氨酸残基重组天青蛋白和细胞色素C[260]）的氧化还原机制亦是实现多阶存储的有效方式[261,262]。图2.93是基于四硫富瓦烯衍生物的电化学三稳态示意图。

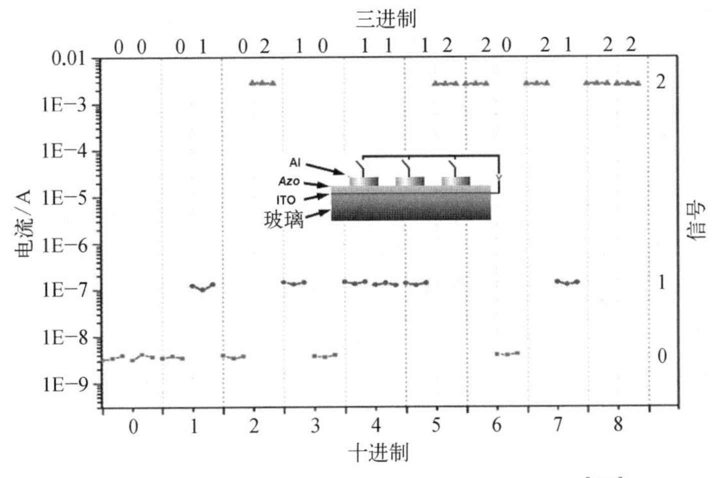

图2.92　基于Azo的小分子二极管三阶电存储器[251]

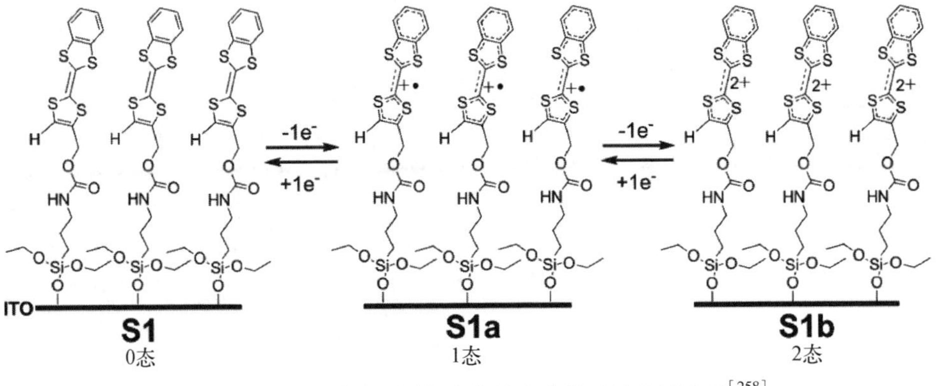

S1 0态　S1a 1态　S1b 2态

图2.93　基于四硫富瓦烯衍生物的电化学三稳态示意图[258]

以上实现多阶存储的工作都是单信号输入模式(即电场作用),2012 年宋延林课题组[263]设计合成了如图 2.94 所示的具有给体-桥-受体(donor-bridge-acceptor,DBA)结构的分子,通过引入紫外光照的作用,基于单组分光电材料实现了光调制的多阶存储。

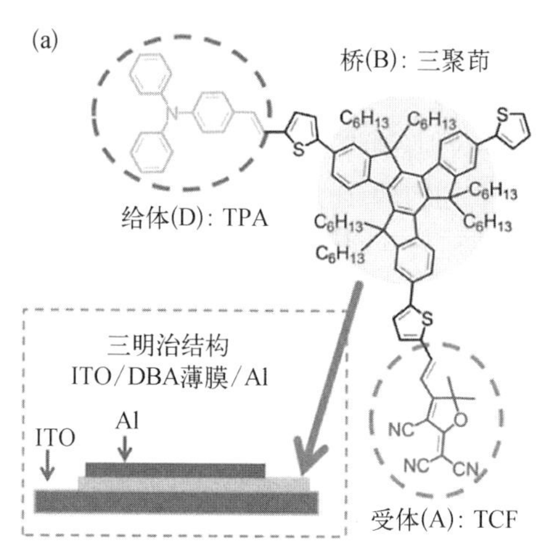

图 2.94 基于 DBA 结构的光敏分子化学结构式,插图为其电存储器器件结构[263]

如图 2.95 所示,在仅有电场作用时,该存储器件表现出双稳态的开关行为,定义其 OFF 态为“0”,ON 态(HC - ON)为“2”,电流开关比达 10^6。在波长为 405 nm($1.01\ mW/cm^2$)的紫外光辅助照射下,可以观察到一个新的中间导电态(LC - ON),定义其为“1”。“1”态的实现有两条路径,分别为当器件处于“0”态时,施加正向 1 V 的电压同时辅以紫外光照,或者在器件处于“2”态时,施加负向-3.4 V 的电压同时辅以光照。这种光诱导的多阶存储,可归结于在电场和紫外光的共同作用下分子的电荷转移。

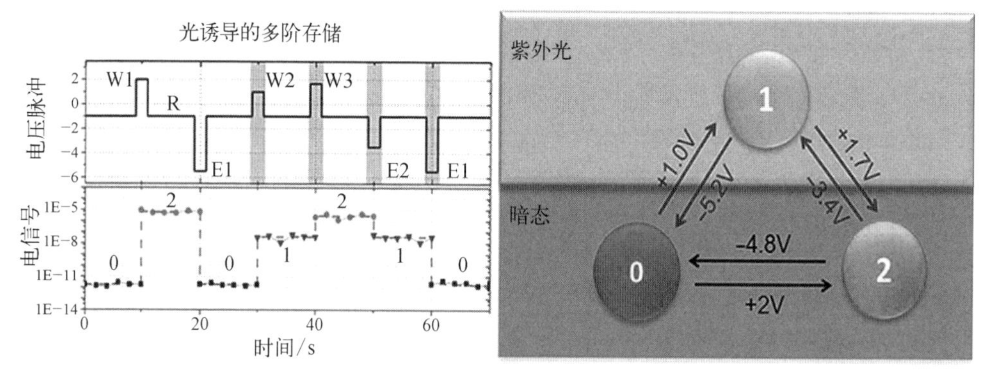

图 2.95 基于 DBA 结构的三阶光敏电存储器实现示意图[263]

参考文献

[1] Ling Q D, Liaw D J, Zhu C X, et al. Polymer electronic memories: materials, devices and mechanisms. Progress in Polymer Science, 2008, 33(10): 917-978.

[2] Naber R C, Asadi K, Blom P W, et al. Organic nonvolatile memory devices based on ferroelectricity. Advanced Materials, 2010, 22(9): 933-945.

[3] Asadi K, Leeuw D M de, Boer B de, et al. Organic non-volatile memories from ferroelectric phase-separated blends. Nature Materials, 2008, 7(7): 547-550.

[4] Wong H S P. Metal-oxide RRAM. Proceedings of the IEEE, 2012, 100(6): 1951-1970.

[5] 刘举庆,陈淑芬,陈琳,等.有机/聚合物电存储器及其作用机制.科学通报,2009,54(22): 18-30.

[6] Cho B, Kim T W, Song S, et al. Rewritable switching of one diode - one resistor nonvolatile organic memory devices. Advanced Materials, 2010, 22(11): 1128-1232.

[7] Ji Y, Zeigler D F, Lee D S, et al. Flexible and twistable non-volatile memory cell array with all-organic one diode-one resistor architecture. Nature Communications, 2013, 4: 2707.

[8] Linn E, Rosezin R, Kuegeler C, et al. Complementary resistive switches for passive nanocrossbar memories. Nature Materials, 2010, 9(5):403-406.

[9] Kuang Y B, Huang R, Tang Y, et al. Flexible single-component-polymer resistive memory for ultrafast and highly compatible nonvolatile memory applications. IEEE Electron Device Letters, 2010, 31: 758-760.

[10] Ma Y, Wen Y Q, Song Y L. Ultrahigh density data storage based on organic materials with SPM techniques. Journal of Materials Chemistry, 2011, 21: 3522-3533.

[11] Son D I, Kim T W, Shim J H, et al. Flexible organic bistable devices based on graphene embedded in an insulating poly(methyl methacrylate) polymer layer. Nano Letters, 2010, 10: 2441-2447.

[12] Son J Y, Ryu S, Park Y C, et al. A nonvolatile memory device made of a ferroelectric polymer gate nanodot and a single-walled carbon nanotube. ACS Nano, 2010, 4: 7315-7320.

[13] Zhuang X D, Chen Y, Liu G, et al. Conjugated-polymer-functionalized graphene oxide: synthesis and nonvolatile rewritable memory effect. Advanced Materials, 2010, 22: 1731-1735.

[14] Liu J Q, Yin Z Y, Cao X H, et al. Bulk heterojunction polymer memory devices with reduced graphene oxide as electrodes. ACS Nano, 2010, 4: 3987-3992.

[15] Li G L, Liu G, Li M, et al. Organo-and water-dispersible graphene oxide-polymer nanosheets for organic electronic memory and gold nanocomposites. Journal of Physical Chemistry C, 2010, 114: 12742-12748.

[16] Möller S, Perlov C, Jackson W, et al. A polymer/semiconductor write-once-read-many times memory. Nature, 2003, 426: 166-169.

[17] Velu G, Legrand C, Tharaud O. Low driving voltages and memory effect in organic thin-film transistors with a ferroelectric gate insulator. Applied Physics Letters, 2001, 79: 659-661.

[18] Kim T W, Oh S H, Choi H, et al. Reliable organic nonvolatile memory device using a polyfluorene-derivative single-layer film. IEEE Electron Device Letters, 2008, 29: 852-855.

[19] Lee T, Chen Y. Organic resistive nonvolatile memory materials. MRS Bulletin, 2012, 37(2):

144 – 149.

[20] Cho B, Yun J M, Song S, et al. Direct observation of Ag filamentary paths in organic resistive memory devices. Advanced Functional Materials, 2011, 21(20): 3976 – 3981.

[21] Cho B, Kim T W, Choe M, et al. Unipolar nonvolatile memory devices with composites of poly(9-vinylcarbazole) and titanium dioxide nanoparticles. Organic Electronics, 2009, 10(3): 473 – 477.

[22] Joo W J, Choi T L, Lee K H, et al. Study on threshold behavior of operation voltage in metal filament-based polymer memory. Journal of Physical Chemistry B, 2007, 111(27): 7756 – 7760.

[23] Nau S, Sax S, List-Kratochvil E J W. Unravelling the nature of unipolar resistance switching in organic devices by utilizing the photovoltaic effect. Advanced Materials, 2014, 26(16): 2508 – 2513.

[24] Campbell A J, Bradley D D C, Lidzey D G. Space-charge limited conduction with traps in poly(phenylene vinylene) light emitting diodes. Journal of Applied Physics, 1997, 82(12): 6326 – 6342.

[25] Majumdan H S, Bandyopadhyay A, Bolognesi A, et al. Memory device applications of a conjugated polymer: role of space charges. Journal of Applied Physics, 2002, 91(8): 2433 – 2437.

[26] Sadaoka Y, Sakai Y. Switching in poly(*N*-vinylcarbazole) thin films. Journal of the Chemical Society Faraday Transactions, 1976, 72: 1911.

[27] Meyyappan M, Han J, Zhou C W. Multilevel memory based on molecular devices. Applied Physics Letters, 2004, 84(11): 1949 – 1951.

[28] Li F, Son D I, Cha H M, et al. Memory effect of CdSe/ZnS nanoparticles embedded in a conducting poly[2-methoxy-5-(2-ethylhexyloxy)-1, 4-phenylene-vinylene] polymer layer. Applied Physics Letters, 2007, 90(22): 222109.

[29] Bozano L D, Kean B W, Beinhoff M, et al. Organic materials and thin-film structures for cross-point memory cells based on trapping in metallic nanoparticles. Advanced Functional Materials, 2005, 15(12): 1933 – 1939.

[30] Song Y, TanY P, Zhu C, et al. Synthesis and memory properties of a conjugated copolymer of fluorene and benzoate with chelated europium complex. Journal of Applied Physics, 2006, 100(8): 084508.

[31] Ouisse T, Stephan O. Electrical bistability of polyfluorene devices. Organic Electronics, 2004, 5(5): 251 – 256.

[32] Taylor D M. Space charges and traps in polymer electronics. IEEE Transactions on Dielectrics & Electrical Insulation, 2006, 13(5): 1063 – 1073.

[33] Dei A, Gatteschi D, Sangregorio C, et al. Quinonoid metal complexes: toward molecular switches. Accounts of Chemical Research, 2004, 37(11): 827 – 835.

[34] Torrance J B. The difference between metallic and insulating salts of tetracyanoquinodimethone (TCNQ): how to design an organic metal. Accounts of Chemical Research, 1979, 12(3): 79 – 86.

[35] Gong J P, Osada Y. Preparation of polymeric metal-tetracyanoquinodimethane film and its bistable switching. Applied Physics Letters, 1992, 61(23): 2787 – 2789.

[36] Hsu J C, Liu C L, Chen W C, et al. A supramolecular approach on using poly(fluorenylstyrene)-block-poly(2 - vinylpyridine): PCBM composite thin films for non-volatile memory device applications. Macromolecular Rapid Communications, 2011, 32(6): 528 - 533.

[37] Lian S L, Liu C L, Chen W C. Conjugated fluorene based rod-coil block copolymers and their pcbm composites for resistive memory switching devices. ACS Applied Materials & Interfaces, 2011, 3(11): 4504 - 4511.

[38] Chi K C W, Ouyang J, Tseng H H, et al. Organic donor-acceptor system exhibiting electrical bistability for use in memory devices. Advanced Materials, 2005, 7(11): 1440 - 1443.

[39] Liu G, Ling Q D, Teo E Y H, et al. Electrical conductance tuning and bistable switching in poly (*N* vinylcarbazole) - Carbon nanotube composite films. ACS Nano, 2009, 3 (7): 1929 - 1937.

[40] Prakash A, Ouyang J, Lin J L, et al. Polymer memory device based on conjugated polymer and gold nanoparticles. Journal of Applied Physics, 2006, 100(5): 409 - 503.

[41] Song Y, Ling Q D, Lim S L, et al. Electrically bistable thin-film device based on PVK and GNPs polymer material. IEEE Electron Device Letters, 2007, 28(2): 107 - 110.

[42] HahmS G, Kang N G, Kwon W, et al. Programmable bipolar and unipolar nonvolatile memory devices based on poly (2-(n-carbazolyl) ethyI methacrylate) end-capped with fullerene. Advanced Materials, 2012, 24(8): 1062 - 1066.

[43] Choi J S, Kim J H, Kim S H, Suh D H. Nonvolatile memory device based on the switching by the all-organic charge transfer complex. Applied Physics Letters, 2006, 89(15): 375 - 412.

[44] Ling Q D, Lim S L, Song Y, et al. Nonvolatile polymer memory device based on bistable electrical switching in a thin film of poly (*N*-vinylcarbazole) with covalently bonded C_{60}. Langmuir, 2007, 23(1): 312 - 319.

[45] Chen C J, Yen H J, Chen W C, et al. Novel high-performance polymer memory devices containing $(OMe)_2$Tetraphenyl-*p*-phenylenediamine moieties. Journal of Polymer Science Part a-Polymer Chemistry, 2011, 49(17): 3709 - 3718.

[46] Chen C J, Yen H J, Chen W C, et al. Resistive switching non-volatile and volatile memory behavior of aromatic polyimides with various electron-withdrawing moieties. Journal of Materials Chemistry, 2012, 22(28): 14085 - 14093.

[47] Fang Y K, Liu C L, Li C, et al. Morphology, and properties of poly (3-hexylthiophene)-block-Poly (vinylphenyl oxadiazole) donor-acceptor rod-coil block copolymers and their memory device applications. Advanced Functional Materials, 2010, 20(18): 3012 - 3024.

[48] Hsu J C, Chen Y, Kakuchi T, et al. Synthesis of linear and star-shaped poly $[4\text{-(diphenylamino)benzyl methacrylate}]_s$ by group transfer polymerization and their electrical memory device applications. Macromolecules, 2011, 44(13): 5168 - 5177.

[49] Lin P H, Lee W Y, Wu W C, et al. Synthesis, properties, and electrical memory characteristics of new diblock copolymers of polystyrene-poly (styrene-pyrene). Polymer Bulletin, 2012, 69(1): 29 - 47.

[50] Collier C P, Mattersteig G, Wong E W, et al. A catenane-based solid state electronically reconfigurable switch. Science, 2000, 289(5482): 1172 - 1175.

[51] Feng M, Gao L, Deng Z T, et al. Reversible, erasable, and rewritable nanorecording on an H_2

rotaxane thin film. Journal of the American Chemical Society, 2007, 129: 2204－2205.

[52] Feng M, Gao L, Du S X, et al. Observation of structural and conductance transition of rotaxane molecules at a submolecular scale. Advanced Functional Materials, 2007, 17: 770－776.

[53] Xie L H, Ling Q D, Hou X Y, et al. An effective Friedel-Crafts postfunctionization of poly (*N*-vinylcarbazole) to tune carrier transportation of supramolecular organic semiconductors based on π－stacked polymers for nonvolatile flash memory cell. Journal of the American Chemical Society, 2008, 130: 2120－2121.

[54] Liu Y, Li N, Xia X, et al. WORM memory devices based on conformation change of a PVK derivative with a rigid spacer in side chain. Materials Chemistry & Physics, 2010, 123(2－3): 685－689.

[55] Gao H J, Sohlberg K, Xue Z Q, et al. Reversible, nanometer-scale conductance transitions in an organic complex. Physical Review Letters, 2000, 84: 1780－1783.

[56] Ling Q D, Song Y, Ding S J, et al. Non-volatile polymer memory device based on a novel copolymer of *N*-vinylcarbazole and Eu-complexed vinylbenzoate. Advanced Materials, 2005, 17: 455－459.

[57] Choi T L, Lee K H, Joo W J, et al. Synthesis and nonvolatile memory behavior of redox-active conjugated polymer-containing ferrocene. Journal of the American Chemical Society, 2007, 129(32): 9842－9843.

[58] Safoula G, Napo K, Bernede J C, et al. Electrical conductivity of halogen doped poly(*N*-vivylcarbazole) thin film. European Polymer Journal, 2001, 37: 843－849.

[59] Vandendriessche J, Palmans P, Toppet S, et al. Configurational and conformational aspects in the excimer formation of bis(carbazoles). Journal of the American Chemical Society, 1984, 106: 8057－8064.

[60] Zhu D B, Zhang B, Qin W. Organic conductor and superconductor//Zhu D B, Wang F S, ed. Organic Solid. Shanghai: Shanghai Science and Technology Press, 1999: 48－88.

[61] Cyr P W, Tzolov M, Manners I, et al. Photooxidation and photoconductivity of polyferrocenylsilane thin films. Macromolecular Chemistry and Physics, 2003, 204: 915－921.

[62] Rozenberg M J, Inoue I H, Sanchez M J, et al. Strong electron correlation effects in non-volatile electronic memory devices. Applied Physics Letter, 2006, 88:139－139.

[63] Adler D. Amorphous, Semiconductor . Cleveland: CRC Press, 1971: 641－650.

[64] Sze S M, Ng K K. Physics of semiconductor devices. 3rd Edition. Hoboken: Wiley-Interscience, 2007: 128－135.

[65] PoPe M, Swenberg C E. Electronic processes in organic crystals and polymers. New York: Oxford University Press, 1999: 451－459.

[66] Xia X H, Liu X M, Yi M D, et al. Enhancing nonvolatile write-once-read-many-times memory effects with SiO_2 nanoparticles sandwiched by poly (*N*-vinylcarbazole) layers. Journal of Physics D Applied Physics, 2012, 45(21): 81－88.

[67] Gao H J, Xue Z Q, Wang K Z, et al. Ionized-cluster-beam deposition and electrical bistability of C_{60}-tetracyanoquinodimethane thin films. Applied Physics Letters, 1996, 68: 2192－2194.

[68] Tseng R J, Huang J, Ouyang J Y, et al. Polyaniline nanofiber/gold nanoparticle nonvolatile memory. Nano Letters, 2005, 5: 1077－1080.

[69] Tseng R J, Ouyang J Y, Chu C W, et al. Nanoparticle-induced negative differential resistance and memory effect in polymer bistable light-emitting device. Applied Physics Letters, 2006, 88: 123 - 124.

[70] Tseng R J, Baker C O, Shedd B, et al. Charge transfer effect in the polyaniline-gold nanoparticle memory system. Applied Physics Letters, 2007, 90: 53 - 59.

[71] Prakash A, Ouyang J Y, Lin J L, et al. Polymer memory device based on conjugated polymer and gold nanoparticles. Journal of Applied Physics, 2006, 100: 409 - 411.

[72] Lin H T, Pei Z, Chan Y J. Carrier transport mechanism in a nanoparticle-incorporated organic bistable memory device. IEEE Electron Device Letters, 2007, 28: 569 - 571.

[73] Li F S, Kim T W, Dong W G, et al. Formation and electrical bistability properties of ZnO nanoparticles embedded in polyimide nanocomposites sandwiched between two C_{60} layers. Applied Physics Letters, 2008, 92: 91 - 96.

[74] Mohanta K, Majee S K, Batabyal S K, et al. Electrical bistability in electrostatic assemblies of CdSe nanoparticles. Journal of Physical Chemistry B, 2006, 110: 18231 - 18235.

[75] Jung J H, Kim J H, Kim T W, et al. Nonvolatile organic bistable devices fabricated utilizing Cu_2O nanocrystals embedded in a polyimide layer. Applied Physics Letters, 2006, 89: 110 - 121.

[76] Pradhan B, Batabyal S K, Pal A J. Electrical bistaility and memory phenomenon in carbon nanotube-conjugated polymer matrixes. Journal of Physical Chemistry B, 2006, 110: 8274 - 8277.

[77] Liu G, Ling Q D, Kang E T, et al. Bistable electrical switching and write-once read-many-times memory effect in a donor-acceptor containing polyfluorene derivative and its carbon nanotube composites. Journal of Applied Physics, 2007, 102: 204 - 210.

[78] Majumdar H S, Baral J K, Österbacka R, et al. Fullerene-based bistable devices and associated negative differential resistance effect. Organic Electronics, 2005, 6: 188 - 192.

[79] Chu C W, Ouyang J Y, Tseng J H, et al. Organic donor-acceptor system exhibiting electrical bistability for use in memory devices. Advanced Materials, 2005, 17: 1440 - 1443.

[80] Ling Q D, Lim S L, Song Y, et al. Nonvolatile polymer memory device based on bistable electrical switching in a thin film of poly (*N*-vinylcarbazole) with covalently bonded C_{60}. Langmuir, 2007, 23: 312 - 319.

[81] Liu Y L, Wang K L, Huang G S, et al. Volatile electrical switching and static random access memory effect in a functional polyimide containing oxadiazole moieties. Chemistry of Materials, 2009, 21: 33 - 39.

[82] Wang K L, Liu Y L, Shih I H, et al. Synthesis of polyimides containing triphenylamine-substituted triazole moieties for polymer memory applications. Journal of Polymer Science Part A: Polymer Chemistry, 2010, 48(24): 5790 - 5800.

[83] Wang K L, Liu Y L, Lee J W, et al. Nonvolatile electrical switching and write-once read-many-times memory effects in functional polyimides containing triphenylamine and 1, 3, 4-oxadiazole moieties. Macromolecules, 2010, 43(17): 7159 - 7164.

[84] Hahm S G, Choi S, Hong S H, et al. Electrically bistable nonvolatile switching devices fabricated with a high performance polyimide bearing diphenylcarbamyl moieties. Journal of Materials Chemistry, 2009, 19(15): 22 - 27.

[85] Kim K, Park S, Hahm S G, et al. Nonvolatile unipolar and bipolar bistable memory characteristics of a high temperature polyimide bearing diphenylaminobenzylidenylimine moieties. The Journal of Physical Chemistry B, 2009, 113(27): 9143 - 9150.

[86] Kim D M, Park S, Lee T J, et al. Programmable permanent data storage characteristics of nanoscale thin films of a thermally stable aromatic polyimide. Langmuir, 2009, 25(19): 11713 - 11719.

[87] Lee T J, Chang C W, Hahm S G, et al. Programmable digital memory devices based on nanoscale thin films of a thermally dimensionally stable polyimide. Nanotechnology, 2009, 20(13): 135 - 141.

[88] Hahm S G, Choi S, Hong S H. Novel rewritable, non-volatile memory devices based on thermally and dimensionally stable polyimide thin films. Advanced Functional Materials, 2008, 18(20): 3276 - 3282.

[89] Kim M J, Choi S, Ree M, et al. Current-dependent switching characteristics of pi-diphenyl carbamyl films. IEEE Electron Devices Letters, 2007, 28: 967 - 971.

[90] You N H, Chueh C C, Liu C L, et al. Synthesis and memory device characteristics of new sulfur donor containing polyimides, Macromolecules, 2009, 42: 4456 - 4460.

[91] Kuorosawa T, Chueh C C, Liu C L, et al. High performance volatile polymeric memory devices based on novel triphenylamine-based polyimides containing mono- or dual-mediated phenoxy linkages. Macromolecules, 2010, 43: 1236 - 1239.

[92] Li L, Ling Q D, Lim S L, et al. A flexible polymer memory device. Organic Electronics, 2007, 8: 401 - 404.

[93] Song Y, Tan Y P, Teo E Y H, et al. Synthesis and memory properties of a conjugated copolymer of fluorine and benzoate with chelated europium complex. Journal of Applied Physics, 2006, 100: 845 - 849

[94] Song Y, Ling Q D, Zhu C, et al. Memory performance of a thin-film device based on a conjugated copolymer containing fluorene and chelated europium complex. IEEE Electron Devices Letters, 2006, 27: 154 - 156.

[95] Ling Q D, Song Y, Teo E Y H, et al. WORM-type memory device based on a conjugated copolymer containing europium complex in the main chain. Electrochemical & Solid State Letters, 2006, 9(8): 268 - 271.

[96] Ling Q D, Song Y, Lim S L, et al. A Dynamic Random Access Memory Based on a Conjugated Copolymer Containing Electron-Donor and-Acceptor Moieties. Angewandte Chemie, 2006, 118(18): 3013 - 3017.

[97] Arias A C, Huemmelgen I A, Meneguzzi A, et al. A conjugated polymer-based voltage-regulator device. Advanced Materials, 1997, 9: 972 - 975.

[98] Basso M A. Chemical synthesis and characterization of poly(1, 5 - diaminonaftaleno), MSc thesis. Curitiba: Universidade Federal do Parana, 2001, 159: 88 - 89.

[99] Wang K L, Tseng T Y, Tsai H L, et al. Resistive switching polymer materials based on poly(aryl ether)s containing triphenylamine and 1, 2, 4 - triazole moieties. Journal of Polymer Science Part A: Polymer Chemistry, 2008, 46(20): 6861 - 6871.

[100] Lim S L, Ling Q D, Teo E Y H, et al. Conformation-induced electrical bistability in non-conjugated polymers with pendant carbazole moieties. Chemistry of Materials, 2007, 19(21):

5148 - 5157.

[101] Lim S L, Li N J, Lu J M, et al. Conductivity Switching and Electronic Memory Effect in Polymers with Pendant Azobenzene Chromophores. ACS Applied Materials & Interfaces, 2009, 1(1): 60 - 71.

[102] Ling Q D, Kang E T, Neoh K G, et al. Thermally stable polymer memory devices based on a π-conjugated triad. Applied Physics Letters, 2008, 92(14): 143302.

[103] Lee T J, Park S, Hahm S G, et al. Programmable digital memory characteristics of nanoscale thin films of a fully conjugated polymer. Journal of Physical Chemistry C, 2009, 113(9): 3855 - 3861.

[104] Ling Q D, Lim S L, Song Y, et al. Nonvolatile polymer memory device based on bistable electrical switching in a thin film of poly (*N*-vinylcarbazole) with covalently bonded C_{60}. Langmuir the ACS Journal of Surfaces & Colloids, 2007, 23(1): 312 - 319.

[105] Ling Q D, Wang W, Song Y, et al. Bistable electrical switching and memory effects in a thin film of copolymer containing electron donor-acceptor moieties and europium complexes. Journal of Physical Chemistry B, 2006: 23995 - 24001.

[106] Ling Q D, Song Y, Teo E Y H, et al. WORM-type memory device based on a conjugated copolymer containing europium complex in the main chain. Electrochemical & Solid State Letters, 2006, 9(8): 268 - 271.

[107] Song Y, Ling Q D, Zhu C, et al. Memory performance of a thin-film device based on a conjugated copolymer containing fluorene and chelated europium complex. IEEE Electron Device Letters, 2006, 27(3): 154 - 156.

[108] Choi T L, Lee K H, Joo W J, et al. Synthesis and nonvolatile memory behavior of redox-active conjugated polymer-containing ferrocene. Journal of the American Chemical Society, 2007, 129(32): 9842 - 9843.

[109] Li L, Ling Q D, Lim S L, et al. A flexible polymer memory device. Organic Electronics, 2007, 8(4): 401 - 406.

[110] Li H, Xu Q F, Li N J, et al. A small-molecule-based ternary data-storage device. Journal of the American Chemical Society, 2010, 132(16): 5542 - 5543.

[111] Lee W Y, Kurosawa T, Lin S T, et al. New donor-acceptor oligoimides for high-performance nonvolatile memory devices. Chemistry of Materials, 2011, 23(20): 4487 - 4490.

[112] Choi S, Hong S H, Cho S H, et al. High-performance programmable memory devices based on hyperbranched copper phthalocyanine polymer thin films. Advanced Materials, 2008, 20(9): 1766 - 1771.

[113] Dreyer D R, Park S, Bielawski C W, et al. The chemistry of graphene oxide. Chemical Society Reviews, 2010, 39(1), 228 - 240.

[114] Park S, Ruoff R S. Chemical methods for the production of graphenes. Nature Nanotechnology, 2009, 4(4): 217 - 224.

[115] Zhuang X D, Chen Y, Liu G, et al. Conjugated-polymer-functionalized graphene oxide: synthesis and nonvolatile rewritable memory effect. Advanced Materials, 2010, 22(15): 1731 - 1735.

[116] Li G L, Liu G, Li M, et al. Organ and water-dispersible graphene oxide-polymer nanosheets for organic electronic memory and gold nanocomposites. Journal of Physical Chemistry C,

2010, 114(29): 12742 - 12748.

[117] Wu C, Li F, Guo T, et al. Controlling memory effects of three-layer structured hybrid bistable devices based on graphene sheets sandwiched between two laminated polymer layers. Organic Electronics, 2012, 13(1): 178 - 183.

[118] Zhang Q, Pan J, Yi X, et al. Nonvolatile memory devices based on electrical conductance tuning in poly(*N*-vinylcarbazole)-graphene composites. Organic Electronics, 2012, 13(8): 1289 - 1295.

[119] Yu A D, Liu C L, Chen W C, et al. Supramolecular block copolymers: graphene oxide composites for memory device applications. Chemical Communicalkms, 2012, 48(3): 383 - 385.

[120] Son D I, Kim T W, Shim J H, et al. Flexible organic bistable devices based on graphene embedded in an insulating poly(methyl methacrylate) polymer layer. Nano Letters, 2010, 10(7): 2441 - 2447.

[121] Ji Y S, Cho B J, Song S H, et al. Stable switching characteristics of organic nonvolatile memory on a bent flexible substrate. Advanced Materials, 2010, 22: 3071 - 3075.

[122] Kondo T, Lee S M, Malicki M, et al. A nonvolatile organic memory device using ito surfaces modified by Ag-nanodots. Advanced Functional Materials, 2008, 18: 1112 - 1118.

[123] Liu J Q, Lin Z Q, Liu T J, et al. Multilayer stacked low-temperature-reduced graphene oxide films: preparation, characterization, and application in polymer memory devices. Small, 2010, 6: 1536 - 1542.

[124] Liu J Q, Yin Z Y, Cao X H, et al. Bulk heterojunction polymer memory devices with reduced graphene oxide as electrodes. ACS Nano, 2010, 4: 3987 - 3992.

[125] Kuang Y B, Huang R, Tang Y, et al. Flexible single-component-polymer resistive memory for ultrafast and highly compatible nonvolatile memory applications. IEEE Electron Device Letters, 2010, 31: 758 - 760.

[126] Jeong H Y, Kim J Y, Kim J W, et al. Graphene oxide thin films for flexible nonvolatile memory applications. Nano Letters, 2010, 10: 4381 - 4386.

[127] Liu S J, Lin Z H, Zhao Q, et al. Flash-memory effect for polyfluorenes with on-chain iridium (Ⅲ) complexes. Advanced Functional Materials, 2015, 21: 979 - 985.

[128] Zhuang X D, Chen Y, Li B X, et al. Polyfluorene-based push-pull type functional materials for write-once-read-many-times memory devices. Chemistry of Materials, 2010, 22: 4455 - 4461.

[129] Novoselov K S, Geim A K, Morozov S V, et al. Electric field effect in atomically thin carbon films. Science, 2007, 306: 666 - 669.

[130] Zhuang X D, Chen Y, Liu G, et al. Conjugated-polymer-functionalized graphene oxide: synthesis and nonvolatile rewritable memory effect. Advanced Materials, 2010, 22(15): 1731 - 1735.

[131] Liu J Q, Yin Z Y, Cao X H, et al. Fabrication of flexible, all-reduced graphene oxide non-volatile memory devices. Advanced Materials, 2013, 25(2): 233 - 238.

[132] Talukdar S, Nguyen Q T, Chen A C, et al. Effect of initial cell seeding density on 3D-engineered silk fibroin scaffolds for articular cartilage tissue engineering. Biomaterial, 2011, 32(34): 8927 - 8937.

[133] Bhardwaj N, Nguyen Q T, Chen A C, et al. Potential of 3 – D tissue constructs engineered from bovine chondrocytes /silk fibroin-chitosan for *in vitro* cartilage tissue engineering. Biomaterials, 2011, 32(25): 5773 – 5781.

[134] Hung Y C, Hsu W T, Lin T Y, et al. Photoinduced write-once read-many-times memory device based on DNA biopolymer. Applied Physics Letters, 2011, 99(25): 253 – 254.

[135] Xu D, Watt G D, Harb J N, et al. Electrical conductivity of ferritin proteins by conductive AFM. Nano Letters, 2005, 5: 571 – 577.

[136] Ko Y, Kim Y, Hyunhee B, et al. Electrically bistable properties of layer-by-layer assembled multilayers based on protein nanoparticles. ACS Nano, 2011, 5(12): 9918 – 9926.

[137] Jiang C Y, Wang X Y, Gunawidjaja R, et al. Mechanical properties of robust ultrathin silk fibroin films. Advanced Functional Materials, 2007, 17(13): 2229 – 2237.

[138] Rockwood D N, Preda R C, Yücel Tuna, et al. Materials fabrication from *Bombyx mori* silk fibroin. Nature Protocols, 2011, 6(10): 1612 – 1631.

[139] Hota M K, Bera M K, Kundu B, et al. A natural silk fibroin protein-based transparent biomemristor. Advanced Functional Materials, 2012, 22(21): 4493 – 4499.

[140] Gogurla N, Mondal S P, Sinha A K, et al. Transparent and flexible resistive switching memory devices with a very high ON/OFF ratio using gold nanoparticles embedded in a silk protein matrix. Nanotechnology, 2013, 24(34): 345202.

[141] Bera S, Mondal S P, Naskar D, et al. Flexible and transparent nanocrystal floating gate memory devices using silk protein. Organic Electronics, 2014, 15(8): 1767 – 1772.

[142] Tseng R J, Tsai C, Ma L P, et al. Digital memory device based on tobacco mosaic virus conjugated with nanoparticles. Nature Nanotechnology, 2006, 1(1): 72 – 77.

[143] Portney N G, Martinez-Morales A A, Ozkan M. Nanoscale memory characterization of virus-templated semiconducting quantum dots. ACS Nano, 2008, 2(2): 191 – 196.

[144] Jung S M, Kim H J, Kim B J, et al. Electrical charging of Au nanoparticles embedded by streptavidin-biotin biomolecular binding in organic memory device. Applied Physics Letters, 2010, 97(15): 153302.

[145] Oh S, Kim M, Kim Y, et al. Organic memory device with self-assembly monolayered aptamer conjugated nanoparticles. Applied Physics Letters, 2013, 103(8): 083702. 1 – 083702. 5.

[146] Asadi K, Blom P W M, Leeuw D M D. The MEMOLED: active addressing with passive Driving. Advanced Materials, 2011, 23(7): 865 – 868.

[147] Ma L P, Liu J, Pyo S, et al. Organic bistable light-emitting devices. Applied Physics Letters, 2002, 80(3): 362 – 364.

[148] Tseng R J, Ouyang J, Chu C W, et al. Nanoparticle-induced negative differential resistance and memory effect in polymer bistable light-emitting device. Applied Physics Letters, 2006, 88(12): 123506. 1 – 123506. 3.

[149] Jeon S O, Yook K S, Lee J Y. Bistability and improved hole injection in organic bistable light-emitting diodes using a quantum dot embedded hole transport layer. Synthetic Metals, 2010, 160(11 – 12): 1216 – 1218.

[150] Kim S H, Yook K S, Lee J Y, et al. Organic light emitting bistable memory device with high ON/OFF ratio and low driving voltage. Applied Physics Letters, 2008, 93(5): 238 – 240.

[151] Onlaor K, Tunhoo B, Thiwawong T, et al. Electrical bistability of tris-(8-hydroxyquinoline) aluminum (Alq_3)/ZnSe organic-inorganic bistable device. Current Applied Physics, 2012, 12(1): 331-336.

[152] Mamo M A, Machado W S, van Otterlo W A L, et al. Simple write-once-read-many-times memory device based on a carbon sphere-poly(vinylphenol) composite. Organic Electronics, 2010, 11(11): 1858-1863.

[153] Dong Ick S, Dong Hee P, Won Kook C, et al. Carrier transport in flexible organic bistable devices of ZnO nanoparticles embedded in an insulating poly(methyl methacrylate) polymer layer. Nanotechnology, 2009, 20(19): 195203.

[154] Kondo T, Lee S M, Malicki M, et al. A nonvolatile organic memory device using ITO surfaces modified by Ag-nanodots. Advanced Functional Materials, 2008, 18(7): 1112-1118.

[155] Laiho A, Majumdar H S, Baral J K, et al. Tuning the electrical switching of polymer/fullerene nanocomposite thin film devices by control of morphology. Applied Physics Letters, 2008, 93(20): 2264-2269.

[156] Xu X, Register R A, Forrest S R. Mechanisms for current-induced conductivity changes in a conducting polymer. Applied Physics Letters, 2006, 89(14): 89-91.

[157] Lee H J, Lee J, Park S M. Electrochemistry of conductive polymers. Nanoscale Conductivity of PEDOT and PEDOT: PSS Composite Films Studied by Current-Sensing AFM. The Journal of Physical Chemistry B, 2010, 114(8): 2660-2666.

[158] Bo J, Wu ZX, Hua D, et al. A tris (8-hydroxyquinoline) aluminum-based organic bistable device using ITO surfaces modified by Ag nanoparticles. Journal of Physics D: Applied Physics, 2013, 46(44): 4451-4452.

[159] Park J G, Nam W S, Seo S H, et al. Multilevel nonvolatile small-molecule memory cell embedded with Ni nanocrystals surrounded by a NiO tunneling barrier. Nano Letters, 2009, 9(4): 1713-1719.

[160] Paul S, Kanwal A, Chhowalla M. Memory effect in thin films of insulating polymer and C_{60} nanocomposites. Nanotechnology, 2006, 17(1): 145-148.

[161] Majumdar H S, Baral J K, Österbacka R, et al. Fullerene-based bistable devices and associated negative differential resistance effect. Organic Electronics, 2005, 6(4): 188-192.

[162] Prakash A, Ouyang J, Lin J L, et al. Polymer memory device based on conjugated polymer and gold nanoparticles. Journal of Applied Physics, 2006, 100(5): 515-519.

[163] Ma L P, Liu J, Yang Y. Organic electrical bistable devices and rewritable memory cells. Applied Physics Letters, 2002, 80(16): 2997-2999.

[164] Yook K S, Jeon S O, Joo C W, et al. Organic bistable memory device using MoO_3 nanocrystal as a charge trapping center. Organic Electronics, 2009, 10(1): 48-52.

[165] Forrest S R. The path to ubiquitous and low-cost organic electronic appliances on plastic. Nature, 2004, 428(6986): 911-918.

[166] Chun F, Xiao Y Q, Qu L F, et al. A facile route to semiconductor nanocrystal-semiconducting polymer complex using amine-functionalized rod-coil triblock copolymer as multidentate ligand. Nanotechnology, 2007, 18(3): 35-37.

[167] Sun H, Zhang J, Zhang H, et al. Pure white-light emission of nanocrystal-polymer composites. Chem Phys Chem, 2006, 7(12): 2492 - 2496.

[168] Sun H, Zhang J, Zhang H, et al. Preparation of carbazole-containing amphiphilic copolymers: an efficient method for the incorporation of functional nanocrystals. Macromolecular Materials and Engineering, 2006, 291(8): 929 - 936.

[169] Jung S M, Kim H J, Kim B J, et al. Electrical charging of Au nanoparticles embedded by streptavidin-biotin biomolecular binding in organic memory device. Applied Physics Letters, 2010, 97(15): 794 - 796.

[170] Oh S, Kim M, Kim Y, et al. Organic memory device with self-assembly monolayered aptamer conjugated nanoparticles. Applied Physics Letters, 2013, 103(8): 9559 - 9560.

[171] Wang H P, Pigeon S, Izquierdo R, et al. Electrical bistability by self-assembled gold nanoparticles in organic diodes. Applied Physics Letters, 2006, 89(18): 5654 - 5656.

[172] Tseng R J, Baker C O, Shedd B, et al. Charge transfer effect in the polyaniline-gold nanoparticle memory system. Applied Physics Letters, 2007, 90(5): 114 - 1115.

[173] Leong W L, Lee P S, Lohani A, et al. Non-volatile organic memory applications enabled by in situ synthesis of gold nanoparticles in a self-assembled block copolymer. Advanced Materials, 2008, 20(12): 2325 - 2331.

[174] Ouyang J, Chu C W, Szmanda C R, et al. Programmable polymer thin film and non-volatile memory device. Nature materials, 2004, 3(12): 918 - 922.

[175] Cui P, Seo S, Lee J, et al. Nonvolatile memory device using gold nanoparticles covalently bound to reduced graphene oxide. ACS Nano, 2011, 5(9): 6826 - 6833.

[176] Ouyang J. Temperature-sensitive asymmetrical bipolar resistive switches of polymer: nanoparticle memory devices. Organic Electronics, 2014, 15(9): 1913 - 1922.

[177] Kiesow A, Morris J E, Radehaus C, et al. Switching behavior of plasma polymer films containing silver nanoparticles. Journal of Applied Physics, 2003, 94(10): 6988 - 6990.

[178] Reddy V S, Karak S, Ray S K, et al. Carrier transport mechanism in aluminum nanoparticle embedded Alq_3 structures for organic bistable memory devices. Organic Electronics, 2009, 10(1): 138 - 144.

[179] Tseng R J, Tsai C, Ma L, et al. Digital memory device based on tobacco mosaic virus conjugated with nanoparticles. Nat. Nano., 2006, 1(1): 72 - 77.

[180] Narendar G, Suvra P M, Arun K S, et al. Transparent and flexible resistive switching memory devices with a very high ON/OFF ratio using gold nanoparticles embedded in a silk protein matrix. Nanotechnology, 2013, 24(34): 202 - 209.

[181] Lee J, Kim H Y, Zhou H, et al. Green synthesis of phytochemical-stabilized Au nanoparticles under ambient conditions and their biocompatibility and antioxidative activity. Journal of Materials Chemistry, 2011, 21(35): 13316 - 13326.

[182] Naz S, Islam N, Shah M, et al. Enhanced biocidal activity of Au nanoparticles synthesized in one pot using 2, 4-dihydroxybenzene carbodithioic acid as a reducing and stabilizing agent. J. Nanobiotechnol., 2013, 11: 1 - 9.

[183] Lai P Y, Chen J S. Electrical bistability and charge transport behavior in Au nanoparticle/poly (*N*-vinylcarbazole) hybrid memory devices. Applied Physics Letters, 2008, 93(15): 565 - 569.

[184] Bozano L D, Kean B W, Beinhoff M, et al. Organic materials and thin-film structures for cross-point memory cells based on trapping in metallic nanoparticles. Advanced Functional Materials, 2005, 15(12): 1933 – 1939.

[185] Liu Z, Lee C, Narayanan V, et al. Metal nanocrystal memories: part II – electrical characteristics. Electron Devices, IEEE Transactions on, 2002, 49: 1614 – 1622.

[186] Soong Sin J, Jungkil K, Soo Seok K, et al. Graphene-quantum-dot nonvolatile charge-trap flash memories. Nanotechnology, 2014, 25(25): 255 – 256.

[187] Yun D Y, Kwak J K, Jung J H, et al. Electrical bistabilities and carrier transport mechanisms of write-once-read-many-times memory devices fabricated utilizing ZnO nanoparticles embedded in a polystyrene layer. Applied Physics Letters, 2009, 95(14): 1521 – 1522.

[188] Son D I, You C H, Kim W T, et al. Electrical bistabilities and memory mechanisms of organic bistable devices based on colloidal ZnO quantum dot-polymethylmethacrylate polymer nanocomposites. Applied Physics Letters, 2009, 94(13): 132103.

[189] Dong I S, Ji H K, Dong H P, et al. Nonvolatile flexible organic bistable devices fabricated utilizing CdSe/ZnS nanoparticles embedded in a conducting poly *N*-vinylcarbazole polymer layer. Nanotechnology, 2008, 19(5): 55 – 59.

[190] Chen A. Switching control of resistive switching devices. Applied Physics Letters, 2010, 97(26): 263505.

[191] Jun J, Cho K, Yun J, et al. Switching memory cells constructed on plastic substrates with silver selenide nanoparticles. Journal of Materials Science, 2011, 46(21): 6767 – 6771.

[192] Xia X H, Liu X M, Yi M D, et al. Enhancing nonvolatile write-once-read-many-times memory effects with SiO_2 nanoparticles sandwiched by poly(*N*-vinylcarbazole) layers. Journal of Physics D: Applied Physics, 2012, 45(21): 215 – 217.

[193] Meyer J, Khalandovsky R, Görrn P, et al. MoO_3 films spin-coated from a nanoparticle suspension for efficient hole injection in organic electronics. Advanced Materials, 2011, 23(1): 70 – 73.

[194] Li F S, Son D I, Seo S M, et al. Organic bistable devices based on core/shell CdSe/ZnS nanoparticles embedded in a conducting poly (*N*-vinylcarbazole) polymer layer. Applied Physics Letters, 2007, 91(12): 489 – 490.

[195] Yun D Y, Jung J H, Lee D U, et al. Effects of CdSe shell layer on the electrical properties of nonvolatile memory devices fabricated utilizing core-shell CdTe-CdSe nanoparticles embedded in a poly(9 – vinylcarbazole) layer. Applied Physics Letters, 2010, 96(12): 797 – 799.

[196] Lin C W, Pan T S, Chen M C, et al. Organic bistable memory based on Au nanoparticle/ZnO nanorods composite embedded in poly (vinylpyrrolidone) layer. Applied Physics Letters, 2011, 99(2): 156 – 158.

[197] Hong J Y, Jeon S O, Jang J, et al. A facile route for the preparation of organic bistable memory devices based on size-controlled conducting polypyrrole nanoparticles. Organic Electronics, 2013, 14(3): 979 – 983.

[198] Salaoru I, Paul S. Memory devices based on small organic molecules donor-acceptor system. Thin Solid Films, 2010, 519(2): 559 – 562.

[199] Yang Y, Ouyang J, Ma L, et al. Electrical switching and bistability in organic/polymeric thin films and memory devices. Advanced Functional Materials, 2006, 16(8): 1001 – 1014.

[200] Paul S. Realization of nonvolatile memory devices using small organic molecules and polymer. Nanotechnology, IEEE Transactions on, 2007, 6(2): 191 - 195.

[201] Lee M H, Jung J H, Shim J H, et al. Electrical bistabilities and stabilities of organic bistable devices fabricated utilizing [6, 6]-phenyl-C_{85} butyric acid methyl ester blended into a polymethyl methacrylate layer. Organic Electronics, 2011, 12(8): 1341 - 1345.

[202] Song S, Jang J, Ji Y, et al. Twistable nonvolatile organic resistive memory devices. Organic Electronics, 2013, 14(8): 2087 - 2092.

[203] Liu G, Ling Q D, Teo E Y H, et al. Electrical conductance tuning and bistable switching in poly (*N*-vinylcarbazole)-carbon nanotube composite films. ACS Nano, 2009, 3 (7): 1929 - 1937.

[204] Bera S, Mondal S P, Naskar D, et al. Flexible and transparent nanocrystal floating gate memory devices using silk protein. Organic Electronics, 2014, 15(8): 1767 - 1772.

[205] Liu G, Zhuang X, Chen Y, et al. Bistable electrical switching and electronic memory effect in a solution-processable graphene oxide-donor polymer complex. Applied Physics Letters, 2009, 95(25): 7897 - 7899.

[206] Son D I, Kim T W, Shim J H, et al. Flexible organic bistable devices based on graphene embedded in an insulating poly(methyl methacrylate) polymer layer. Nano Letters, 2010, 10(7): 2441 - 2447.

[207] Kou L, Li F, Chen W, et al. Synthesis of blue light-emitting graphene quantum dots and their application in flexible nonvolatile memory. Organic Electronics, 2013, 14(6): 1447 - 1451.

[208] Yang R, Zhu C, Meng J, et al. Isolated nanographene crystals for nano-floating gate in charge trapping memory. Scientific Reports, 2013, 3(3): 2126.

[209] Reddy V S, Karak S, Dhar A. Multilevel conductance switching in organic memory devices based on Alq_3 and Al/Al_2O_3 core-shell nanoparticles. Applied Physics Letters, 2009, 94: 948 - 949.

[210] Tseng R J, Huang J, Ouyang J, et al. Polyaniline nanofiber/gold nanoparticle nonvolatile memory. Nano Letters, 2005, 5: 1077 - 1080.

[211] Son D I, Park D H, Kim J B, et al. Bistable organic memory device with gold nanoparticles embedded in a conducting poly(*N*-vinylcarbazole) colloids hybrid. The Journal of Physical Chemistry C, 2010, 115(5): 2341 - 2348.

[212] Onlaor K, Thiwawong T, Tunhoo B. Electrical switching and conduction mechanisms of nonvolatile write-once-read-many-times memory devices with ZnO nanoparticles embedded in polyvinylpyrrolidone. Organic Electronics, 2014, 15(6): 1254 - 1262.

[213] Lin H T, Pei Z W, Chen G W, et al. A new nonvolatile bistable polymer-nanoparticle memory device. Electron Device Letters, IEEE, 2007, 28(11): 951 - 953.

[214] Ouyang J, Chu C W, Sieves D, et al. Electric-field-induced charge transfer between gold nanoparticle and capping 2 - naphthalenethiol and organic memory cells. Applied Physics Letters, 2005, 86(12): 48 - 49.

[215] Ouyang J, Chu C W, Tseng R J H, et al. Organic memory device fabricated through solution processing. Proceedings of the IEEE, 2005, 93(7): 1287 - 1296.

[216] Ouyang J. Polymer: nanoparticle memory devices with electrode-sensitive bipolar resistive switches by exploring the electrical contact between a bulk metal and metal nanoparticles.

Organic Electronics, 2013, 14(2): 665 - 675.

[217] Ouyang J. Materials effects on the electrode-sensitive bipolar resistive switches of polymer: gold nanoparticle memory devices. Organic Electronics, 2013, 14(6): 1458 - 1466.

[218] Portney N G, Martinez-Morales A A, Ozkan M. Nanoscale memory characterization of virus-templated semiconducting quantum dots. ACS Nano, 2008, 2(2): 191 - 196.

[219] Hota M K, Bera M K, Kundu B, et al. A natural silk fibroin protein-based transparent bio-memristor. Advanced Functional Materials, 2012, 22(21): 4493 - 4499.

[220] Jubong P, Minseok J, Joonmyoung L, et al. Improved switching uniformity and speed in filament-type RRAM using lightning rod effect. IEEE Electron Device Letters, 2011, 32(1): 63 - 65.

[221] Kwon D H, Kim K M, Jang J H, et al. Atomic structure of conducting nanofilaments in TiO_2 resistive switching memory. Nat Nano, 2010, 5(2): 148 - 153.

[222] Liu S J, Lin Z H, Zhao Q, et al. Flash-memory effect for polyfluorenes with on-chain iridium (Ⅲ) complexes. Advanced Functional Materials, 2011, 21(5): 979 - 985.

[223] Majee S K, Majumdar H S, Bolognesi A, et al. Electrical bistability and memory applications of poly(p-phenylenevinylene) films. Synthetic Metals, 2006, 156: 828 - 832.

[224] Ling Q, Song Y, Ding S J, et al. Non-volatile polymer memory device based on a novel copolymer of *N*-vinylcarbazole and Eu-complexed vinylbenzoate. Advanced Materials, 2005, 17(4): 455 - 459.

[225] You Y T, Wang M L, Xu X, et al. Conductance-dependent negative differential resistance in organic memory devices. Applied Physics Letters, 2010, 97(23): 4894 - 4899.

[226] Yi M D, Zhao L T, Fan Q L, et al. Electrical characteristics and carrier transport mechanisms of write-once-read-many-times memory elements based on graphene oxide diodes. Journal of Applied Physics, 2011, 110(6): 15151 - 15159.

[227] Sivaramakrishnan S, Chia P J, Yeo Y C, et al. Controlled insulator-to-metal transformation in printable polymer composites with nanometal clusters. Nature Materials, 2007, 6(2): 149 - 155.

[228] Choi B J, Jeong D S, Kim S K, et al. Resistive switching mechanism of TiO_2 thin films grown by atomic-layer deposition. Journal of Applied Physics, 2005, 98(3): 7489 - 7492.

[229] Kwan W L, Lei B, Shao Y, et al. Direct observation of localized conduction pathways in photocross-linkable polymer memory. Journal of Applied Physics, 2009, 105(12): 124516 - 124521.

[230] Huang H H, Shih W C, Lai C H. Nonpolar resistive switching in the Pt/MgO/Pt nonvolatile memory device. Applied Physics Letters, 2010, 96(19): 9959 - 9962.

[231] Lin H T, Lin C Y, Pei Z, et al. Investigating carrier transport paths in organic nonvolatile bistable memory by optical beam induced resistance change. Organic Electronics, 2011, 12(10): 1632 - 1637.

[232] Potember R S, Poehler T O, Cowan D O. Electrical switching and memory phenomena in CuTCNQ thin films. Applied Physics Letters, 1979, 34(6): 405 - 407.

[233] Oyamada T, Tanaka H, Matsushige K, et al. Switching effect in Cu: TCNQ charge transfer-complex thin films by vacuum codeposition. Applied Physics Letters, 2003, 83(6): 1252 - 1254.

[234] Simmons J G, Verderber R R. New conduction and reversible memory phenomena in thin insulating films. Proceedings of the Royal Society of London. Series A. Mathematical and Physical Sciences, 1967, 301(1464): 77-102.

[235] Balzani V, Credi A, Venturi M. 分子器件与分子机器：通向纳米世界的捷径.田禾,王利民,译.北京：化学工业出版社, 2005.

[236] Pease A R, Jeppesen J O. Switching devices based on inte rlocked molecules . Accounts of Chemical Research, 2001, 34(6): 433-436.

[237] Buchecker D C, Molero M C J, Sartor V, et al. Rotaxanes and catenanes as pro to types of molecular machines and motors. Pure and Applied Chemistry, 2003, 75(10): 1383-1388.

[238] S Saha, Leung K C F, Nguyen T D, et al. Cover picture: nanovalves. Advanced Functional Materials, 2007, 17: 685-688.

[239] Binnig G, Rohrer H, Gerber C, et al. Surface studies by scanning tunneling microscopy. Physical Review Letters, 1982, 49(1): 57-61.

[240] 李群祥, 任浩, 杨金龙, 等. 单分子物理与化学的新进展. 物理学进展, 2007, 27: 201-224.

[241] 陈灏. 分子电子学器件研究进展一瞥. 物理, 2007, 36: 910-918.

[242] Song H, Reed M A, Lee T S. Single Molecule electronic devices. Advanced Materials, 2011, 23(14): 1583-1608.

[243] Del V M, Gutiérrez, Rafael, et al. Tuning the conductance of a molecular switch. Nature Nanotechnology, 2007, 2(3): 176-179.

[244] Mativetsky J M, Pace G, Elbing M, et al. Azobenzenes as light-controlled molecular electronic switches in nanoscale metal molecule metal junctions. Journal of the American Chemical Society, 2008, 130(29): 9192-9193.

[245] 白春礼. 纳米科技及其发展前景. 科学通报, 2001, 46(2): 89-95.

[246] 吴惠萌, 宋延林, 赵彤, 等. 超高密度信息存储材料及技术研究进展. 自然科学进展, 2002, 12: 1246-1249.

[247] George Marsh. Data storage gets to the point. Materials Today, 2003, 74: 541-550

[248] Service R F. Next-generation technology hits an early midlilfe crisis. Science, 2003, 302: 556-559.

[249] Comano R. Trends in nanoelectronics. Nanotechnology, 2001, 12: 85-88.

[250] Jung Y, Lee S H, Jennings A T, et al. Core-shell heterostructured phase change nanowire multistate memory, Nano Letters, 2008, 8: 2056-2057.

[251] Li H, Xu Q, Li N, et al. A small-molecule-based ternary data-storage device. Journal of the American Chemical Society, 2010, 132(16): 5542-5543.

[252] Miao S F, Li H, Xu Q F, et al. Tailoring of molecular planarity to reduce charge injection barrier for high-performance small-molecule-based ternary memory device with low threshold voltage. Advanced Materials, 2012, 24(46): 6210-6211.

[253] Miao S F, Li H, Xu Q F, et al. Molecular length adjustment for organic azo-based nonvolatile ternary memory devices. Journal of Materials Chemistry, 2012, 22: 16582-16583.

[254] Miao S F, Zhu Y X, Zhuang H, et al. Adjustment of charge trap number and depth in molecular backbone to achieve tunable multilevel data storage performance. Journal of Materials Chemistry C, 2013, 1: 2320-2322.

[255] Gu P Y, Zhou F, Gao J, et al. Synthesis, characterization, and nonvolatile ternary memory behavior of a larger heteroacene with nine linearly fused rings and two different heteroatoms. Journal of the American Chemical Society, 2013, 135(38): 14086 - 14089.

[256] Su Z, Zhuang H, Liu H, et al. Benzothiazole derivatives containing different electron acceptors exhibiting totally different data-storage performances. Journal of Materials Chemistry C, 2014, 2(28): 5673 - 5675.

[257] Park J G, Nam W S, Seo S H, et al. Multilevel nonvolatile small-molecule memory cell embedded with Ni nanocrystals surrounded by a NiO tunneling barrier. Nano Letters, 2009, 9(4): 1713 - 1719.

[258] Wu C, Li F, Guo T. Efficient tristable resistive memory based on single layer graphene/insulating polymer multistacking layer. Applied Physics Letters, 2014, 104(18): 183105. 1 - 183105. 5.

[259] Lee J S, Kim Y M, Kwon J H, et al. Multilevel data storage memory devices based on the controlled capacitive coupling of trapped electrons. Advanced Materials, 2011, 23(18): 2064 - 2068.

[260] Lee T, Kim S U, Min J, et al. Multilevel biomemory device consisting of recombinant Azurin/Cytochromec. Advanced Materials, 2010, 22(4): 510 - 514.

[261] Sima O C, Mas-Torrent M, Casado-Montenegro J, et al. A three-state surface-confined molecular switch with multiple channel outputs. Journal of the American Chemical Society, 2011, 133(34): 13256 - 13259.

[262] Li C, Fan W, Lei B, et al. Multilevel memory based on molecular devices. Applied Physics Letters, 2004, 84(11): 1949 - 1951.

[263] Ye C, Peng Q, Li M, et al. Multilevel conductance switching of memory device through photoelectric effect. Journal of the American Chemical Society, 2012, 134(49): 20053 - 20059.

第3章

有机场效应晶体管存储器

3.1 有机场效应晶体管存储器的发展历史

在1954年硅晶体管发明以后,晶体管被广泛应用于工农业生产、国防建设以及人们日常生活中。基于晶体管结构的存储器的出现要追溯到20世纪70年代,Frohman研究了基于金属-氮化物-氧化物-硅(metal-nitride-oxide-silicon, MNOS)结构的浮栅晶体管中的电荷传输与存储[1],成功实现了浮栅中的电荷存储,展现了这种晶体管作为存储器的可行性。80~90年代,科学家们对器件结构进行优化并改善制备工艺,使得基于无机硅的晶体管存储器迅速发展并成功实现了实际应用,至今已成为信息存储领域的重要组成部分。然而,当前以硅集成电路为代表的传统无机电子学即将达到其发展的极限。虽然硅集成电路器件的尺度不断打破新低,但是受限于量子效应,芯片的微型化正面临巨大的障碍。随着有机电子学的发展,有效推进了有机场效应晶体管存储器的研究进程。与传统的无机存储器相比,有机场效应晶体管存储器不仅具有成本低、可低温及大面积加工、与柔性衬底相兼容、单只晶体管驱动、非破坏性读取、易与电路集成等诸多优点[1-4],还具有存储速度快和存储容量大等特性[5,6],被视为极具发展前途的一种低成本高性能的存储器,在存储卡、柔性集成电路和柔性显示等方面展现出了广阔的应用前景[7,8]。

相比于无机存储器,虽然有机场效应晶体管存储器的性能还需进一步提升,但它已在显示、照明、传感等领域取得了显著进展,显示出巨大的应用前景。Katz等[4]于2002年利用可极化的聚合物电介体材料作为电荷俘获层,分别以p型和n型有机半导体材料作为活性层,实现了首个有机场效应晶体管存储器。Kim等[5]以金纳米粒子为浮栅,交联聚乙烯吡咯烷酮(cross-linked PVP)作为阻挡介质层和隧穿介质层,以柔性材料聚醚砜树脂(PES)作为衬底,制备了柔性有机场效应晶体管存储器。Sekitani等[6]在125 μm的柔性衬底上集成了26×26的基于有机浮栅晶体管的存储阵列,器件可承受超过1 000次的擦写,并实现了压力传感。Guo

等[7]以并五苯和酞菁铜为半导体层,以聚苯乙烯(polystyrene, PS)和聚甲基丙烯酸甲酯(polymethyl methacrylate)修饰二氧化硅介质层,利用外加电场与光辅助实现了多阶存储,器件存储信息的保持时间超过250小时。

3.2 有机场效应晶体管存储器的基本介绍

3.2.1 有机场效应晶体管存储器的基本结构

有机场效应晶体管存储器是基于有机场效应晶体管(organic field-effect transistor, OFET)的存储器件,其器件结构与有机场效应晶体管相类似,主要由以下几个部分组成: ① 电极,主要包括源极、漏极和栅极;② 有机半导体层;③ 栅绝缘层。源漏电极之间的距离被定义为沟道长(L),电极的宽度被定义为沟道的宽(W)。根据栅电极的位置,有机场效应晶体管存储器的器件结构可以分为底栅结构和顶栅结构,根据源漏电极与有机半导体层的相对位置,器件结构又可以分为底接触结构和顶接触结构,如图3.1所示。这些结构各有优缺点,目前较为常用的器件结构为底栅顶接触结构。底栅结构的优点是可以将沉积有导电薄膜的材料作为衬底,简化器件制备过程。顶栅结构器件是先沉积源漏电极和有机半导体层,再沉积栅绝缘层,最后制备栅电极,这种结构的优点是后制备的栅绝缘层和栅电极对器件起到了一个封装的作用,因为大部分有机半导体材料对环境较敏感,采用顶栅结构的器件在空气中工作时能保持较好的稳定性和可靠性。采用顶接触结构的器件有机半导体层直接生长在栅绝缘层上,其优点是良好的绝缘层界面有利于生成较好的有机半导体内部结构;而底接触结构器件的有机半导体层生长衬底是栅绝缘

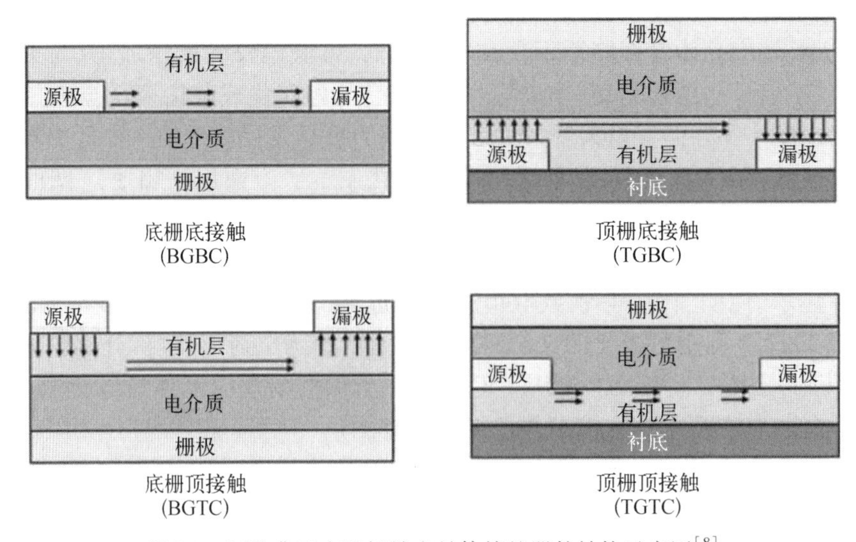

图3.1 四种典型有机场效应晶体管的器件结构示意图[8]

层和源漏电极两种介质,在两种介质上生长的有机半导体层的性质不同,会影响晶体管的性能。因此,顶接触结构器件的性能一般优于底接触结构器件,但是顶接触结构不适合大批量生产。底接触结构器件可以使用传统的光刻等技术获得较小的源漏电极沟道长度,采用这种结构的有机场效应晶体管存储器更容易获得高的写入速度和大的存储容量。此外,因源漏电极与有机半导体层具有较大的电荷注入面积和较好的电荷传输通道,底栅顶接触结构器件和顶栅底接触结构器件的源漏电极与有机半导体层具有较小的接触电阻。有机半导体层导电沟道中的可自由移动的载流子数量的增加有利于提高有机场效应晶体管存储器的电荷写入和擦除能力,因此较小的接触电阻有利于有机场效应晶体管存储器在较短的时间内获得较大的存储窗口。

3.2.2　有机场效应晶体管存储器的工作原理

传统的多晶硅长效应晶体管工作于反型层,当栅极电压(简称栅压)在正确的方向增加,将产生一个耗尽区,从而形成一个少子的反型层,这个反型层会形成源漏电流沟道,这时晶体管处于开态。当栅压在另一个方向增加,由多子形成的累积层将形成,但是此时源漏电极间的电流将会被反向偏置的源漏端结所阻隔,此时晶体管处于关态。目前还无法以一种可控的方式在有机半导体中形成掺杂区域,因此有机场效应晶体管一般是在电荷累积的条件下进行工作。施加在源漏电极之间的电压被称为源漏电压(V_D),经过有机半导体层从源电极流向漏电极的电流被称为源漏电流(I_D)。对于一个给定的 V_D, I_D的大小与所施加的栅压(V_G)相关。当V_G=0 V 时,如果有机半导体材料是非高度掺杂的材料,此时 I_D很小,器件处于“关态”。当 V_G增加,由源极注入的移动载流子累积在有机半导体层和栅绝缘层界面,由于半导体层中载流子数量的增加,I_D增大,器件处于“开态”[9–11]。图 3.2 是简化的电子能级图,阐释了栅电压诱导电荷的原理。图 3.2(a)表示 V_G为 0 V 的情况下,有机半导体的最低未占轨道(lowest unoccupied molecular orbit, LUMO)或最高占据轨道(highest occupied molecular orbit, HOMO)能级与源漏电极费米能级的相对位置。当施加一个很小的源漏电流,因为半导体层中没有可移动电荷产生,此时没有导电电流。图 3.2(b)和图 3.2(d)分别表示在源漏电压 V_D=0 或>0 V 时施加一个正向栅压 V_G。这个正向栅压将在有机半导体层和绝缘层界面产生一个大的电场,使有机半导体 HOMO 和 LUMO 能级相对于金属电极的费米能级向下移动(能量降低),并在外电场的控制下保持不变。如果所施加的栅压足够大,使半导体的 LUMO 能级与电极的费米能级相同,电子将从电极流向半导体层,如图 3.2(b)所示。此时在源漏电压的作用下,在半导体层和绝缘层界面产生移动的电子[图 3.2(d)],最终在源漏电极间产生电流。这个原理同样适用于负向栅压,如图 3.2(c)、(e)所示,施加负向栅压使半导体的 HOMO 能级和 LUMO 能级向上移动,当 HOMO 能级与金属电极的费米能级相同时,电子从半导体层逸出进入电极,留下带正电的电荷。这些空穴在源漏电压的作用下移动,如图 3.2(e)所示[11]。

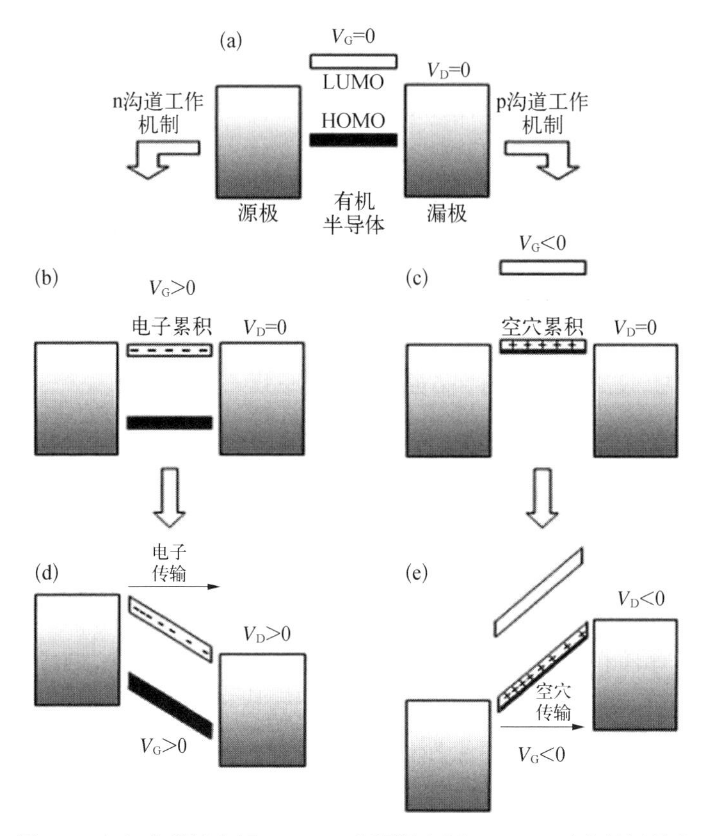

图 3.2 (a) 在栅极电压 $V_G=0$ V 和源漏电压 $V_D=0$ V 时有机场效应晶体管的理想能级示意图;(b) 电子累积;(c) 电子传输;(d) 空穴累积;(e) 空穴传输[11]

通过栅极电压来控制有机场效应晶体管的源漏电流已经被广泛应用于开关、移位寄存器和逻辑单元中。在这些应用中,有机场效应晶体管是易失性的,也就是说当栅极电压撤去,在导电沟道中累积的电荷将耗尽,器件回到关闭状态,器件没有或者有很小的迟滞。作为有机场效应晶体管存储器,电荷稳定存在于电荷存储层中或者有机半导体与栅绝缘层界面处,因此在栅极电压撤去的情况下,因电荷存储或者极化产生了一个电场,这个电场调节了半导体层间的电荷分布。这种现象将使得有机场效应晶体管存储器的阈值电压发生移动或者产生迟滞作用。以图 3.3 中的有机场效应晶体管存储器为例。当一个大的栅极电压($V_G=180$ V)施加于器件 1 s 后,转移曲线向正向大幅度移动,这是器件的写入过程,在导电沟道中形成电荷累积模式,器件处于高导态。当栅电压撤去,转移曲线仍能稳定保持在移动的位置,体现了器件的非易失性。移动的转移曲线在一个反向栅极电压($V_G=$

−200 V)施加 1 s 后下可以回到初始位置,这是器件的擦除过程,导电沟道形成电荷耗尽模式,器件处于低导态。因此阈值电压的值可以通过施加适当的栅极电压来调控,在 $V_G = 0$ V 的条件下,I_D的值发生了 5 个数量级的变化。I_D的变化可以通过施加适当的源漏电压 V_D(这里是−30 V)来测量,这是器件的读取过程。

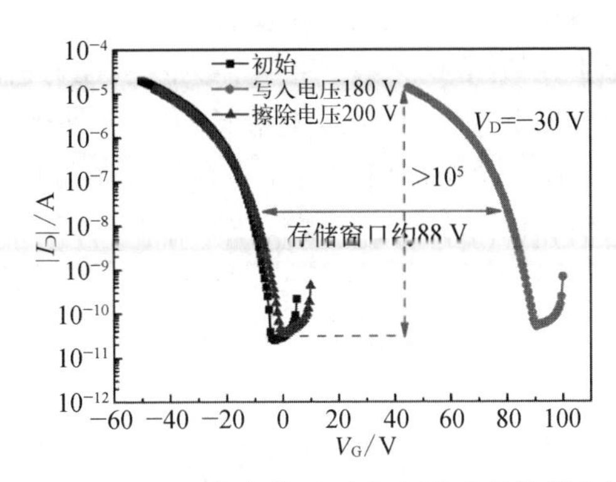

图 3.3 在 $V_D = -30$ V 的条件下,有机场效应晶体管存储器的转移曲线随外加栅压变化而移动

除了从转移曲线的移动来观察有机场效应晶体管的存储特性,还可以从器件的迟滞回线来判断。迟滞回线是对器件在一定电压范围内进行来回扫描,由开启电压 V_{on}的移动产生的,可以从有机场效应晶体管的转移曲线和输出曲线中得出。在正向和反向扫描过程中,源漏电流 I_D的增加或减小,取决于 V_{on}的移动方向。大多数的迟滞是用转移特性曲线表示的,这样 V_{on}的值可以直接得出。一般而言,迟滞会导致在提取参数的时候发生错误,是晶体管不稳定的一个标志,但是在有机场效应晶体管存储器中,迟滞回线表明存储器件中的电荷俘获与释放。

在对晶体管进行扫描的过程中,以下任何一种电荷都将导致转移曲线的移动:体相掺杂的电荷、陷阱,在界面或界面附近的掺杂态,或在栅绝缘层中被俘获的电荷、离子和偶极子。下面分析导致迟滞的三种机制。图 3.4 描述了对一个理想的 p 型晶体管的栅压进行从正向向负向扫描并回扫的示意图。需要说明的是,对于 n 型晶体管,这些机制对电流的影响是一样的[9]。

第一类机制是存在于栅绝缘层中的偶极子在电场的作用下发生缓慢极化,产生重定向。栅绝缘层大多为聚合物,偶极子是不完全交联情况下残留的极性基团,电介质中吸收的水分子或者是在沉积栅电介质过程中残留的溶剂。在铁电栅电介质中,偶极矩是存在于分子内部的。在栅电介质中的移动离子的重组也符合这类机制。栅电介质中的正电荷和负电荷在栅电压下重新分布,但会有一定的时间延迟。

这类机制,I_D的变化滞后于所施加的电压 V_G,在扫描过程中 I_D逐渐增大[图 3.4(a)和图 3.4(b)]。V_{on}的位置远离所施加的栅压,导致源漏电流的增加。最初,栅电介质中的偶极子具有随机的定向,不会对 V_{on} 产生影响。在负向栅压下,空穴在有机半导体中累积,使得栅电介质两端的电压对偶极子产生影响。在扫描的第二部分,偶极子只是缓慢地减弱了定向,所以与仅仅由栅极诱导相比,沟道中累积了更多的移动空穴,电流比扫描的第一部分大。只有在很大的正向栅压下,偶极子才会重新恢复重新定向状态,或者定向发生反转。

对于铁电栅电介质,研究表明只有当半导体为双极性材料时,偶极子的定向才会发生反转。在这种情况下,电子在沟道中累积,为反转偶极定向提供一个补偿电流。因此,图 3.4(b)中有一个小的电子电流。在性能很好的双极性器件中,电子电流与空穴电流的大小在相同等级。在单极性器件中,没有电子累积,因此没有办法形成补偿电荷,偶极子只能在随机与定向中转换。载流子迁移率最好在扫描的第一个部分提取,第二部分的缓慢极化有可能会产生错误。

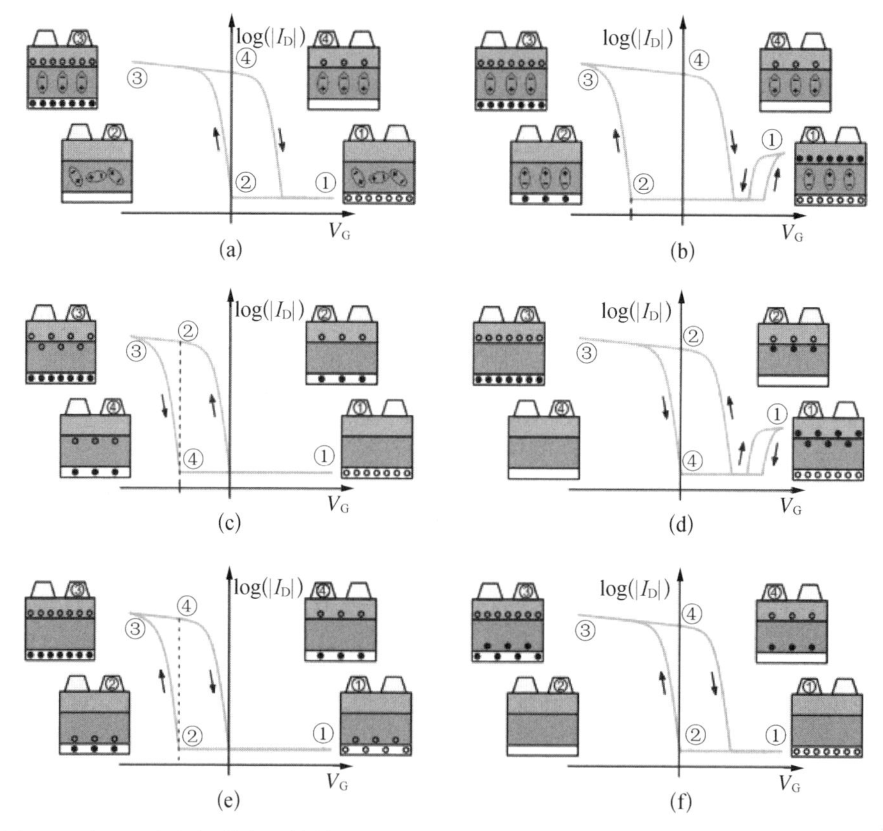

图 3.4 在 p 型有机场效应晶体管中,导致转移迟滞的不同原因:栅电介层在(a)一个方向、(b)两个方向发生极化,导致扫描过程中电流增加,V_{on}的位置远离所施加的栅电压方向;来自于半导体层的(c)空穴、(d)电子俘获,导致扫描过程中电流减小,V_{on}的位置向所施加的栅电压方向靠近;来自于栅电介层的(e)空穴、(f)电子俘获,导致扫描过程中电流增加,V_{on}的位置远离所施加的栅电压方向[9]

第二类机制来自半导体层的电荷俘获与释放。这类机制涉及以下几种情况：俘获从半导体进入栅电介质的电荷；被界面上或界面附近的空穴陷阱或电子陷阱俘获；被体相中的受体态俘获。

图3.4(c)是电介质中空穴俘获示意图。在负栅压下，空穴在沟道中累积，其中一部分被栅电介质俘获。因此，在相同的栅压下，空穴载流子浓度降低，所以电流小于扫描的第二部分。与前一类机制相比，源漏电流随着扫描的过程而减小。V_{on}向施加电压的方向移动。在正向栅压下，俘获的空穴被部分释放。

当电子在栅电介质中发生俘获时有类似的情况，见图3.4(d)。在正向栅压下，电子被俘获，V_{on}向正向偏移。在负向栅压下，俘获的电子（部分）释放。在扫描的第二部分，电流比第一部分小。源漏电流随着扫描减小，V_{on}向正向施加栅压方向移动。

由有机半导体层或界面的陷阱和掺杂态产生的电荷俘获不能解释测得的迟滞特性。这些态俘获和释放的过程太快，不能体现在以时间来测量的迟滞上。为了解释迟滞循环的动态，应该产生陷阱和掺杂态或需要克服势垒来填充它们，就像栅电介质中到达陷阱能级的隧穿势垒。

第三类机制是来俘获或释放来自于栅极的电荷。

在图3.4(e)中，在正向电压下，来自栅极的空穴被俘获，使得V_{on}向负向移动。在负向电压下，空穴被（部分）释放，产生一个更高的电流。

在图3.4(f)中，在负向电压下，来自栅极的电子被俘获，在正向电压下释放，在扫描的过程中电流增加。

3.2.3　有机场效应晶体管存储器的基本参数

有机场效应晶体管存储器是具有存储功能的有机场效应晶体管，因此评价有机场效应晶体管存储器性能的参数一般包括作为存储器载体的晶体管的特征参数（阈值电压、电流开关比、场效应迁移率）和存储器本身的特征参数（存储窗口、读写擦电压、读写擦时间、读写擦循环次数、维持时间、存储电流开关比等）。作为有机场效应晶体管存储器的载体，高的有机场效应晶体管性能是实现高性能有机场效应晶体管的前提。

1. 输出与转移特性曲线

晶体管的表征方式有两种，如图3.5所示[11]。在不同的栅电压V_G下，源漏电流I_D随着源漏电压V_D变化的曲线为输出特性曲线（I_D-V_D曲线）；在不同的源漏电压V_D下，源漏电流I_D随着栅压V_G变化的曲线为转移特性曲线（I_D-V_G曲线）。

输出曲线中，当源漏电压V_D=0 V且栅压V_G为定值时，栅极电场感应出的电荷载流子均匀地分布在沟道中［图3.5(a)］。在栅压V_G大于阈值电压V_{th}且固定为某一数值情况下，当加一个较小的源漏电压V_D时，晶体管工作在线性区［图3.5(b)］。

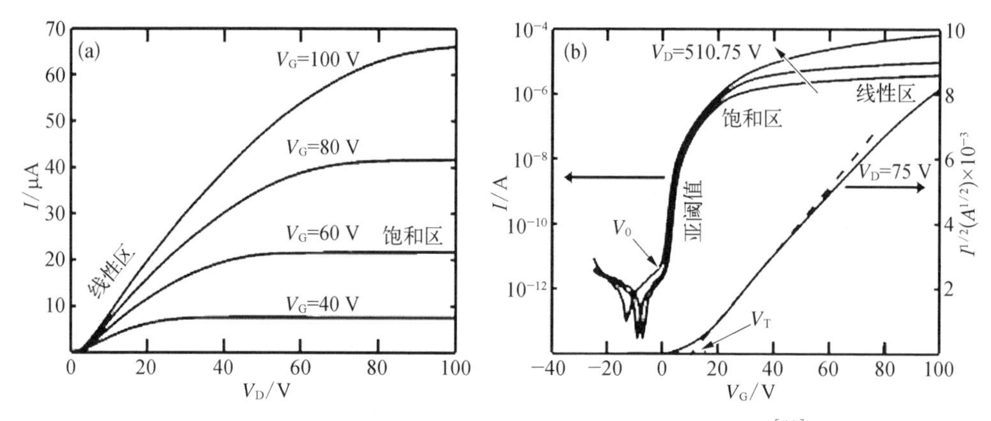

图 3.5 有机场效应晶体管的(a) 输出曲线,(b) 转移曲线[11]

此时栅极电场感应出足够的电荷载流子并分布于整个沟道,沟道呈斜线分布。在紧靠漏极处,沟道达到开启的状态,源漏电极之间有电流通过。如果认为迁移率为常数,沟道电流会随着沟道感应电荷增加而线性增加。在线性区下沟道电流 I_D 由公式(3.1)给出:

$$I_D = \frac{W}{L}\mu C_i(V_G - V_{th})V_D \tag{3.1}$$

其中,W 为沟道宽度;L 为沟道长度;μ 为电荷载流子迁移率;C_i 为绝缘层单位面积电容。

当 $V_D = V_G - V_{th}$ 时,栅极与靠近漏极处的部分沟道之间的电场强度为 0,导致靠近漏极处的沟道中载流子耗尽,沟道产生“夹断效应”。进一步增加 V_D 将使导电沟道中的夹断点向源极移动,如图 3.6(c)所示。由于器件的沟道长度 L 远大于耗尽区的宽度 W,继续增加 V_D 不会增加 I_D,因为源极到夹断点间的沟道电阻保持不变,其电压增加的部分基本降落在随之加长的夹断沟道上,此时沟道电流达到饱和,器件工作在饱和区。饱和区沟道电流为

$$I_{D,\ sat} = \frac{W}{2L}C_i\mu\,(V_G - V_{th})^2 \tag{3.2}$$

2. 有机场效应晶体管的基本参数

1) 开启电压

在一个简化的 p 型有机场效应晶体管模型中,开启电压(V_{on})可以表达为:

$$V_{on} = \frac{q}{C_{ins}}[N_A t_s - p_t(\phi_{s,\ on}) + n_t(\phi_{s,\ on})] - \frac{Q_{ins}}{C_{ins}} + \phi_{s,\ on} + \psi_{MS} \tag{3.3}$$

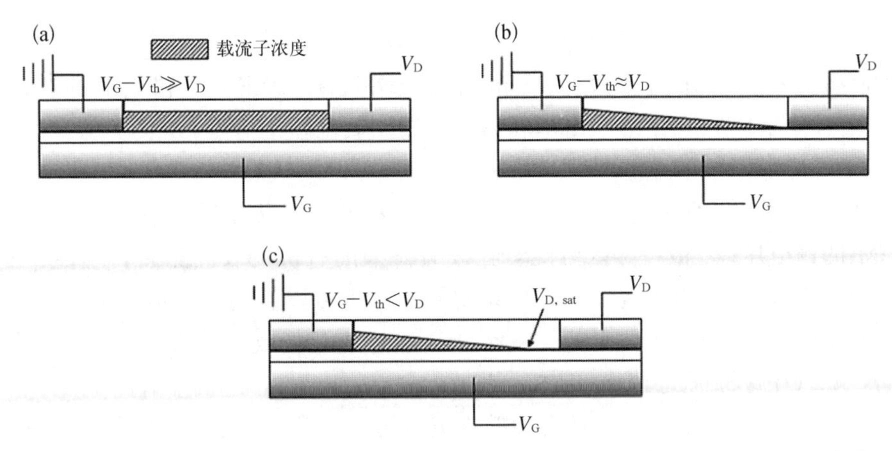

图 3.6　栅压 V_G 大于阈值电压的固定值时,半导体中的导电沟道随源漏电压 V_D 的变化:(a) 线性区载流子的分布情况;(b) 当 $V_D\approx V_G-V_{th}$ 时发生夹断效应;(c)饱和区载流子的分布情况[11]

其中,N_A 是均匀分布在半导体薄膜中的受体掺杂密度;p_t 和 n_t 分别为在界面或者半导体第一个单分子层中被俘获的空穴密度或者电子密度;Q_{ins} 是与介电层中的电荷等效界面电量;ψ_{MS} 是栅电极与半导体材料的功函数之差;$\phi_{s,on}$ 是栅压等于 V_{on} 时,半导体层与介电层界面的表面电势,图 3.7 为示意图。这里认为栅电极与半导体材料之间的功函数之差为一个固定值。

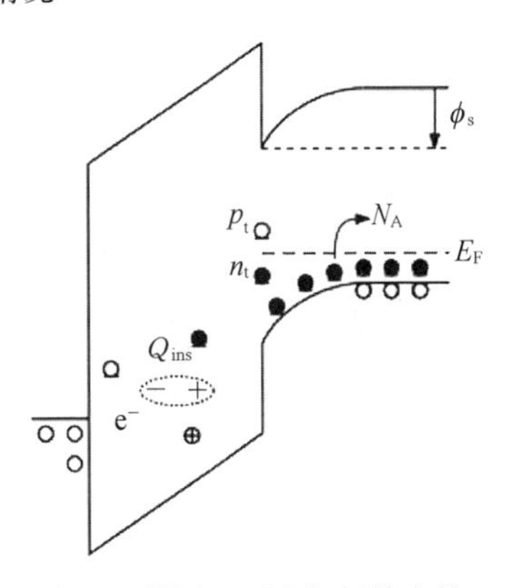

图 3.7　影响 p 型有机场效应晶体管 V_{on} 的条件:在体相中掺杂的受体(N_A 为受体掺杂密度);界面处的空穴和电子陷阱;栅电介体中俘获的空穴、电子、离子和偶极子[9]

空穴陷阱 p_t 是中性的或者带正电的,可以俘获来自 HOMO 能带的空穴,从而减少一个可自由移动的空穴。p_t 也可以被称为给体态,俘获来自 LUMO 能带的空穴,留下一个可自由移动的电子。电子陷阱 n_t 在没有被填充的时候是中性的,而当它从 LUMO 能带俘获一个电子后即带负电,从而减少一个可自由移动的电子。n_t 也可以被称为受体态,可以俘获来自 HOMO 能带的电子,留下一个可自由移动的空穴。Q_{ins} 包括介电层中的离子、偶极子和俘获的载流子。$\phi_{s,on}$ 是半导体层的能带弯曲,可近似表述为

$$\phi_{s,on}\approx q\frac{N_A t_s^2}{2\varepsilon_0\varepsilon_s} \tag{3.4}$$

其中,t_s 和 ε_s 分别为半导体层的厚度与相对介电常数。

在一个理想的晶体管中,介电层中没有掺杂体、界面态和界面电荷,V_{on} 等于

0 V。在文献中,正的和负的 V_{on} 都有报道,V_{on} 数值的大小强烈取决于采用的栅介电质和制备过程。以并五苯为例,在聚乙烯吡咯烷酮(PVP)[12]和溅射的二氧化硅[13]上,V_{on} 为正值;在聚对二甲苯和热生长的二氧化硅[14,15]上,V_{on} 为负值。

2)开启电压与平带电压

在传统的晶体场效应晶体管中,平带电压 V_{FB} 被定义为半导体中没有电场存在条件下的栅电压,V_{on} 被耗尽区分隔。在没有掺杂的有机场效应晶体管中,V_{on} 等于 V_{FB}。当栅压大于 V_{FB} 的时候,电荷在界面累积产生可以流动的沟道电流。如果是掺杂的有机场效应晶体管,在电荷在界面累积前,有机场效应晶体管中已经有电流流动。所以在这种情况下,V_{on} 不同于 V_{FB}。

掺杂对于 V_{on} 的影响并不是直接随着更多的掺杂就会产生更大的能带弯曲,也有可能在界面产生更多的陷阱态,这两个影响可能会相互抵消。图 3.8 是一个 p 型有机场效应晶体管在栅压的条件下从关态到开态的能带示意图。

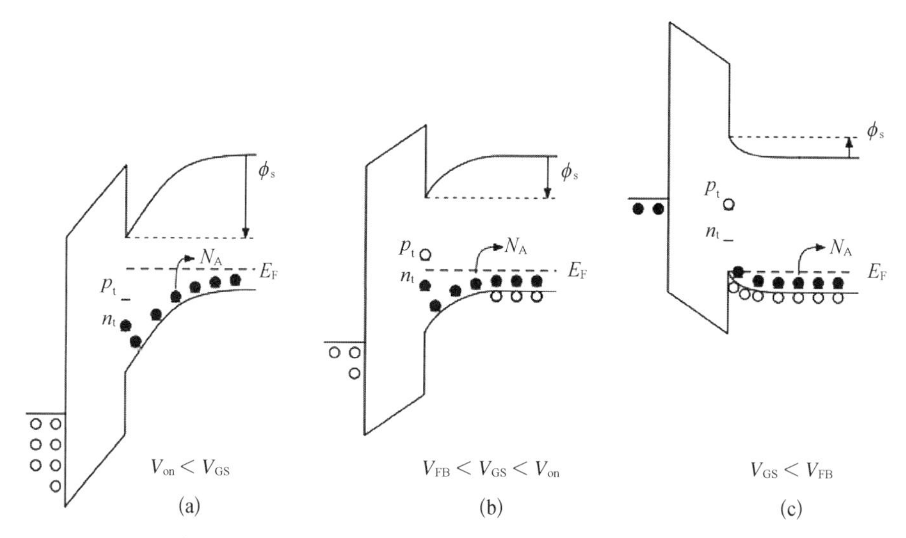

图 3.8 p 型有机场效应晶体管从关态到开态过程中 V_{on} 和 V_{FB} 示意图,能带图垂直于半导体层与栅介电层界面:(a) 半导体层完全耗尽,没有电流流过;(b) 半导体层不完全耗尽,栅电压超过 V_{on},形成体相电流;(c) 第一个载流子在界面累积,栅电压超过 V_{FB},在界面处形成电流[9]

3)阈值电压

阈值电压(V_{th})是指导电沟道刚刚形成并连接源漏电极时的栅极电压的大小,是使场效应晶体管开启所必需的最低栅压。阈值电压越小表明器件的操作电压越小,能够降低器件的能耗。阈值电压可以通过两种方式计算得出:第一种是根据描述场效应晶体管工作在线性区时的公式(3.1);第二种是利用($|I_{DS,\ sat}|$)$^{1/2}$ vs. V_G 曲线,即饱和区转移曲线,进行线性拟合,拟合线与 V_G 轴的交点,即在 I_D = 0 V 时,

为晶体管的阈值电压。

4）开态电压与阈值电压

在晶体硅场效应晶体管中，V_{th}与V_{on}很接近，等于反型层开始形成时的栅压。在有机场效应晶体管中，当栅压达到V_{on}时，电流开始流动，但是晶体管转变为开态没有基于晶体硅的半导体器件快。因为分子排列不是非常好，HOMO和LUMO能带也没有明确的边缘，增加的陷阱能级可能超出能带而存在。当费米能级E_F向能带移动时，第一个电荷载流子占据最深的能级。这些电荷被俘获而且不能自由移动。当费米能及进一步移动，较深能级也被填充。在此能级上的电荷载流子可以移动但是具有较低的迁移率，因为电荷需要克服一个较高的势垒才能跳跃到其他能级。最后，这些电荷载流子将填充较低的能级，并且可以自由移动，见图3.9。

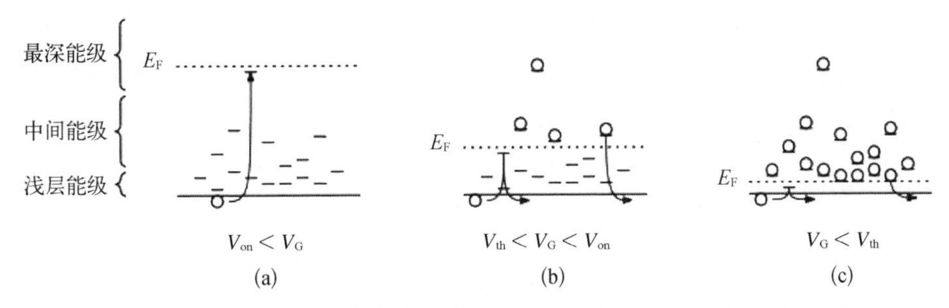

图3.9 p型有机场效应晶体管从关态到开态过程在半导体层中靠近平行于栅介电层界面处V_{on}和V_{th}能带示意图。(a) 第一个载流子累积并被俘获在最深的能级，这些载流子不能自由移动；(b) 所有的最深陷阱被填充，第一个可自由移动的载流子累积并填充较深能级，这些载流子移动需要越过一个较高的能量垒；(c) 所有较深的陷阱被填充，载流子可以自由移动[9]

这种电荷俘获的结果就是V_{th}与V_{on}相比较迟缓，且有效迁移率取决于积累电荷的总浓度。有效的亚阈值斜率取决于能级的分布和材料的无序性。最深能级同时影响V_{on}和V_{th}，但是较深能级只影响V_{th}。较深能级陷阱越多，V_{on}和V_{th}的差别越大，因为积累的电荷载流子要先填充这些陷阱才能形成较大的源漏电流。根据多俘获和释放模型，那些较浅的陷阱不会影响V_{on}和V_{th}，但是当栅压大于V_{th}时，载流子迁移率会降低。

5）场效应迁移率

场效应迁移率表明器件在电场作用下的电荷转移能力，决定了器件开关速度，是有机场效应晶体管的一个重要参数。在存储器件中，高的场效应迁移率是实现高写入速度的前提。场效应迁移率可以通过对转移曲线在饱和区的线性拟合得出，公式如下：

$$\mu = \left(\frac{2L}{WC_i}\right)\left(\frac{\partial I_D^{1/2}}{\partial V_G}\right)^2 \tag{3.5}$$

$$C_i = \frac{\varepsilon_0 k}{d} \tag{3.6}$$

其中,C_i是栅绝缘层的单位面积介电常数,由公式(3.6)可以得出;ε_0是真空介电常数;k 是栅绝缘层材料的介电常数;d 是栅绝缘层的厚度。

6）电流开关比

电流开关比 I_{on}/I_{off}是指晶体管在"开态"和"关态"下源漏电流的比值,反映了在一定栅极电压下器件开关的能力,在有源矩阵显示和逻辑电路中非常重要。高的开关比表明器件具有好的稳定性、抗干扰能力和较大的负载驱动能力。在逻辑电路芯片中,器件的电流开关比一般应高于 10^6。

有机场效应晶体管的开关比可以分为增强模式开关比和增强-耗尽模式开关比两种。增强模式开关比是器件处于开态时最大的源漏电流与栅压为零时源漏电流的比值,可以从输出或者转移曲线上获得。增强-耗尽模式开关比为转移曲线上开态电流最高点与关态电流最低点的比值。有些情况下这两种模式的开关比是相同的。

作为有机场效应晶体管存储器的载体,大的电流开关比可以提高存储器件的稳定性与可靠性。并为实现多阶存储提供前提,即在不增加器件面积的基础上提高存储密度。

3. 有机场效应晶体管存储器的基本参数

有机场效应晶体管存储器的存储性能一般用读写擦电压、读写擦时间、存储窗口、存储电流开关比、读写擦循环次数、维持时间等来衡量。

1）读写擦电压

在有机场效应晶体管存储器的栅电极所施加的正向或者负向偏压值被定义为写入电压和擦除电压。有机场效应晶体管存储器的理想操作电压小于 10 V,当操作电压过大时电路的功耗大,且器件本身的可靠性会降低。

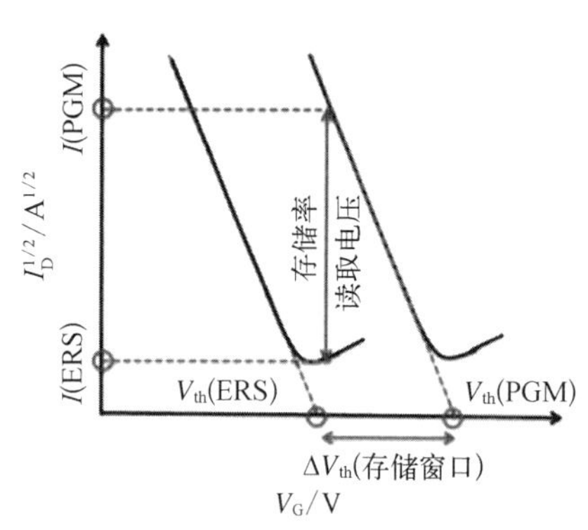

图 3.10 有机场效应晶体管存储器的存储转移特性曲线,由曲线可计算出器件的存储窗口和存储电流开关比[16]

2）读写擦时间

所施加写入电压和擦除电压的时间被定义为写入时间和擦除时间,而写入擦除速度是指器件成功写入或者擦除所需要的最小时间,反映了存储器件响应速度的快慢。目前有机场效应晶体管存储器的时间已达到微秒量级。

3）存储窗口

在有机场效应晶体管存储器中,存储窗口被定义为写入态与擦除态下阈值电压的差值(ΔV_{th})(图 3.10),用来表征不同信息存储状态之间的区分程度。存储窗口的大小会影响读取数据的准确性，如果存储窗口太大，使得存储态之间的转化能耗增大，而存储窗口太小，会影响数据读取的准确性，降低器件的可靠性。

根据公式(3.7)，由阈值电压的移动计算出存储器件的电荷存储密度 Δn

$$\Delta n = \frac{\Delta V_{\mathrm{th}} C_{\mathrm{i}}}{e} \tag{3.7}$$

其中，e、ΔV_{th}和 C_{i} 分别为单位电荷量、存储窗口和栅介电层的电容。

在一个较短的写入时间 Δt 内给器件施加一个写入电压 V_{G}，期间器件的电荷俘获速率可以由公式(3.8)得出，也可以由在固定读取电压下测得的源漏电流 I_{D}随时间的变化中推算得出[式(3.9)]：

$$\frac{\mathrm{d}n}{\mathrm{d}t} = \frac{C_{\mathrm{i}}}{e} \frac{\Delta V_{\mathrm{th}}}{\Delta t} \tag{3.8}$$

$$\frac{\mathrm{d}n}{\mathrm{d}t} = -\frac{1}{e\mu} \frac{L}{WV_{\mathrm{R}}} \frac{\mathrm{d}I_{\mathrm{D}}}{\mathrm{d}t} \tag{3.9}$$

4）存储电流开关比

存储电流开关比是指在相同读取电压下，不同存储态间的源漏电流比值(图3.10)。存储电流开关比越大，存储态间的误读率越低。读取电压越接近 0 V 越好，一是为了实现器件的非破坏性读取，二是为了降低器件工作时的能耗。

5）读写擦循环次数

读写擦循环次数是指存储器件能够承受的反复读写擦次数，过程如图 3.11 所示，对器件依次施加写入电压、读取电压、擦除电压、读取电压，此过程为一个读写擦循环，施加电压的同时读取相应状态下的源漏电流 I_{D}，由此判断器件在反复擦写状态下的稳定性，该指标反映了器件的耐受性。对于非易失性存储器而言，达到实际应用所需的次数在 10^6左右，目前对于有机场效应晶体管存储器来说还是一个挑战。

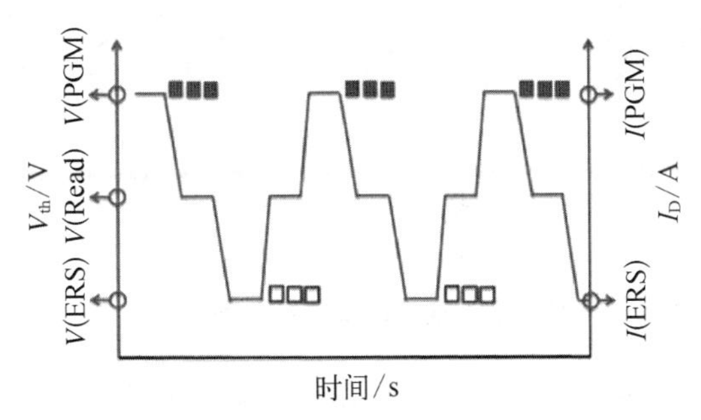

图 3.11　有机场效应晶体管存储器的读写擦循环[16]

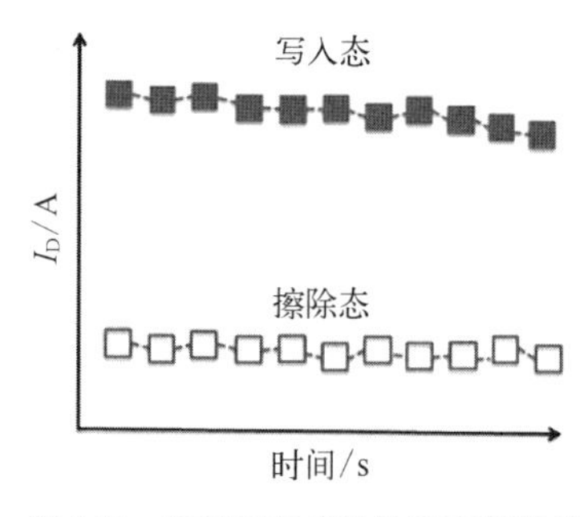

图 3.12　有机场效应晶体管存储器的维持时间[16]

6）维持时间

维持时间是在一个固定的读取电压下读取写入态或擦除态的源漏电流 I_D（图 3.12），测试器件在写入态或擦除态下的电荷保持能力，是反映器件稳定性的一个重要指标。理想的记忆时间是在室温下达到 10 年以上，但现在大部分有机存储器件无法达到。

3.3 有机场效应晶体管存储器的分类

根据电荷存储机制，有机场效应晶体管存储器主要可以分成三种类型[10,17]：① 浮栅型（floating-gate OFET memory）、② 聚合物电介体型（polymer electret OFET memory）和③ 铁电型（ferroelectric OFET memory），如图 3.13 所示。其中浮栅型和聚合物电介体型有机场效应晶体管存储器是基于电荷俘获机制的存储器件，铁电型有机场效应晶体管存储器是基于材料极化机制的存储器件。

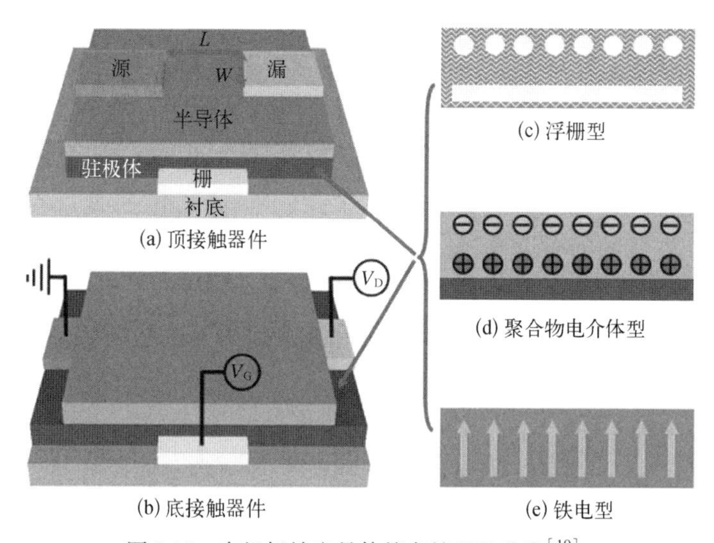

图 3.13　有机场效应晶体管存储器的分类[10]

3.3.1 基于浮栅的有机场效应晶体管存储器

1967 年，Kahng 和 Sze 首次提出了浮栅型非易失性存储器的概念[18]，他们将掺杂导电多晶硅作为浮栅夹在氧化物栅介电层中，在浮栅中实现电荷存储。与图

3.14(a)中展示的传统有机场效应晶体管存储器相比,浮栅型有机场效应晶体管存储器[图3.14(b)]具有相似的器件结构[19],不同的是,浮栅型有机场效应晶体管存储器的栅绝缘层中存在具有电荷俘获性质的浮栅。浮栅与有机半导体层之间的介电层被称为隧穿层(tunneling layer),作用是防止存储于浮栅的电荷流失,同时要保证在适当的外加电场作用下电荷可以由半导体层进入浮栅层。浮栅与栅电极之间的介电层被称为阻挡层(blocking layer)或控制绝缘层(control dielectric layer),这一层的厚度通常较大,当移除栅极电压时,防止电荷从浮栅中流失。

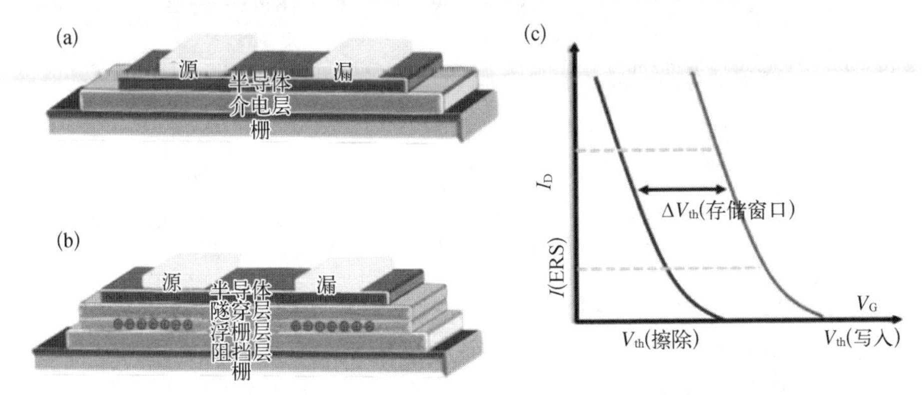

图3.14　传统闪存器件的器件结构示意图[19]

图3.15展示了以p型有机半导体为例的有机场效应晶体管存储器的工作原理[19]。当在栅极上施加一个负向电压时,有机半导体层导电沟道中的空穴在电场的作用下越过势垒进入浮栅。撤去外加电场后,存储于浮栅介电层中的电荷改变有机半导体层中的电荷分布,因此引起器件阈值电压的变化,如图3.14(c)所示。在电荷注入浮栅的过程中,产生的电荷隧穿机制有FN隧穿和直接隧穿。FN隧穿是电荷在高电场作用下隧穿通过较高的能量势垒,电荷隧穿的概率取决于外加电场强度、电荷的能量、有机半导体的能级以及能量势垒的高度、宽度和形状等因素。如图3.15(b)所示,在一个足够高的外加电场作用下,能带发生变化,当能量势垒的宽度减小到一定程度时,电荷可以由有机半导体层隧穿到浮栅中。当隧穿介电层的厚度比较薄时,电荷可以直接隧穿经过隧穿介电层到达浮栅,被称为直接隧穿。直接隧穿的能带示意图如3.15(c)所示。与FN隧穿相比,直接隧穿具有写入时间短和操作电压低的优点,但是较薄的隧穿介电层可能会导致电荷维持能力降低。

传统的闪存器件采用的是连续的平面浮栅,在减小器件尺寸方面存在一些限制,当器件尺寸减小时,器件的电流泄漏变大,导致器件的存储维持稳定性变差。为解决这一问题,分立的纳米材料被引入存储器件作为浮栅,在解决了器件发展面临的尺寸问题的同时,分立于栅绝缘层中的存储位点有效地减小了电荷流失,提高了器件的存储性能。纳米浮栅的物理、电学特性、分散度和密度等参数直接影响存

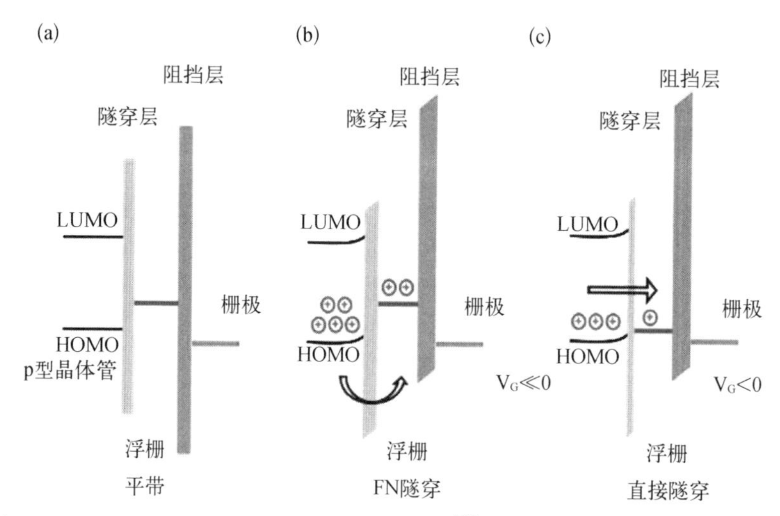

图 3.15　以 p 型有机场效应晶体管存储器为例[19]，(a) 未施加外加电场条件下的能带示意图，(b) FN 隧穿和(c) 直接隧穿示意图

储器件的性能[20–22]。金属纳米粒子因具有较好的化学性质稳定和较高的功函数等优点成为研究最为广泛的浮栅材料。金属纳米粒子可以通过真空热蒸镀、化学合成、溶液自组装等方法制备。2010 年，Kim 等[23]采用蒸镀的金纳米粒子作为浮栅，PS 和 c－PVP(cross-linked PVP)分别作为隧穿介电层和阻挡介电层，制备了纳米浮栅有机场效应晶体管存储器。器件表现出 30 V 的存储窗口和超过 10^4的存储电流开关比。为解决器件维持时间较短的问题，在此器件结构的基础上，他们研究了不同阻挡介电层材料(PVP、PMMA)对器件性能的影响，发现以 PMMA 作为阻挡层的器件具有很好的维持时间稳定性，这归因于 PMMA 较好的绝缘性和较低的表面导电性。此外，他们还研究了不同金属纳米粒子(包括银、铜和铝)对存储性能的影响。研究结果显示器件的维持时间性能与金属纳米粒子浮栅的大小、形状和分布密切相关。其中，蒸镀的铝纳米粒子聚集成较大的颗粒，导致存储位点密度降低，因此基于铝纳米粒子浮栅的有机场效应晶体管存储器表现出较小的存储窗口。虽然以热蒸镀法制备的金属纳米粒子作为纳米浮栅的器件获得了比较好的存储性能，但是真空蒸镀方法成本较高，且很难控制金属纳米粒子的尺寸和密度，限制了该方法的应用与发展。与真空蒸镀方法相比，采用自组装方法制备金属纳米粒子可以调节纳米粒子的大小，同时低温制备过程适用于柔性器件的制备。Roy 课题组开发了微接触印刷方法[24]，制备了高密度金纳米粒子阵列，该存储器的最大存储窗口可达到 16.5 V，维持时间可达 10^5 s，读写擦循环大于 1 000 次。

近年来，采用其他类型的纳米材料(如半导体纳米结构材料、纳米碳材料、有机分子等)作为纳米浮栅的有机场效应晶体管存储器的相关研究工作也取得了一些研究进展。Chen 课题组制备直径为 50～70 nm 的共轭聚芴纳米粒子作为纳米浮栅[25]，器件表现出 22 V 的存储窗口，超过 10^4 s 的维持时间以及大于 10^4的存储电流开关比，证明了半导体纳米结构材料作为浮栅应用于有机场效应晶体管存储器的发展潜力。碳材料，如氧化石墨烯(GO)、碳纳米管，因具有光学透明性、机械柔韧性、可溶液加工性和可调的电子性质等优点而引起研究者们的广泛关注。Jang等以GO纳米片作为浮栅[26]，以cPVP和氧化铝分别作为隧穿层和阻挡层，制备了柔性有机场效应晶体管存储器。器件表现出非常好的存储特性，存储窗口约11.7 V，开关时间快达1 μs，200次读写擦循环，维持时间达到10^5 s，柔性器件在弯曲1 000次后仍表现出稳定的存储性能。此外，器件在波长550 nm的光学透射率为82%，在波长500～1 000 nm范围内的透射率接近83%。小分子材料具有材料来源广、合成方法灵活、易于提纯、结构明确、性能稳定、可进行分子结构和带隙的设计等优势，成为新型浮栅存储器件的优秀候选材料。但是目前用作电荷存储材料的小分子材料较少，有机小分子，如富勒烯衍生物PCBM(6,6-phenyl-C_{61}-butyric acid methyl ester)、C_{60}、酞菁铜等[27-29]，已被引入有机场效应晶体管存储器作为纳米浮栅。Baeg等将PCBM与PVP相混合作为有机场效应晶体管存储器的电荷俘获层[27]。研究发现，将PCBM掺杂到PVP中以后，器件的存储特性由WORM型转变成闪存，并获得了稳定的存储性能，在施加60 V操作电压1 ms后，存储窗口为20 V，存储电流开关比为10^4，维持时间约为40 h。Zhou等在以柔性PET为衬底，用溶液法旋涂C_{60}和PVP分别作为纳米浮栅和隧穿层，制备了低电压柔性有机场效应晶体管存储器[28]。该实验还分别使用p型有机半导体材料并五苯和n型有机半导体材料氟化酞菁铜作为有机半导体层，研究发现并五苯器件可以存储空穴和电子，存储窗口为4 V，而氟化酞菁铜器件仅能存储电子，存储窗口为2 V，这是由于氟化酞菁铜中的空穴密度远低于电子密度。2013年，Zhou等将还原氧化石墨烯(rGO)与金纳米粒子相混合作为纳米浮栅，增大存储窗口的同时提高了存储稳定性[29]。Chen课题组首次采用液滴结晶方法制备了次微米尺度的针状C_{60}(N-C_{60})，在此之上蒸镀酞菁铜纳米粒子，设计了异质结双纳米浮栅结构[30]。分立的p型酞菁铜纳米粒子和n型N-C_{60}分别作为空穴和电子存储位点，有效增加了器件的存储窗口和电荷存储容量，并且可以通过改变N-C_{60}的含量调节器件的存储特性，为提高器件的存储性能提供了新的方法。

3.3.2 基于聚合物电介体的有机场效应晶体管存储器

聚合物电介体是一类具有准永久带电效应的介电材料，长期以来被广泛使用，如用于换能器、光学显示系统、传感器、过滤器等[31,32]。与浮栅型有机场效应晶体管相比，基于聚合物电介体材料的有机场效应晶体管存储器具有制备方法简单、可低温溶液加工等优点，因此利用聚合物电介体材料的电荷存储性质，并将其作为有机场效应晶体管存储器的电荷俘获层，是一种实现高性能非易失性存储器件的简单有效方法[16]。

2004 年,Singh 等以聚乙烯醇[poly(vinyl alcohol), PVA]作为电荷俘获层制备了首个聚合物电介体型有机场效应晶体管存储器[31]。2006 年,Baeg 等采用聚合物电介体材料聚(α-甲基苯乙烯)[poly(α-methylstyrene), PαMS]制备的有机场效应晶体管存储器在写入/擦除时间为 1 μs 的条件下即可实现可逆的阈值电压调控[32]。为了进一步研究聚合物电介体材料的性质对存储性能的影响,Baeg 等选取了一系列苯乙烯聚合物,包括 PS、PαMS、PVN、PVP、PVPyr 和 PVA,分别作为电荷存储层制备了 BGTC 结构的有机场效应晶体管存储器[33],如图 3.16 所示。这些聚合物电介体材料具有相似的化学结构,除了疏水性和极性不同以外,其他性质基本相同。通过对比实验结果发现,存储窗口的大小与聚合物电介体材料的接触角成正比[图 3.16(a)],与介电常数成反比[图 3.16(b)]。他们分析在相同的外加电压下,介电常数越小的材料承受的隧穿场强越大,因此越有利于电荷的注入。他们还发现非极性和疏水的聚合物电介体材料表现出比较稳定的维持时间特性,因为具有极性聚合物电介体材料的偶极子、亲水性材料吸附的湿气和材料中存在的离子、杂质等会在材料表面和体相中产生导电通道,导致所存储电荷的快速流失。因此他们认为疏水性好和非极性聚合物电介体材料具有更好的电荷存储能力,更适合作为电荷存储层。

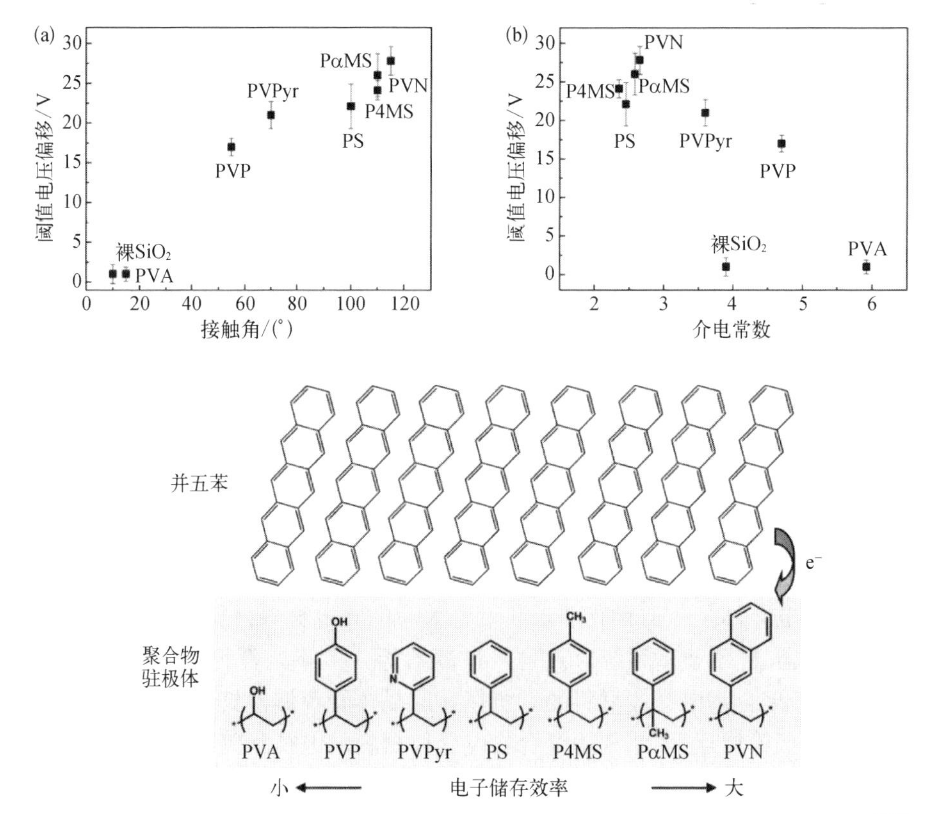

图 3.16 聚合物电介体材料的电荷存储能力与(a) 接触角和(b) 介电常数之间的关系[33]

2012 年,Baeg 等报道了喷墨打印法制备柔性 NAND 闪存[34],制备过程如图 3.17 所示。其中,他们采用低介电常数材料 PVN 作为电荷俘获层,高介电常数材料 P(VDF-TrFE)为栅绝缘层,构建低 *k*/高 *k* 双层栅介电层结构。经过计算发现,在外加大小为 70 V 的栅极电场条件下,低介电常数材料 PVN 层两端产生的场强约为 4.6 MV/cm,而高介电常数材料 P(VDF-TrFE)层两端的场强仅为 1.1 MV/cm,有机半导体层和 PVN 层界面较高的电场有助于电荷由有机半导体层注入并存储于 PVN 层中。他们在制备好源漏电极的柔性 PEN 衬底上依次打印有机半导体层、电荷存储层 PVN 和电荷阻挡层 P(VDF-TrFE),最后沉积顶栅铝电极,制备了 256 bit 有机 NAND 闪存。

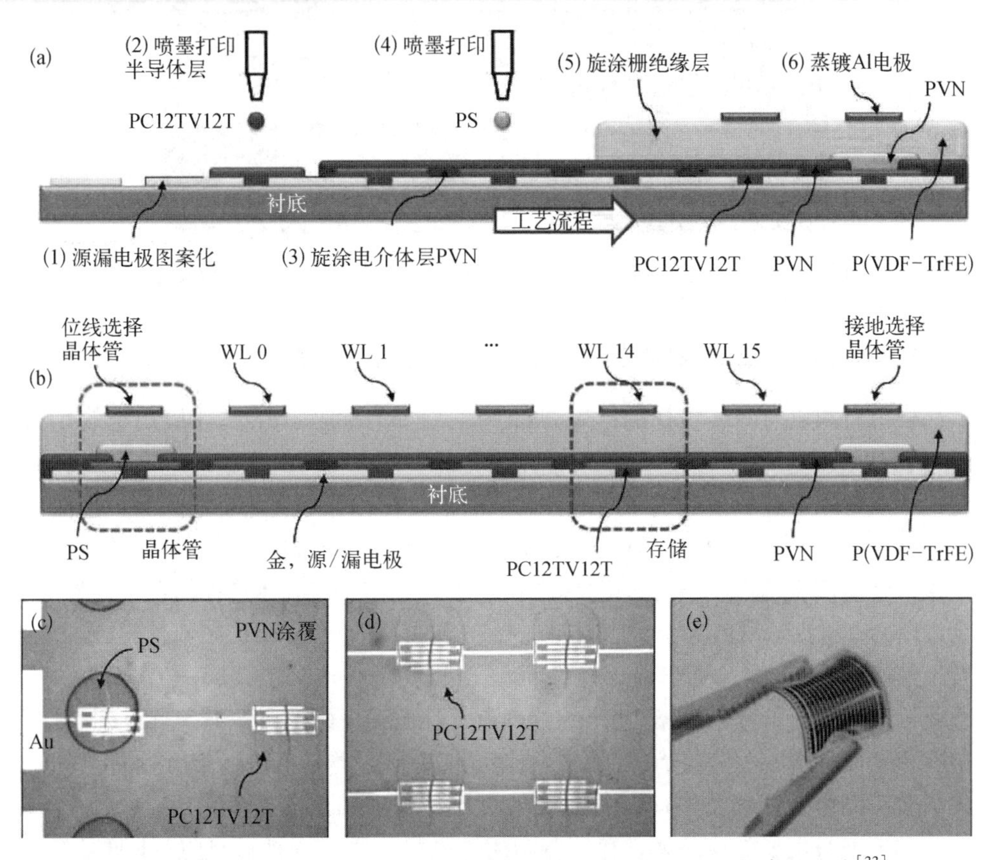

图 3.17 打印法制备柔性 NAND 闪存过程示意图和柔性 NAND 闪存的照片[33]

Chen 课题组从表面极性、π 共轭长度、化学结构、D-A 强度和界面能量势垒等方面系统总结了(复合)聚合物电介体材料的性质对非易失性有机场效应晶体管存储器存储性能的影响[16],如图 3.18 所示。他们提出:聚合物电介体侧链基团的 π 共轭长度越长或强度越强,越有利于电荷注入,存储窗口越大;对星状聚合物材料来说,分子结构中大分子链段臂的数量越多,介电常数越小,自由体积分布越大,因此产生更大的负载场强,从而增加电荷存储能力,存储窗口越大;胶束纳米结构的嵌段共聚物薄膜厚度越薄,存储窗口越大;共轭主链上的 D - A 转移越强,分子间或分子内电荷转移能力越强,则存储窗口越大。

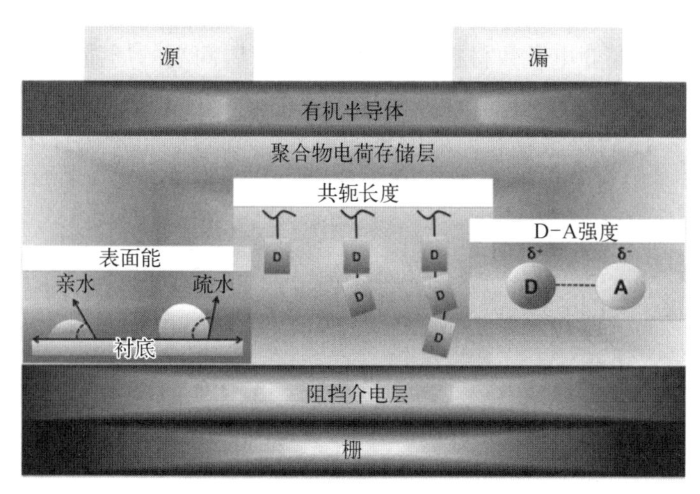

图 3.18 聚合物电介体材料的结构和性质与电荷存储能力之间的关系[16]

3.3.3 基于有机铁电材料的有机场效应晶体管存储器

铁电材料具有自发极化的性质,并且在外加电场的作用下其偶极矩会发生扭转,从而导致材料的极性发生变化,该过程类似于铁磁材料对磁场的响应。材料的铁电性质可以通过测量铁电薄膜电容器中的电荷转移与外加电场之间的关系而证实,如图 3.19 所示,有机铁电聚合物材料 PVDF(TrFE)的极性在外加电场的作用下发生偏转而产生迟滞回线[35]。目前在铁电型有机场效应晶体管存储器中,研究最为广泛的有机铁电材料为聚合物材料 polyvinylidene fluoride(聚偏二氟乙烯,PVDF)及聚偏氟乙烯共聚物[poly(vinylidenefluoride-trifluoroethylene), P(VDF - TrFE)][36,37],主要因为其具有低廉的价格、稳定的物理化学性质和较好的可溶性等优点,并且此类有机铁电聚合物材料具有较大的极化特性,基于此类有机铁电聚合物材料的有机场效应晶体管存储器具有较快的开关速度以及较高的热稳定性[38]。

铁电型有机场效应晶体管存储器利用铁电材料固有的极性,通过外加栅极电场改变铁电栅绝缘层的极性,从而调控有机半导体层中的载流子浓度,使器件呈现出不同导电态,即铁电材料相反的电场极化方向被定义为存储器中的“0”或“1”态,进而实现存储功能。1986 年,Yamauchi 等报道了第一个基于有机铁电聚合物 P(VDF - TrFE)(75: 25)的场效应晶体管存储器[39],但是器件需要较高的操作电压和写入时间。降低操作电压和写入时间可采用的主要方法有: ① 降低栅绝缘层的厚度;② 使用具有较高介电常数的栅绝缘层材料。2004 年,Schroeder 等以传统

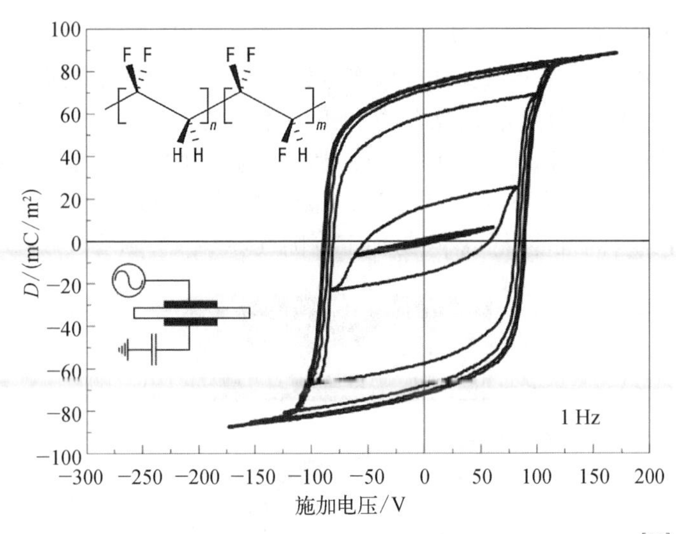

图 3.19 有机铁电聚合物 PVDF(TrFE)薄膜电容器的迟滞回线[35]

有机场效应晶体管结构为基础,采用具有铁电性质的聚合物材料 poly(*m*-xylylene adipamide)[MXD6,聚间苯二甲酰己二胺]作为有机场效应晶体管的栅绝缘层,报道了首个全有机铁电型场效应晶体管存储器[40]。该器件的转移特性表现出明显的迟滞回线,实现了存储电流开关比约 200,存储窗口为 20 V 的良好存储性能。Unni 等也报道了基于有机铁电聚合物 P(VDF-TrFE)(70: 30)的全有机铁电型场效应晶体管存储器[41]。器件表现出非常稳定的维持时间特性,开态电流在维持 5 h 后仅下降到初始值的 81%,关态电流表现得更稳定。2005 年,Naber 等在有机聚合物铁电型场效应晶体管存储器方面取得了重要进展[35],如图 3.20 所示,他们采用 P(VDF-TrFE)(65 : 35)作为有机场效应晶体管的栅绝缘层,以 p 型有机聚合物 poly[2-methoxy-5-(2′-ethyl-hexyloxy)-*p*-phenylene-vinylene]{MEH-PPV,聚[2-甲氧基-5-(2-乙基己氧基)-1,4-对苯乙炔]}为有机半导体层,用溶液加工的方法制备了高性能铁电型有机场效应晶体管存储器,器件实现了超过一周的维持时间、大于 1 000 次的读写擦循环以及较快的写入速度。该实验通过多组实验对比,并使用正交溶剂有效地避免聚合物之间的互溶,形成了界限分明且无缺陷的聚合物/聚合物界面,不仅实现了较好的器件性能,更重要的是证明了器件所表现出的迟滞现象来自铁电材料在电场作用下的极化性质,而不是由于有机半导体层/栅绝缘层界面的陷阱对电荷的俘获,因为有机半导体层/栅绝缘层界面陷阱产生的界面电荷俘获会明显地降低器件的性能。此后,Naber 等通过采用环己酮作为有机铁电材料的溶剂优化沉积技术,获得了较薄、光滑且无缺陷的铁电薄膜,并将该薄膜应用于有机场效应晶体管存储器,成功地将器件的操作电压降低到 15 V,实现了可应用于集成电路的程度[42]。此外,他们还对该器件进行了连续 3 h 的维持时间测试,对测量数据进行延长后维持时间可达 10 年。近年来,柔性铁电型有机场效应晶体管存储器方面也取得了快速的发展。Lee 等以 PES 为衬底制备了柔性铁电型有机场效应晶体管存储器,实现了操作电压仅为 5 V 的铁电存储器件[43]。Khan 等在柔性纸币上旋涂具有超强黏合力和不渗透性的聚二甲基硅氧烷(poldimeylsiloxone, PDMS)作为衬底,采用 PEDOT:PSS 作为栅电极,成功制备了操作电压为 4 V、存储窗口为 8 V、维持时间超过 10^4 s 的柔性铁电型有机场效应晶体管存储器[44],该器件具有高性能、低成本、易加工等优点。

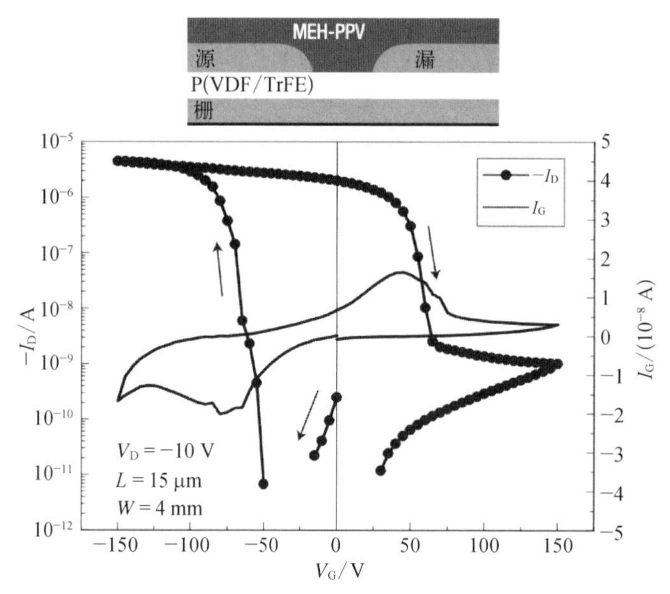

图 3.20 基于有机铁电聚合物 PVDF(TrFE)的有机场效应晶体管存储器的迟滞回线[35]

3.4 有机场效应晶体管存储器的材料

有机场效应晶体管存储器结构中包含不同的功能材料:衬底材料、半导体材料、绝缘层材料、电极材料。衬底材料决定了存储器器件的机械硬度和物理稳定性;半导体材料作为存储器器件的活性层材料,直接影响了器件的性能;绝缘层材料通常由无机绝缘层 SiO_2、Al_2O_3 以及聚合物材料制备而成;电极材料的选取以获得较好的欧姆接触为最佳,通常为金属金、铜、铝等。本节将讨论有机场效应晶体管存储器的材料。

3.4.1 有机场效应晶体管存储器衬底材料

有机场效应晶体管存储器衬底材料分为刚性衬底和柔性衬底两种,刚性有机场效应晶体管存储器通常采用硅或者玻璃等作为刚性衬底材料[23]。这些材料具有很强的机械硬度,且具有稳定的物理和化学性能。柔性衬底通常选用聚酰亚胺

(polyimide, PI)、聚对苯二甲酸乙二醇酯(polyethyleneterephthalate, PET)、聚萘二甲酸乙二醇酯(polyethylene - 2, 6 - naphthalate, PEN)、聚醚砜(polyethersulfone, PES)等聚合物材料[45],这些材料具有良好的机械柔韧性,能够承受反复拉伸、卷曲和折叠,并且具有稳定的化学和物理性质。与此同时,这些衬底材料具备其各自的优势。像PEN在稳定性、绝缘性和耐水解性等方面都较PET有优势,但它们的连续使用温度范围(指材料在这一温度范围内能长期有效使用)不宽,目前限制PEN大量使用的主要原因是其成本比较高。PES也有很好的透明性和较PEN、PET更高的连续使用温度,但成本也较高。PI有非常好的热稳定性、耐水解特性以及极佳的机械柔韧性,但它橙色的透明度较差且成本很高,白色PI虽透明度好但成本更高,这些因素都限制了PI的应用。综合考虑,PET以其低成本和高透明度等优势而成为当前被较广泛使用的柔性衬底材料,表3.1详细列出了典型的聚合衬底材料的主要性质对照表。

表3.1　典型的聚合物衬底材料的性质对照表[45]

	PEN	PET	PES	PI
实物图				
颜色	琥珀色透明	乳白色半透明或无色透明	琥珀色透明	黄色透明或无色透明
弯曲强度	93 MPa	88 MPa	>130 MPa	(20℃)≥170 MPa
拉伸强度	74 MPa	55 MPa	84.3~124.5 MPa	200 MPa
绝缘等级	F	E	H	F~H
耐水解性	200 h	50 h	耐150~160℃过热水或蒸气	耐水解120℃ 500 h
连续使用温度	160℃	120℃	180~200℃	-200~288℃
成本	较高,为PET的3~4倍	低,约35元/kg	较高,约126元/kg	高,约200元/kg

3.4.2　有机场效应晶体管存储器绝缘层材料

以往对有机薄膜晶体管(OTFT)的研究主要集中在迁移率高、加工简易、对环境稳定的半导体材料的研发上。但是随着研究的深入,人们逐渐发现器件的载流子主要是在半导体层与绝缘层界面之间 2~6 个单分子层传输的。因此,OTFT 的性能不仅仅与有机半导体材料有关,还与有机绝缘层材料及有机半导体层的界面性质有关。所以,人们最近开始将研究重点放在开发新的有机绝缘层材料、修饰有机绝缘层的界面和优化有机绝缘层的加工工艺等方面。由于有机分子间相互作用力较弱,使得载流子在有机半导体上的传输是跳跃式(hopping)传输而不是真正的能带(band)传输,这一传输特点与载流子在无机半导体的传输方式不同。只有在较低温度下,才能在分子晶体中观测到载流子类似于能带(band-like)的传输。由于载流子在有机小分子和聚合物半导体这一特殊的传输方式,使得绝缘层对半导体层的影响更加广泛。主要表现在以下几个方面:

(1) 对于底栅顶接触型 OTFT,由于有机半导体层与有机绝缘层是直接接触的,因此有机绝缘层的界面性质对有机小分子和聚合物半导体的结晶形貌、晶粒大小和分子链段的取向等具有重要的影响。

(2) 有机绝缘层表面粗糙度的大小对于 OTFT 的性能也有重要的影响。有机绝缘层表面粗糙度增加,其“山谷”(valley)形貌不仅在 OTFT 的沟道区域形成了限制载流子移动的陷阱和缺陷,而且也影响了多晶材料的晶粒大小、生长的均一性和成核密度。

(3) 由于迁移率具有栅压依赖性,因此由绝缘层界面引起的栅压的各种变化也会影响 OTFT 器件的性能。使用高介电常数的绝缘层材料能够降低器件的阈值电压和开关电压从而提高电流开关比,并减小对半导体层与绝缘层界面处可移动的电荷的限制。

(4) 有机绝缘层的极性也是一个重要的影响,它能影响半导体的局部形貌和半导体中电子状态(electronic state)的分布。通过大量的研究发现,理想的绝缘层应具备以下特点: ① 具有较低的漏电流和较好的化学与物理稳定性;② 尽量低的表面陷阱密度和尽量少的缺陷,以获得最大的迁移率;③ 对 p 型和 n 有机型半导体材料均有较好的兼容性;④ 具有足够大的介电常数以降低器件的阈值电压和开启电压;⑤ 能够通过溶液旋涂、打印和印章等技术进行加工;⑥ 能与柔性衬底进行兼容,同时能满足低能耗、低成本的商业需求。

目前在有机场效应晶体管中常用的无机绝缘材料主要有 SiO_2、Al_2O_3、TiO_2、ZrO_2等。无机绝缘材料优点是耐高温、化学性质稳定、不易被击穿等;不利的地方是其固相高温和非柔性加工特点限制了它在晶体管微型化、大面积柔性显示、大规模集成电路、低成本溶液加工生产中的应用。二氧化硅是目前场效应晶体管存储器中普遍采用的无机绝缘层,它可以在重掺杂的硅片上通过热氧化的方法生长,而衬底硅片又可以作为栅电极,所以加工工艺简单。由于二氧化硅表面存在一定的缺陷且与有机半导体相容性较差,这些表面性质显著影响器件的回滞特性(hysteresis)和阈值电压,不利于获得高的场效应性能。此外,对于底栅器件而言,无机绝缘层的表面性质也影响有机半导体的薄膜形态和器件性能[46]。重要的是,不同的表面性质主要影响有机薄膜的成核密度和晶粒的尺寸,表现为不同的载流子迁移率。一般通过在二氧化硅表面组装单分子层[如十八烷基三氯硅烷(OTS)和六甲基二硅氮烷(HMDS)]来优化改善器件性能。但是基于二氧化硅绝缘层的器件的操作电压一般比较高,因此寻求适用于有机场效应晶体管的、高介电常数的无机绝缘层材料是科研工作者关注的热点。聚合物绝缘层材料由于具有性能易于调控、加工简便和适合大面积柔性生产等特点,逐渐受到广泛关注。有机绝缘层材料应满足以下的要求:低表面粗糙度、低表面陷阱密度、低杂质浓度,尤其不能对相连接的有机半导体薄膜的结构和性能有所破坏;与有机半导体有很好的相容性。前主要的有机绝缘材料有 PMMA、PI、PS、PVP 和 PVA 等。自组装单层和自组装多层是另一类有机绝缘层材料。由于器件单位面积的电容与绝缘层的厚度成反比,因此在不增加器件漏电流的前提下,可以用自组装的方式降低器件绝缘层的厚度以提高单位电容,从而降低阈值电压。

3.4.3 有机场效应晶体管存储器半导体材料

有机半导体在有机薄膜晶体管器件中作为有源层对载流子的产生及传输起着重要作用,直接影响着器件的性能。为了获得理想的器件性能,对有机场效应材料的最基本要求有两个:一是具有稳定的电化学特性和良好的 π 键的共轭体系,只有这样才有利于载流子的传输,获得较高迁移率;第二,本征电导率必须较低,这是为了尽可能降低器件的漏电流,从而提高器件的开关比。有机场效应晶体管存储器半导体材料除了应具备载流子注入和输出特性,还应满足:LUMO 或 HOMO 能级分别有利于电子或空穴注入;固态晶体结构应提供足够的分子轨道重叠,保证电荷在相邻分子间迁移时无过高的势垒;半导体单晶的尺寸范围应连续跨越源、漏两极接触点,且单晶的取向应使高迁移率方向与电流方向平行,理想情况是制备比器件尺寸更大的单晶薄膜;应具有低的本征电导率,降低关态漏电流,提高器件电流开关比。

从分子结构的角度来看,有机半导体材料一般分为两大类:一类为高分子聚合物(polymer),主要为非晶的共轭聚合物;另一类为小分子有机材料,主要包括共轭低聚物(conjugated oligomer)及一些富含 n 电子的分子。从有机半导体层中主要载流子种类来分,以空穴为主要载流子的为 p 沟道有机半导体,以电子为主要载流子的为 n 沟道有机半导体。

虽然有机半导体材料的研究取得了巨大进展,但仍有许多问题需要解决,主要包括:有机半导体材料大多数为 p 型,n 型的较少,材型过于单一;具备高迁移率且在空气稳定存在的半导体材料缺乏;大多数有机半导体材料难溶且不易熔化,很难使用溶液成膜技术制备器件。随着研究的不断深入,其良好的应用前景必将显现出来,并有望成为电子器件的新一代产品。

3.4.4 有机场效应晶体管存储器电极材料

电极材料是另一类重要的辅助材料，以前对电极的研究只局限在能级匹配上，基本没有涉及它们与材料层的界面的相互影响。常用电极材料有金属的铝、金、铂、铬、氧化铟锡、石墨和聚苯胺等。对于电极来说，为了降低源漏区的接触电阻，必须与有机半导体材料形成良好的能级匹配，在有机半导体中，由于空穴和电子分别被注入 HOMO 和 LUMO 能级中进行传输，因而所用的电极材料的功函数需要与有机半导体的 HOMO 能级（对 p 型半导体）或 LUMO 能级（对 n 型半导体）相近。并五苯和金属电极接触区域的电势变化，导致不同的金属材料和并五苯之间存在不同的接触方式。功函合适的金属和并五苯在源漏电极均为欧姆接触，没有明显的能级势垒，得到的器件性能会最好；而易和并五苯在源极形成一定势垒的器件性能一般；低功函金属镍容易和并五苯在漏极形成较大的势垒，得到的器件的性能通常最差。因此人们希望电极和半导体层的接触界面能够形成欧姆接触，这样可以避免因为存在势垒而导致器件性能下降。

3.5 几种特殊类型的有机场效应晶体管存储器

3.5.1 多阶存储有机场效应晶体管存储器

根据场效应晶体管存储原理，在外部编程电压的作用下，晶体管的转移特性曲线会发生偏移，偏移后的转移特性曲线被定义为写入状态或者擦除状态，从而可以实现对信息的存储。商业化的场效应晶体管存储器只具有“0”和“1”两种存储状态[47]，如图 3.21(a)所示，要提高其单位存储容量，只能依赖减小存储单元的物理尺寸并提高其单位存储密度这一途径。而有机场效应晶体管存储器的转移特性曲线可在特定条件下实现多阶偏移，这就意味着可在任意两条转移特性曲线之间实现对信息的存储，即具有多种存储态[48][图 3.21(b)]，从而使得存储器拥有多阶存储特性，这样可在不减少存储单元物理尺寸的前提下使存储器的单位存储容量获得大幅度提高。值得指出的是，和当前商业化的晶体管存储器一样，这种具有多阶存储特性的有机场效应晶体管存储器同样具有单只晶体管驱动、与电路集成等特性[34,49,50]，可以很好地与当前的 CMOS 工艺相兼容，不会增加制造过程的复杂性和生产成本，具有很强的产品竞争力。因此，具有多阶存储功能的有机场效应晶体管存储器被视为一种极具发展潜力的大容量存储器，在便携式存储、大数据库、柔性集成电路和柔性显示等方面显示出了巨大的应用前景，具有很好的科学研究和产业开发价值。

根据有机场效应晶体管多阶存储器的工作原理，要实现其多阶存储的关键是能够精确调控存储器的载体——有机场效应晶体管的转移特性曲线的偏移，并且

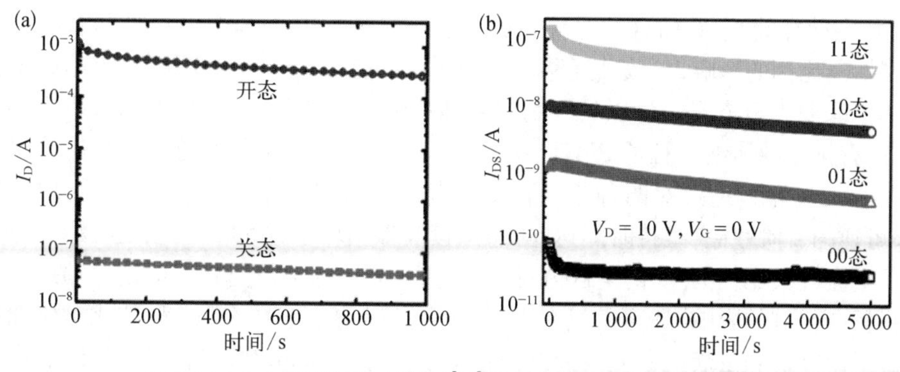

图3.21 (a)两阶存储示意图[47]与(b)多阶存储示意图[48]

要确保上述偏移是多阶、可逆和稳定的。由于电荷存储层直接影响到有机场效应晶体管多阶存储器性能,因此人们通常基于电荷存储层进行有机场效应晶体管多阶存储器的研制。2009年,中科院化学研究所刘云圻院士和于贵研究员课题组分别用并五苯和CuPc作为有机半导体层、用聚合物介电材料PS和PMMA分别作为电荷存储层,制备了具有4阶存储特性的有机场效应晶体管多阶存储器[7]。该多阶存储器的存储维持时间为2×10^4s,但是其中相邻3阶存储态的电流开关比仅维持在10的1次方,不利于存储信息的识别,而且其迁移率分别为0.5 $cm^2/(V\cdot s)$和0.01 $cm^2/(V\cdot s)$,低于并五苯和CuPc这两种材料的本征迁移率。2010年,中科院微电子研究所刘明院士课题组也报道了一种以并五苯作为有机半导体层、以PMMA作为电荷存储层的有机场效应晶体管多阶存储器[51]。该存储器具有4阶存储特性,维持时间可达10^4 s,但是其中相邻3阶存储态的电流开关比小于10的1次方,且存储器的迁移率也仅为0.30 $cm^2/(V\cdot s)$。2012年,韩国延世大学Cheolmin Park教授课题组报道了以P3HT作为半导体层、以铁电聚合物PVDF-TrFE作为存储介质的有机场效应晶体管多阶存储器[52]。他们通过改变外加栅压的幅值来控制铁电材料的剩余极化度,实现了4阶存储特性。然而铁电聚合物形成的薄膜粗糙度较大,导致了该存储器性能衰减很快且迁移率较低。2013年,香港城市大学的V. A. L. Roy教授课题组报道了一种使用双极性聚合物半导体材料PDPP-TBT作为有机半导体层,Au纳米粒子作为存储介质的有机场效应晶体管多阶存储器[53]。该存储器利用双极性半导体的双沟道特性,在Au纳米颗粒中同时实现了对空穴与电子的俘获,进而实现了5阶存储,其存储状态的维持时间可达10^5 s。但是该存储器各相邻存储态之间的电流开关比小于的10的1次方,并且受金纳米粒子形貌的影响,其电子和空穴的迁移率分别仅为0.051 $cm^2/(V\cdot s)$和0.037 $cm^2/(V\cdot s)$。2015年,台湾大学陈文章教授课题组报道了一种利用并五苯作为有机半导体层,用CuPc纳米粒子、亚微米针状单晶富勒烯($N-C_{60}$)共同作为存储单元的双纳米浮栅结构的有机场效应晶体管多阶存储器[30]。该存储器具有

4 阶稳定的存储态,然而这种存储器的有机半导体层并五苯的生长受到双纳米浮栅层掺杂比例的影响,导致其迁移率只有 10^{-2} $cm^2/(V \cdot s)$。2016 年,吉林大学王伟教授课题组报道了一种以聚合物半导体材料 P(NDI2OD-T2)作为有机半导体层,以有机半导体纳米粒子 P3HT 和 PCBM 作为双浮栅的有机场效应晶体管多阶存储器[48]。他们通过对两种半导体纳米粒子的掺杂比例的调控,进而实现了稳定、可逆的 4 阶存储,维持时间达 5 000 s,读写擦循环超过 500 次,但是各相邻存储态的电流开关比约为 10 的 1 次方,而且有机半导体的生长受到了电荷存储层浮栅材料掺杂比例的影响,迁移率只有 10^{-2} $cm^2/(V \cdot s)$。2016 年,中科院化学研究所胡文平研究员和董焕丽研究员课题组报道了一种以 CuPc 作为有机半导体层,以二维云母晶体作为存储介质的有机场效应晶体管多阶存储器[54],他们通过改变栅电压的施加时间,该存储器表现出了 8 阶存储,维持时间达 4 000 s。但是这种 8 阶存储器相邻存储态之间的电流开关比小于 10 的 1 次方,其载流子迁移率维持在 0.4 $cm^2/(V \cdot s)$。从上述有机场效应晶体管多阶存储器的研究现状来看,尽管从电荷存储层进行的调控很好地实现了多阶存储特性,但是其相邻存储态之间的电流开关比偏低,不利于信息的存储和识别,这是研制高性能有机场效应晶体管多阶存储器必须解决的问题。特别是对电荷存储层的优化,有时会影响有机半导体层的生长质量,从而降低了载流子的迁移率,进而使得存储器的运行速度和稳定性受到影响。因此,如何兼顾电荷存储层和有机半导体层的生长质量是研制高性能有机场效应晶体管多阶存储器亟需解决的问题。

在有机场效应晶体管多阶存储器中,有机半导体层与载流子的注入和传输密切相关,从而对存储器的转移特性曲线多阶偏移产生影响。但是目前大部分有机场效应晶体管多阶存储器的研究集中在对电荷存储层的优化方面,而忽视了对多阶存储器有机半导体层的研究,特别是在有机半导体层对有机场效应晶体管多阶存储器存储性能的影响方面更是很少涉及。因此,厘清有机半导体层与存储性能之间的内在关联性,对于研制高性能的有机场效应晶体管多阶存储器具有重要的促进作用。特别是有机场效应晶体管是其多阶存储的载体,而有机半导体层是保证有机场效应晶体管正常运行的关键部分。因此,对有机场效应晶体管多阶存储器中有机半导体层的研究不仅和电荷存储层的研究相辅相成,还有助于推动新型有机半导体材料的发展。

在双极性有机场效应晶体管研究中,人们发现利用有机半导体异质结作为有源层可以有效提高器件的迁移率,这主要归结于能级匹配和薄膜形貌等有机半导体异质结效应所引发的载流子传输增强[55-57]。基于有机半导体异质结的上述特性,近期作为有源层已被尝试应用到有机场效应晶体管存储器研制中,并有效提升了 2 阶存储性能[58-60],但在多阶存储器的制备中却鲜有报道。直到 2015 年仪明东课题组利用混掺型双组分的有机半导体异质结 CuPc/BMThCe 作为有机场效应晶体管存储器的有源层,通过对 BMThCe 分子开环态和闭环态的调控,成功实现了

5 阶存储特性,维持时间在 10^4 s 时仍然保持稳定[61]。这项工作证实了有机半导体异质结的构筑及调控对于实现有机场效应晶体管存储器的多阶存储同样具有重要作用。但是制备的多阶存储器迁移率只有 10^{-3} $cm^2/(V·s)$,操作电压高达 100 V,并且其表现出相邻存储状态之间的电流开关比小于 10 的 1 次方,不利于信息的存储和识别。在仪明东课题组工作的基础上,2016 年法国斯特拉斯堡大学 Samorì 课题组报道了同样利用混掺型双组分的有机半导体异质结 P3HT/DAE－Me 作为有源层,通过对 DAE－Me 分子开环态和闭环态的调控,实现了 5 阶存储性能,其维持时间达 10^7 s,可稳定读写擦循环的次数超过了 1 000 次[62]。他们通过对有机半导体异质结能级匹配和薄膜形貌的改进,提高了存储器的迁移率[10^{-2} $cm^2/(V·s)$],并降低了操作电压(60 V),但是该多阶存储器同样着存在相邻存储态之间的电流开关比小的问题。从上述的研究结果来看,采用混掺型双组分的有机半导体异质结作为有源层,尽管仍存在迁移率低、操作电压高以及相邻存储态之间的电流开关比小等问题,但是却使存储器的转移特性曲线的调控范围变大和调控精度变高,从

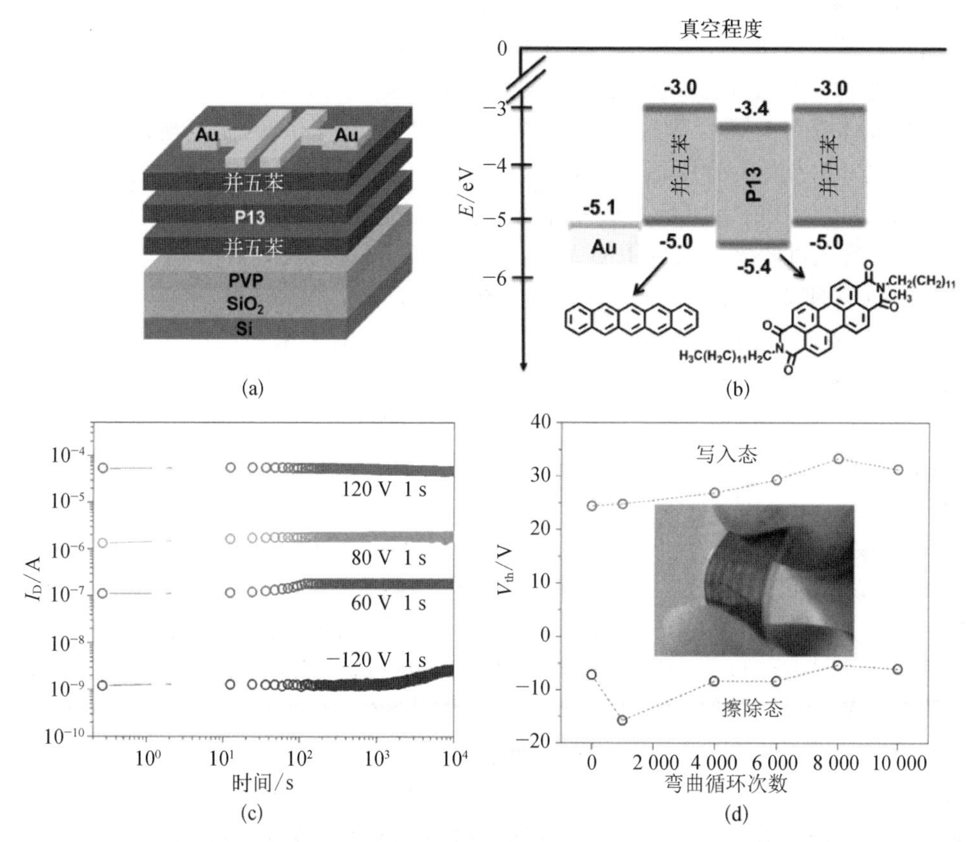

图 3.22 (a) 三层有机异质结场效应晶体管存储器的器件结构;(b) 并五苯与 P13 的化学结构式,及 HOMO 与 LUMO 能级[63];(c) 四个电流态相应的维持时间;(d) 弯曲状态下的柔性器件

而使得多阶存储更容易实现，并且证实了多阶存储器的有机半导体层与其存储性能具有很强的关联性。2017 年仪明东课题组报道了一种以三层有机半导体异质结（并五苯/P13/并五苯）作为半导体层的有机场效应晶体管存储器[63]，他们利用并五苯/P13/并五苯形成的类量子阱结构，成功实现了对电荷的存储，同时与聚合物栅绝缘层固有的电荷存储性质协同作用，使存储性能得到显著提高（图 3.22）。该存储器具有稳定存储耐受性（读写擦循环次数超过 3 000 次）和超长的存储寿命（10 年以上），并实现了存储态分明的 4 阶存储特性（即 2 bit 信息存储）。此外，该三层有机半导体异质结结构可以与柔性衬底相兼容，进而成功制备了柔性非易失性晶体管存储器，其在弯曲半径为 10 mm 的条件下反复弯曲 10 000 次后仍能保持较好的存储性能。

3.5.2 基于光调控的有机场效应晶体管存储器

目前有机场效应晶体管存储器进行信息存储的方式主要是通过对有机场效应晶体管的栅/源电极施加正向或负向外部偏压，在外部偏压的作用下有机场效应晶体管的转移特性曲线将会相应地发生偏移，偏移后的转移特性曲线状态被定义为写入状态或者擦除状态，从而可以实现对信息的非易失性存储[64]。由于这种有机场效应晶体管存储器实现信息存储主要依靠施加外部偏压，因而也被称为电调控的有机场效应晶体管存储器。相对于当前商业化的存储器毫秒（ms）级别的存储速度，这种电调控的有机场效应晶体管存储器的存储速度可以达到微秒（μs）级别[65]，并且通过调控外加电压的大小，可以实现信息的多阶存储[66,67]，从而在不改变器件物理体积的前提下使存储容量获得了大幅度提高。尽管这种电调控的有机场效应晶体管存储器在一定程度上满足了人们对未来存储器的更大容量和更快的存储速度的需求，但是施加的外部电场容易受到外界信号的干扰，从而导致存储信息的失真和篡改[23]。其次这种电调控的有机场效应晶体管存储器同商业化存储器一样，同样依靠外部电场进行信息存储，因而同样会对电力等能源造成损耗[68]。

后来人们发现用适当波长的光照射这种电调控的有机场效应晶体管存储器时，作为载体的有机场效应晶体管的转移特性曲线会随着光照强度的大小和照射时间的长短而发生有规律的偏移，并且能在外部条件的作用下（电场、光照）回到其初始位置，同样可以实现对信息的存储[69]。这是因为当具有特定波长的光被有机场效应晶体管存储器的有机半导体层吸收后，会在有机半导体内部产生激子，之后这些激子分离成电子和空穴。对 p 型有机半导体而言，光照产生的空穴参与有机场效应晶体管存储器的沟道电流传输，产生的电子则会进入有机场效应晶体管存储器的电荷存储层中，从而使有机场效应晶体管的转移特性曲线发生偏移；当撤去光照时，被有机场效应晶体管存储器电荷存储层俘获的电子在外部条件的作用下与有机场效应晶体管存储器导电沟道中的空穴复合，从而使得有机场效应晶体管的转移特性曲线重新返回到初始位置[66,70,71]。人们利用有机场效应晶体管存储器在光照时产生的上述特性,研发出了利用光照作为信息写入或者擦除手段的有机场效应晶体管存储器,这种存储器也被称为光调控有机场效应晶体管存储器。人们经过研究认为,相对于电调控有机场效应晶体管存储器,光调控有机场效应晶体管存储器具有以下优点:① 具有更快的存储速度,由于光子传输速度为光速,并且激子转化为空穴和电子的过程为飞秒级别,因此这种存储器的存储速度在理论上可以达到飞秒级别[72];② 具有更大的存储容量,由于光照可以提供充足的空穴和电子,使有机场效应晶体管转移特性曲线可以在更大范围内发生偏移,可以实现更大容量的信息存储[66,73];③ 数据信息保护能力高,由于光照不易受到外来因素的干扰,并且只有特定波长和强度的光才能实现信息的写入和擦除,从而可以保证信息输入和擦除的准确性,以及保护所存储的数据信息不外泄[74,75];④ 对电力能源依赖性低,由于使用光照(包括太阳光)进行信息的写入和擦除,因此光调控有机场效应晶体管存储器存储信息的过程可以部分甚至全部摆脱对电力能源的依赖[76]。因此光调控有机场效应晶体管存储器具有显著的存储优势,获得了科学家和产业界的高度关注,具有良好的产业开发价值。

目前光调控有机场效应晶体管存储器的研究在国际上尚处于起步阶段,相关文献的报道比较少,主要集中在光调控有机场效应晶体管存储器的存储现象及存储行为研究上。2005 年,V. Podzorov 课题组报道了光致激发的电荷可以在有机场效应晶体管的有机半导体层和电荷存储层之间转移,从而使 OFET 的转移特性曲线发生有规律的偏移[77]。他们经过研究认为:可以利用光照作为信息写入或擦除的手段,通过对有机场效应晶体管的转移特性曲线进行调控,实现对信息的存储。2009 年,中科院化学研究所刘云圻课题组利用并五苯和酞菁铜(CuPc)分别作为有机半导体层以及聚苯乙烯(PS)和聚甲基丙烯酸甲酯(PMMA)分别作为电荷存储层制备了一种光调控有机场效应晶体管存储器[7],该存储器利用光照作用使得有机场效应晶体管的转移特性曲线可以大范围发生偏移,实现了具有 4 阶存储功能的光调控有机场效应晶体管存储器,其存储维持时间为 2×10^4 s。但是在这种存储器中,光照没有作为一种单独的信息写入手段,仅作为一种辅助手段和外部偏压共同对信息实现写入,其操作电压高达 60 V,而且没有给出具体的读写擦循环次数。在此基础上,该课题组又提出了光致有机存储器(light-charge organic memory, LCOM)的概念[74],研究了光照强度对存储性能的影响,并在柔性衬底上实现了光致存储器的制备,但是在该报道中光照仍然没有作为一种单独的信息写入手段,还是和外部偏压共同作为信息写入的手段。2011 年,中科院微电子所的刘明课题组报道了一种以并五苯为有机半导体层、以金纳米为浮栅的光调控有机场效应晶体管存储器[73],在光照的作用下,该存储器的存储窗口和存储电流开关比分别达到了 63 V 和 10^5,但是这种存储器仍然采用光照和外部偏压共同作为信息写入的手段,并没有把光照作为一种单独的信息写入手段,其操作电压也高达 60 V,读写擦循环次数仅为 100 次。2012 年,吉林大学王伟课题组和中科院长春应用化学研究所马东阁课题组共同报道了一种以并五苯为有机半导体层、以聚甲基丙烯酸甲酯(PMMA)为电荷存储层的光调控有机场效应晶体管存储器[78],该存储器在较低的操作电压下表现出了光调控的存储特性,但是光照仍然作为一种辅助手段和外部偏压共同作为信息写入手段,并且其存储维持时间衰减很快。2011 年,台湾交通大学的 Chen 等同样以并五苯作为有机半导体层、以 PMMA 为电荷存储层制备了一种电写入光擦除的光调控的有机场效应晶体管存储器[69],与之前报道过的光调控有机场效应晶体管存储器不同,在这种存储器的光调控中,光照是作为一种单独的信息擦除手段,而不是和外部偏压共同作为信息擦除的手段,但是这种存储器需要光照的时间高达 6 min,其操作电压也高达 40 V,并且没有给出存储的维持时间和读写擦循环次数等参数。2013 年,中科院化学研究所王吉政课题组利用一种 NDI(2OD)(4^tBuPh)-DTYM2 材料作为有机半导体层[75],利用这种材料在光照前后所导致的 OFET 源漏电流的变化,证实了光照可以同时作为信息写入和擦除的手段,但是没有给出具体的存储性能参数。2013 年,Matsuda 等报道了一种以二芳基乙烯为有机半导体层的光调控有机场效应晶体管存储器[79],他们利用二芳基乙烯在紫外线和可见光照射下导电性的不同,制备了一种利用紫外线写入和可见光擦除的光调控有机场效应晶体管存储器,实现了光照同时作为信息写入和擦除的手段,但是这种光调控有机场效应晶体管存储器的操作电压高达 100 V,电流开关比仅为 10^2,并且没有给出具体的读写擦循环次数。2013 年,Lin 课题组用一种有机半导体材料 Py-SFDBAO 的纳米片作为存储功能层,同样制备了一种用可见光作为信息写入手段的存储器[80]。该存储器具有光电存储信号各向异性的存储特性,这种特性有效提高了信息的存储密度,但是该存储器的光信号读写擦循环次数仍然比较低。2013 年,中国科学院北京化学研究所刘云圻课题组报道了基于光写入有机场效应晶体管存储器的新型大面积柔性成像阵列[74]。他们设计合成了一种带有二氰甲烯基基团的电子受体小分子材料(M-C10),并应用于有机场效应晶体管存储器作为电荷存储层,制备了 LCOM。当器件受到入射光照射时,有机半导体并五苯层中产生激子,因为 M-C10 的 LUMO 能级较低,具有较低的电子注入势垒,将吸引并存储相邻有机半导体并五苯层中的电子,不同的电荷存储密度产生不同的存储态,反映了入射光的强度。他们制备了 12×12 的成像矩阵,144 个 LCOM 的源极相连并接地。在成像之前,LCOM 在 890 μW 的光照和 5 V 的电压下饱和处置 5 s,将成像电路归“零”,然后将一页印有中国“太极”图案的纸覆盖在成像矩阵上方,如图 3.23 所示。光照后,他们测量了每个存储单元的电流,并与“零”位电流对比,便可通过 LCOM 矩阵反映光学信息。矩阵存储的信息可以通过施加负向栅压进行擦除,然后施加 5 V 电压对 LCOM 进行饱和处置,刷新矩阵。此外,以字母“A”为例,他们研究发现光照 20 000 s 后,图像信息仍稳定地存储于成像矩阵。

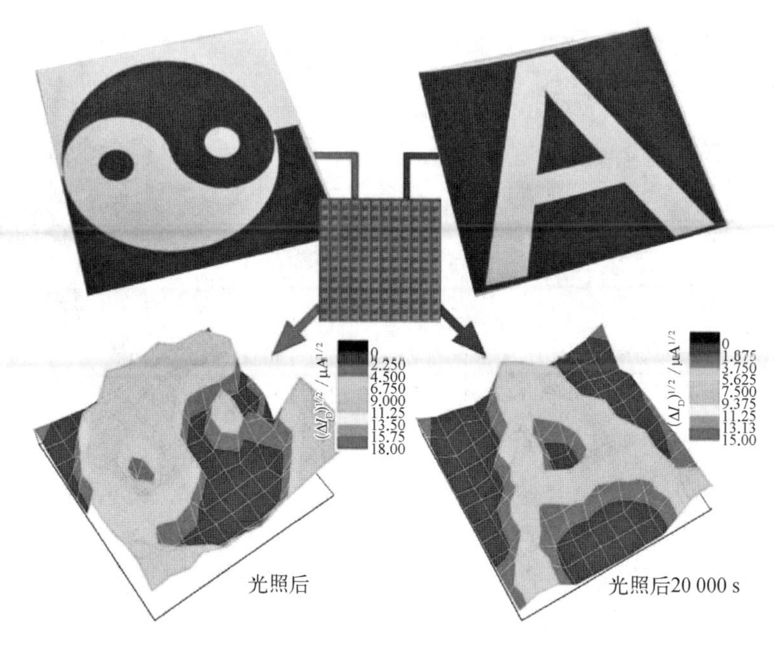

图 3.23　基于 LCOM 成像矩阵的图形信息存储示意图[74]

目前人们对光调控有机场效应晶体管存储器存储机理的认识还处于定性解释的阶段,并且许多观点还存在争议：一种观点认为是光照激发的电荷引起的存储[41,81];另外一种观点认为是光照导致有机半导体导电性的改变而引发的存储[82]。但是上述两种存储机理的解释均不够深入,都缺乏直接的实验证据和定量地分析,还需要系统地探究。对于一般的光调控有机场效应晶体管存储器来说,其光致存储过程包含了光生激子产生、扩散、分解、传输[71],以及光照激发产生的光生空穴或电子被俘获。

以基于 PVK 驻极体的并五苯 OPTM 为例[83],具体的工作过程如图 3.24 所示。在电写入、光擦除模式中[图 3.24(a)]：当存储器在黑暗条件时,施加负栅压,空穴从并五苯注入 PVK 驻极体,导致导电沟道中可移动空穴浓度降低,存储器的转移曲线向负向偏移,实现了写入操作;当对存储器进行光照时,在光敏型半导体并五苯中产生高能的光生激子。光生激子在浓度梯度的作用下扩散到并五苯上的沟道区域,在 V_G和 V_D的作用下激子分裂成电子-空穴对,这个过程发生在电场足够强的地方,大多数是接近源电极的地方。在栅源电场和源漏电场作用下,由激子分裂而来的部分光生空穴漂移至源极、光生电子漂移至漏极,分别参与沟道导电。而剩余的光生载流子会累积在半导体/驻极体的界面处形成界面偶极,降低电子的注入势垒。随着光照时间的增加,光生电子就可以注入驻极体中,被陷阱能级俘获,进而中和已经被俘获的空穴,此时存储器的转移曲线慢慢恢复到初始状态,相当于完成了擦除操作。光写入、电擦除的模式[图 3.24(b)]与之类似,当光照时间足够长

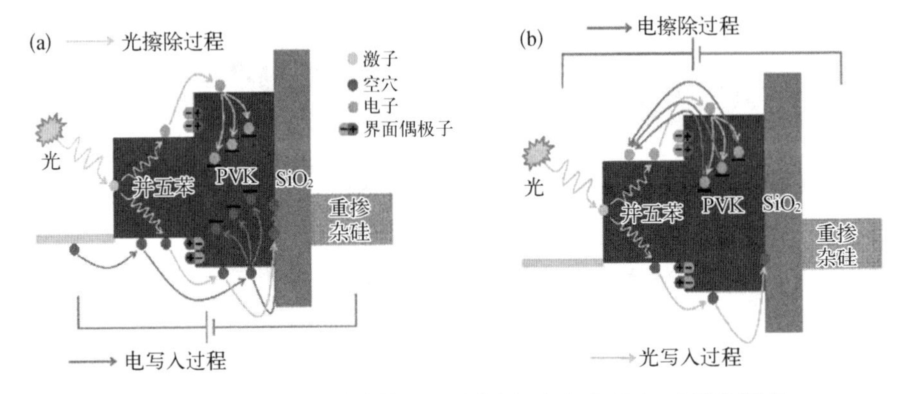

图 3.24 光辅助的电荷存储过程示意图:(a) 电写入、光擦除模式;
(b) 光写入、电擦除模式[83]

时,光生电子被大量俘获,存储器转移曲线继续向正向偏移,在负栅压的作用下通过注入空穴又可以使其恢复到初始态。

光辅助的电编程模式,可以在导电沟道中生成高能光空穴和光电子,使基于 p 型半导体并五苯的有机场效应晶体管存储器表现出类似双极性存储的特性。n 型半导体的光照响应和 p 型类似,只是其中可移动的载流子为光生电子。

如式(3.10)所示,光生激子发生的条件是入射光的光子能量(E)要和有机半导体的 HOMO - LUMO 能带宽度匹配或者更高,入射波波长越短,其光子能量越高[84,85]。光照的强度是影响光照调控有机场效应晶体管存储器的重要因素[86]。

$$E = \frac{hc}{\lambda} \tag{3.10}$$

其中,h 为普朗克常数;c 为光在真空中的传播速度; λ 为入射光波长。

3.5.3 柔性有机场效应晶体管存储器

柔性有机场效应晶体管存储器在柔性显示、柔性传感器阵列、低成本射频标签和柔性集成电路等领域已经得到初步的应用。柔性有机场效应晶体管存储器的最大特点就是形变量大且衬底不耐高温(<150℃),这也使得柔性有机场效应晶体管存储器的制备有了更多的要求:材料方面,要开发能与柔性衬底形变相兼容且稳定性高的有机半导体材料,如可溶液加工的有机半导体材料;结构方面,继续优化器件结构,如采用界面修饰、垂直结构、顶栅结构或者增加封装层的等方法提高柔性存储器的存储性能和抗水、抗氧化以及抗挠曲的能力;加工技术方面,开发与柔性衬底相兼容的低温(<150℃)、低成本、大面积溶液加工技术,如旋涂法、喷墨打印技术等;性能方面,需要制备出可挠曲性强、操作电压低、存储速度快、存储能力强、存储时间长的柔性有机场效应晶体管存储器;存储机制方面,需进一步阐释存储性能与器件结构、材料特性之间的内在关联,并建立合适的存储机制模

型。另外,目前的柔性有机场效应晶体管存储器单个器件尺寸普遍较大,如何缩小柔性有机场效应晶体管存储器器件的尺寸、实现器件的微加工是必须要攻克的难题。

1. 柔性有机场效应晶体管存储器的机械性能测试

柔性有机场效应晶体管存储器的机械性能测试包括在不同弯曲半径下的重复内弯或者外弯测试[87](图3.25)。在实际应用中,最理想的情况是柔性有机场效应晶体管存储器在被弯曲或折叠的情况下,其电学性能保持稳定,没有衰减或恶化[88,89]。但在实验中人们发现弯曲次数、弯曲半径、弯曲方向和弯曲时长均会对柔性有机场效应晶体管存储器的存储性能产生不同程度的影响。另外,柔性衬底所使用的材料以及其杨氏模量与厚度、是否封装等都将影响柔性器件所能承受的临界弯曲半径。一般而言,柔性器件的衬底厚度越小,它所能承受的弯曲变径就越小。与未加封装层相比,加封装层后的柔性器件性能会更加稳定,并可获得更小的弯曲半径,机械性能更好。

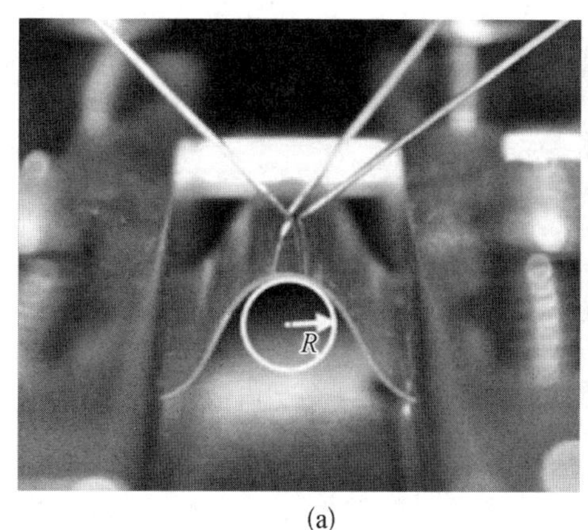

(a)

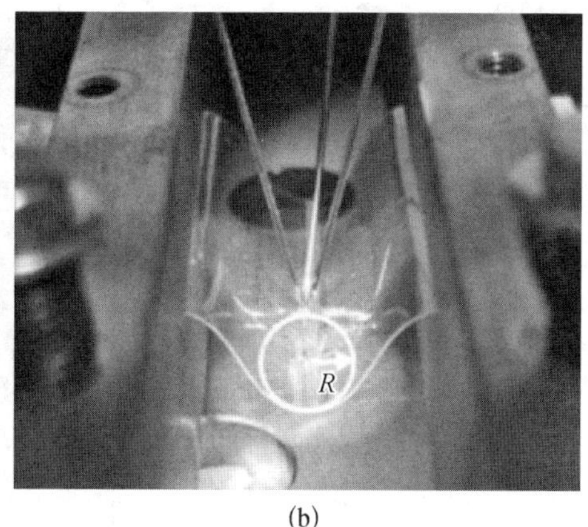

(b)

图3.25 器件在定义弯曲半径 R 下的外弯测试示意图(a)和内弯测试示意图(b)[87]

弯曲测试是指在不同弯曲半径下对器件的电学性能进行反复弯曲测试。在外弯过程中,器件会受到拉伸力的作用;在内弯过程中,器件会受到压缩力的作用。对于柔性有机场效应晶体管存储器器件,弯曲应力 F[90-92] 的大小可由 $F=\frac{d_s}{2R}$ 来估算,d_s 代表柔性有机场效应晶体管存储器器件的衬底厚度,R 代表弯曲半径。

如图3.26所示,弯曲方式对柔性有机场效应晶体管存储器性能参数的影响可归结为以下四个方面:弯曲半径、弯曲次数、弯曲方向以及弯曲时长。弯曲方向又分为垂直沟道(内弯/外弯)和平行沟道(内弯/外弯)测试。下面将详细描述不同的弯曲方式对柔性有机场效应晶体管存储器器件性能的影响。

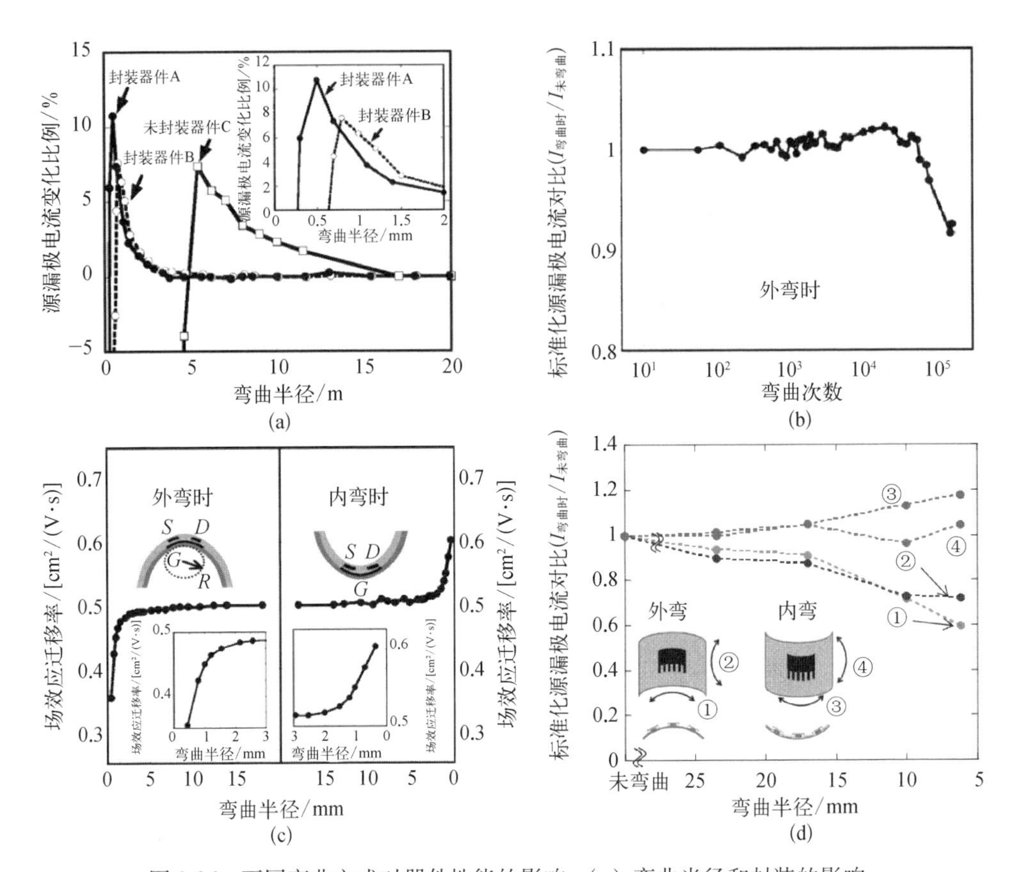

图 3.26 不同弯曲方式对器件性能的影响：(a) 弯曲半径和封装的影响；(b) 弯曲次数的影响；(c) 弯曲方向的影响；(d) 内弯/外弯时垂直/平行沟道对器件性能的影响

柔性有机场效应晶体管存储器本质上是一类具备存储性能的柔性场效应晶体管，因此其场效应迁移率、开关比、阈值电压等性能参数与柔性有机场效应晶体管相同，不同的弯曲方式对柔性有机场效应晶体管性能参数的影响规律同样适用于柔性有机场效应晶体管存储器，所以我们将结合柔性有机场效应晶体管详细阐述不同的弯曲方式对柔性有机场效应晶体管存储器电学性能参数的影响。

当弯曲半径在一定范围内时，柔性有机场效应晶体管存储器的性能并不会发生明显变化，但继续缩小弯曲半径时，存储器的性能会发生一定程度的衰退，特别当半径弯曲到达某一临界值时，存储器的性能会急剧下降，此时的弯曲半径称为极限弯曲半径。值得注意的是，当柔性有机场效应晶体管存储器的弯曲状态被释放后，器件性能会产生一定程度的恢复，但当弯曲半径小于器件的极限弯曲半径时，将对器件性能产生不可逆转的破坏。Sekitani 等[93]系统研究了弯曲半径对器件性能的影响，弯曲半径的范围为 0~20 mm[图 3.26(a)]，在实验中他们发现未封装的器件 C 在弯曲半径小于 17 mm 时性能参数开始发生变化，在弯曲半径小于 5 mm

时，会对器件性能造成不可逆转的破坏。对于增加不同厚度封装层的器件 A（封装层 13 μm）和器件 B（封装层 10 μm），则在弯曲半径约为 3 mm 时器件性能才发生变化，极限弯曲半径也分别缩小为 0.5 mm 和 0.8 mm。

另外，不同的弯曲方向（平行沟道弯曲或者垂直沟道弯曲）[94,95]均表现出类似的规律[如图 3.26(d)所示]，但垂直沟道弯曲时器件的性能衰减较快，这主要由于沿垂直沟道方向弯曲对载流子的导电沟道破坏更严重，因此对器件的性能影响较大。另外，他们也对弯曲次数和弯曲内外方向对器件性能的影响进行了研究[如图 3.26(b)、(c)所示]，他们所制备的柔性器件在弯曲 60 000 次之前，性能变化不大，高于 60 000 次时，器件性能发生急速恶化。对器件进行外弯和内弯测试时，柔性器件也表现了不同的电学性能变化。对柔性器件进行内弯测试和外弯测试，当弯曲半径小于 2 mm 时，内弯时器件的场效应迁移率会随着弯曲半径的减小而增大，而外弯时的变化趋势与之相反；当弯曲半径缩小到 0.5 mm 时，内弯时器件的场效应迁移率的值较未弯曲状态时提高了 20%，而外弯时却下降了 30%。值得一提的是，即便对柔性器件进行了最小弯曲半径为 0.5 mm 的机械性能测试，把柔性器件释放回未弯曲状态时，器件的性能仍旧是可恢复的。

Zhou 课题组[96]也研究了不同弯曲半径和弯曲方向对柔性有机场效应晶体管存储器存储性能的影响，如图 3.27 所示。他们观测到无论是内弯或外弯测试时[图 3.27(b)、(c)]，器件的阈值电压都会随着弯曲次数的增加而升高；而源漏极电流在内弯测试时会增大，外弯测试时会减小。他们还发现内弯测试时器件的存储窗口会变大，外弯测试时存储窗口会变小。他们认为：在内弯时，由于器件受到压缩力的作用，半导体层并五苯颗粒间的晶距变小，场效应迁移率升高；反之，外弯时受到拉伸力的作用，半导体层并五苯颗粒间的晶距变大，场效应迁移率将会降低。同时，器件处于外弯状态时因具有较低的隧穿势垒，使得擦除回原始位置较内弯时容易。

不同弯曲时长也会对器件性能造成一定程度的影响，但同其他因素相比，其影响较小。一般情况下，器件在保持一个弯曲半径一段时长后，若此半径大于器件的极限弯曲半径，器件处在弯曲状态时性能会较未弯曲时有一些变化，但器件被释放回未弯曲状态时性能几乎会得到完全恢复。但当弯曲半径小于器件的极限弯曲半径时，器件处于弯曲状态时性能参数变化较大，当其释放回原始状态时，器件性能可得到一定程度的恢复，但很难恢复回初始状态，即器件已经造成了不可逆转的破坏。2010 年，Song 课题组[97]将其制备的柔性器件缠绕在一个半径为 5 mm 的铅笔上并固定，该器件在室温条件下保持此弯曲状态一个月，其电学性能并没有发生明显的变化。Yoon 等[98]制备的柔性铁电型有机场效应晶体管存储器在保持弯曲半径为 9.7 mm 时，器件的阈值电压会产生约 0.7 V 的变化，而其他存储性能参数几乎不变，并且在弯曲半径为 23.5 mm 情况下对器件进行了 20 000 次的重复弯曲测试，研究发现器件的源漏极电流随着弯曲次数的增加而增大，存储窗口会有所减小。

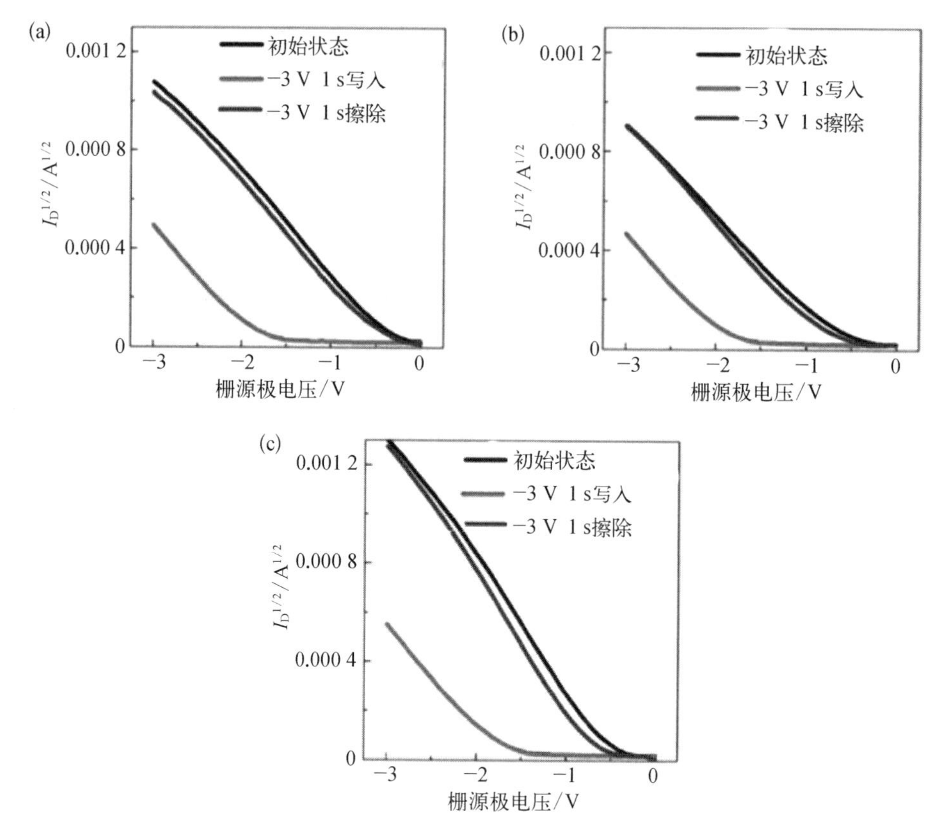

图 3.27 内弯外弯对器件存储性能的影响:(a)未弯曲时;(b)外弯状态时;(c)内弯状态时

总之,目前对柔性有机场效应晶体管存储器的弯曲测试仍处于初级阶段,弯曲半径多数大于 5 mm,且弯曲的次数较少(约 1 000 次),绝大部分研究工作都是描述存储器性能随挠曲次数的变化规律,而没有提出可挠曲的改进措施。还有柔性有机场效应晶体管存储器的器件性能对弯曲测试比较敏感,进行任何一种弯曲测试之后,均会对器件存储性能造成不同程度的影响,很难保持稳定,这都将限制柔性有机场效应晶体管存储器的发展和应用。因此亟需在提升柔性有机场效应晶体管存储器的存储性能以及提高器件的机械稳定性等方面开展更细致的研究工作。

2. 柔性有机场效应晶体管存储器的热稳定性测试

热稳定性是衡量柔性有机场效应晶体管存储器能否实际应用的又一重要参数。在实际应用中,工作温度会随着周围环境温度的变化而变化,存储器件不可能一直在同一温度条件下工作,因此开展对柔性有机场效应晶体管存储器热稳定性研究,并从中探索出变化规律是非常有意义的,国内外研究人员均对此做了大量的研究工作。

为了研究温度对存储器件性能的影响，Zhou 课题组[96]将柔性浮栅型有机场效应晶体管存储器分别置于 20℃（常温）、40℃、60℃、80℃环境中，发现随着温度的升高，擦除和写入状态下的转移特性曲线均会发生正向移动，他们用热激发空穴跳跃模型[99]来解释器件的场效应迁移率随着温度的升高而增大[3.28(a)]，器件在 80℃的场效应迁移率大约是 20℃时的 3 倍；存储窗口会变大[图 3.28(b)]，20℃时存储窗口为 1.48 V，80℃时增加到 1.8 V，大约提高了 22%。但随着温度的升高，该存储器件的存储稳定性会变差[图 3.28(c)]，从 80℃时的维持时间曲线可看出，经过 10^4 s 的维持时间后，存储窗口从开始的 1.8 V 最终下降仅为约 0.5 V。这主要是由于温度升高，被俘获电荷的热激发作用增强，有效热能增加，量子限制效应减弱，从而提高了存储电荷随时间流失的可能性，最终导致存储稳定性变差。Ren 等[100]也详细研究了温度对存储器件性能的影响规律，发现当把存储器件从 20℃加热到 90℃时，器件的存储窗口从起初的 24.1 V 上升到 48.3 V，提高了一倍多，但温度升高的同时也使得存储器件的关态电流明显增大，存储电流开关比降低。

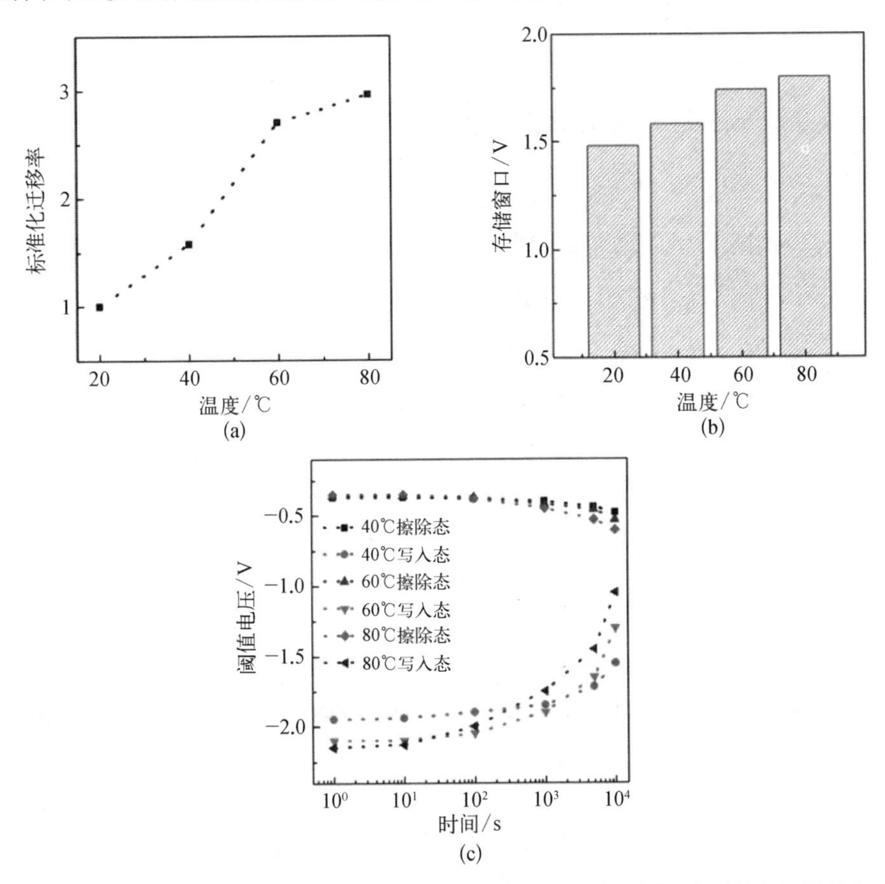

图 3.28　柔性有机场效应晶体管存储器的热稳定性测试在不同温度下的(a) 场效应迁移率变化曲线、(b) 存储窗口变化曲线和(c) 维持时间变化曲线[96]

2011 年,Pan 等[101]发现在衬底为 150℃环境下制备的器件较常温制备的器件场效应迁移率提高了约 1 $cm^2/(V \cdot s)$,效果是非常显著的。Tian 等[102,103]也证实合适的退火温度可有效地提高晶体管的场效应迁移率。针对场效应晶体管的性能会随着温度的变化而改变的特性,也有研究人员试图从半导体层或者绝缘层形貌随温度改变的角度来寻找合理解释。例如温度会对器件半导体层的形貌、颗粒大小、表面粗糙度等[104-106]有很大影响,从而影响器件性能。Ji 等[104]的研究发现,在把器件从 30℃加热到 70℃时,半导体层的并五苯晶粒变小,排列更紧密,成膜更好,从而使器件的场效应迁移率上升。在 100℃条件下,半导体层开始出现分层,并出现成核与体聚现象[如图 3.29(a)所示],使半导体层不再连续,致使器件的性能衰退、场效应迁移率降低。Ye 等[105]发现在 60℃左右时,并五苯颗粒间发生联结,出现小的聚集现象,即重结晶作用,成膜更好,器件性能最佳。在低于 80℃时,并五苯晶粒缓慢变大,并五苯薄膜的表面粗糙度在增大,致使器件的性能衰退,高于 80℃时,并五苯晶粒由于升华作用迅速减小,薄膜的表面粗糙度也随之增大[如图 3.29(b)所示],致使器件的性能进一步衰退。

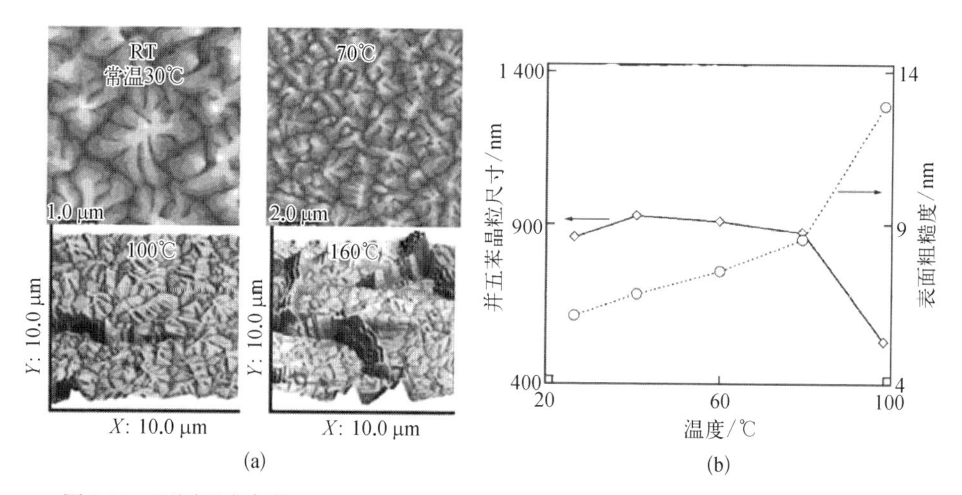

图 3.29　不同温度条件 RT(30℃)、70℃、100℃、160℃下(a) 并五苯的形貌 AFM 图;(b) 并五苯的晶粒大小与表面粗糙度变化曲线[104]

当前针对柔性有机场效应晶体管存储器热稳定性的研究主要集中在两个方面:一方面着眼于如何提高柔性有机场效应晶体管存储器的热稳定性,提出相应的理论模型并做出合理地解释;另一方面根据柔性有机场效应晶体管存储器在一定温度范围内性能参数变化较明显的特性,研究其在温度传感或者热敏传感等领域的应用。

尽管与以硅为衬底的无机非易失性场效应晶体管存储器相比,柔性有机场效应晶体管存储器在性能上仍有一定的差距,但是柔性有机场效应晶体管存储器的研究取得了飞速的进展,已经研制出了操作电压低于 5 V、读写擦循环超过 10^3、维持时间超过1.5年的高性能柔性有机场效应晶体管存储器，特别是基于柔性有机场效应晶体管存储器的射频标签已经可以在13.56 MHz的频率下稳定工作。目前柔性有机场效应晶体管存储器正向着低操作电压、高机械柔韧性、高密度存储的方向迈进。相信随着研究人员的不断努力，柔性有机场效应晶体管存储器面临的诸多问题终将被解决，也必将在柔性显示、柔性传感器阵列、低成本射频标签和柔性集成电路等领域一展身手。

参考文献

[1] Frohman B D. Charge transport and storage in metal-nitride-oxide-silicon (MNOS) structures. Journal of Applied Physics, 1969, 40(8): 3307-3319.

[2] 邰强.有机场效应晶体管存储器的性能及表征方法研究.南京：南京邮电大学硕士学位论文,2013.

[3] 王宏,彭应全,姬濯宇,等.基于有机场效应晶体管的非挥发性存储器研究进展.科学通报,2010,(33): 19-27.

[4] Katz H E, Hong X M, Dodabalapur A, et al. Organic field-effect transistors with polarizable gate insulators. Journal of Applied Physics, 2002, 91(3):1572-1576.

[5] Kim S J, Lee J S. Flexible organic transistor memory devices. Nano Letters, 2010, 10(8): 2884-2890.

[6] Sekitani T, Yokota T, Zschieschang U, et al. Organic nonvolatile memory transistors for flexible sensor arrays. Science, 2009, 326(5959): 1516-1519.

[7] Guo Y L, Di C A, Ye S H, et al. Multibit storage of organic thin-film field-effect transistors. Advanced Materials, 2009, 21: 1954-1959.

[8] Di C A, Liu Y, Yu G, et al. Interface engineering: an effective approach toward high-performance organic field-effect transistors. Accounts of Chemical Research, 2009, 42(10): 1573-1583.

[9] Debucquoy M. Charge trapping in organic field-effect transistors and applications for photodetectors and memory devices. Leuven (Belgium): Katholieke Universiteit Leuven, 2009.

[10] Ling Q D, Liaw D J, Zhu C, et al. Polymer electronic memories: materials, devices and mechanisms. Progress in Polymer Science, 2008, 33(10): 917-978.

[11] Mann K R, Newman C R, Frisbie C D, et al. Introduction to organic thin film transistors and design of n-channel organic semiconductors. Chemistry of Materials, 2004, 16(23): 4436-4451.

[12] Halik M, Klauk H, Zschieschang U, et al. High-mobility organic thin-film transistors based on α, α′-didecyloligothiophenes. Journal of Applied Physics, 2003, 93(5): 2977-2981.

[13] Klauk H, Gundlach D J, Jackson T N, et al. Fast organic thin-film transistor circuits. IEEE Electron Device Letters, 1999, 20(6): 289-291

[14] Lin Y Y, Gundlach D J. Stacked pentacene layer organic thin-film transistors with improved characteristics. IEEE Electron Device Letter, 1997, 18(12): 606-608.

[15] Lee M W, Song C K. Oxygen plasma effects on performance of pentacene thin film

transistor. Japanese Journal of Applied Physics Part Regular Papers & Short Notes & Review Papers, 2003, 42(7): 4218 - 4221.

[16] Chou Y H, Chang H C, Liu C L, et al. Polymeric charge storage electrets for non-volatile organic field effect transistor memory devices. Polymer Chemistry, 2015, 6(3): 341 - 352.

[17] Heremans P, Gelinck G H, Muller R, et al. Polymer and organic nonvolatile memory devices. Chemistry of Materials, 2011, 23(3): 341 - 358.

[18] Kahng D, Sze S M. A floating gate and its application to memory devices. Bell Labs Technical Journal, 1967, 46(6): 1288 - 1295.

[19] Shih C C, Lee W Y, Chen W C. Nanostructured materials for non-volatile organic transistor memory applications. Materials Horizons, 2016, 3(4): 294 - 308.

[20] Han S T, Zhou Y, Xu Z X, et al. Nanoparticle size dependent threshold voltage shifts in organic memory transistors. Journal of Materials Chemistry, 2011, 21(38): 14575 - 14580.

[21] Wang S M, Leung C W, Chan P K. Nonvolatile organic transistor-memory devices using various thicknesses of silver nanoparticle layers. Applied Physics Letters, 2010, 97(2): 023511.

[22] Wang W, Shi J W, Ma D G. Organic thin-film transistor memory with nanoparticle floating gate. IEEE Transactions on Electron Devices, 2009, 56(5): 1036 - 1039.

[23] Baeg K J, Noh Y Y, Sirringhaus H, et al. Controllable shifts in threshold voltage of top-gate polymer field-effect transistors for applications in organic nano floating gate memory. Advanced Functional Materials, 2010, 20(2): 224 - 230.

[24] Han S T, Zhou Y, Xu Z X, et al. Microcontact printing of ultrahigh density gold nanoparticle monolayer for flexible flash memories. Advanced Materials, 2012, 24(26): 3556 - 3561.

[25] Shih C C, Chiu Y C, Lee W Y, et al. Conjugated polymer nanoparticles as nano floating gate electrets for high performance nonvolatile organic transistor memory devices. Advanced Functional Materials, 2015, 25(10): 1511 - 1519.

[26] Jang S, Hwang E, Lee J H, et al. Graphene-graphene oxide floating gate transistor memory. Small, 2015, 11(3): 311 - 318.

[27] Baeg K J, Khim D, Kim D Y, et al. Organic nano-floating-gate memory with polymer: [6, 6]-phenyl-C_{61} butyric acid methyl ester composite films. Japanese Journal of Applied Physics, 2010, 49(5): 05EB01 - 05EB05.

[28] Zhou Y, Han S T, Yan Y, et al. Solution processed molecular floating gate for flexible flash memories. Scientific Reports, 2013, 3(1): 3093.

[29] Han S T, Zhou Y, Wang C D, et al. Layer-by-layer-assembled reduced graphene oxide/gold nanoparticle hybrid double-floating-gate structure for low-voltage flexible flash memory. Advanced Materials, 2013, 25(6): 872 - 877.

[30] Chang H C, Lu C, Liu C L, et al. Single-crystal C_{60} needle/CuPc nanoparticle double floating-gate for low-voltage organic transistors based non-volatile memory devices. Advanced Materials, 2015, 27(1): 27 - 33.

[31] Singh T B, Marjanovic N, Matt G J, et al. Nonvolatile organic field-effect transistor memory element with a polymeric gate electret. Applied Physics Letters, 2004, 85(22): 5409 - 5411.

[32] Baeg K J, Noh Y Y, Ghim J, et al. Organic non-volatile memory based on pentacene field-effect transistors using a polymeric gate electret. Advanced Materials, 2006, 18(23): 3179 -

3183.
[33] Baeg K J, Noh Y Y, Ghim J, et al. Polarity effects of polymer gate electrets on non-volatile organic field-effect transistor memory. Advanced Functional Materials, 2008, 18(22): 3678-3685.
[34] Baeg K J, Khim D, Kim J, et al. High-performance top-gated organic field-effect transistor memory using electrets for monolithic printed flexible NAND flash memory. Advanced Functional Materials, 2012, 22(14): 2915-2926.
[35] Naber R C G, Tanase C, Blom P W M, et al. High-performance solution-processed polymer ferroelectric field-effect transistors. Nature Materials, 2005, 4(3): 243-248.
[36] Kang S J, Park Y J, Bae I, et al. Printable ferroelectric PVDF/PMMA blend films with ultralow roughness for low voltage non-volatile polymer memory. Advanced Functional Materials, 2009, 19(17): 2812-2818.
[37] Boampong A A, Kim J R, Lee J H, et al. Enhancement of the electrical performance of the organic ferroelectric memory transistor by reducing the surface roughness of the polymer insulator with a homo-bilayer PVDF - TrFE. Journal of Nanoscience and Nanotechnology, 2017, 17(8): 5722-5725.
[38] Naber R C G, Asadi K, Blom P W M, et al. Organic nonvolatile memory devices based on ferroelectricity. Advanced Materials, 2010, 22(9): 933-945.
[39] Noriyoshi, Yamauchi. A metal-insulator-semiconductor (MIS) device using a ferroelectric polymer thin-film in the gate insulator. Japanese Journal of Applied Physics Part 1 - Regular Papers Brief Communications & Review Papers, 1986, 25(4): 590-594.
[40] Schroeder R, Majewski L A, Grell M. All-organic permanent memory transistor using an amorphous, spin-cast ferroelectric-like gate insulator. Advanced Materials, 2004, 16(7): 633-636.
[41] Unni K N N, Bettignies R D, Dabos-Seignon S, et al. A nonvolatile memory element based on an organic field-effect transistor. Applied Physics Letters, 2004, 85(10): 1823-1825.
[42] Naber R C G, Boer B D, Blom P W M, et al. Low-voltage polymer field-effect transistors for nonvolatile memories. Applied Physics Letters, 2005, 87(20): 203509.
[43] Lee K H, Lee G, Lee K, et al. Flexible low voltage nonvolatile memory transistors with pentacene channel and ferroelectric polymer. Applied Physics Letters, 2009, 94(9): 093304.
[44] Khan M A, Bhansali U S, Alshareef H N. High-performance non-volatile organic ferroelectric memory on banknotes. Advanced Materials, 2012, 24(16): 2165-2170.
[45] Dong J, Chai Y H, Zhao Y Z, et al. The progress of flexible organic field-effect transistors. Acta Physica Sinica, 2013, 61 (14): 1081-1096.
[46] Brown A R, Jarrett C P, Leeuw D M D, et al. Field-effect transistors made from solution-processed organic semiconductors. Synthetic Metals, 1997, 88(1): 37-55.
[47] Gao X, She X J, Liu C H, et al. Organic field-effect transistor nonvolatile memories based on hybrid nano-floating-gate. Applied Physics Letters, 2013, 102: 023303.
[48] Wang W, Kim K L, Cho S M, et al. Nonvolatile transistor memory with self-assembled semiconducting polymer nanodomain floating gates. ACS Applied Materials & Interfaces, 2016, 8: 33863-33873.
[49] Ng T N, Russo B, Krusor B, et al. Organic inkjet-patterned memory array based on

ferroelectric field-effect transistors. Organic Electronics, 2011, 12: 2012 - 2018.

[50] Li J, Zhang C, Duan L, et al. Flexible organic tribotronic transistor memory for a visible and wearable touch monitoring system. Advanced Materials 2016, 28: 106 - 110.

[51] Liu Q, Long S B, Wang W, et al. Low-power and highly uniform switching in ZrO_2-based ReRAM with a Cu nanocrystal insertion layer. IEEE Electron Device Letters 2010, 31: 1299 - 1301.

[52] Hwang S K, Bae I, Kim Ri H, et al. Flexible non-volatile ferroelectric polymer memory with gate-controlled multilevel operation. Advanced Materials, 2012, 24: 5910 - 5914.

[53] Zhou Y, Han S T, Sonar P S, et al. Nonvolatile multilevel data storage memory device from controlled ambipolar charge trapping mechanism. Scientific Reports, 2013, 3: 2319.

[54] Zhang X T, He Y D, Li R J, et al. 2D mica crystal as electret in organic field-effect transistors for multistate memory. Advanced Materials, 2016, 28: 3755 - 3760.

[55] Shi J W, Wang H B, Song D, et al. n-Channel, Ambipolar, and p-channel organic heterojunction transistors fabricated with various film morphologies. Advanced Functional Materials, 2007, 17: 397 - 400.

[56] 闫东航,王海波,杜宝勋.有机半导体异质结：晶态有机半导体材料与器件.北京：科学出版社,2012.

[57] Seo H S, Zhang Y, An M J, et al. Fabrication and characterization of air-stable, ambipolar heterojunction-based organic light-emitting field-effect transistors. Organic Electronics, 2009, 10: 1293 - 1299.

[58] Lee J, Lee S, Lee M H, et al. Quasi-unipolar pentacene films embedded with fullerene for non-volatile organic transistor memories. Applied Physics Letters, 2015, 106: 063302.

[59] Xiang L Y, Ying J, Han J H, et al. High reliable and stable organic field-effect transistor nonvolatile memory with a poly (4-vinyl phenol) charge trapping layer based on a pn-heterojunction active layer. Applied Physics Letters, 2016, 108: 173301.

[60] Guo Y L, Zhang J, Yu G, et al. Lowering programmed voltage of organic memory transistors based on polymer gate electrets through heterojunction fabrication. Organic Electronics, 2012, 13: 1969 - 1974.

[61] Qian Y, Li W W, Li W, et al. Reversible optical and electrical switching of air-stable OFETs for nonvolatile multi-level memories and logic gates. Advanced Electronic Materials, 2015, 1: 1500230.

[62] Leydecker T, Herder M, Pavlica E, et al. Flexible non-volatile optical memory thin-film transistor device with over 256 distinct levels based on an organic bicomponent blend. Nature Nanotechnology, 2016, 11: 769 - 775.

[63] Li W, Guo F, Ling H, Zhang P, et al. High-performance nonvolatile organic field-effect transistor memory based on organic semiconductor heterostructures of pentacene/P13/pentacene as both charge transport and trapping layers. Advanced Science, 2017, 4: 1700007.

[64] Han S T, Zhou Y, Roy V A L. Towards the development of flexible non-volatile memories. Advanced Materials, 2013, 25: 5425 - 5449.

[65] Kim B J, Ko Y, Cho J H, et al. Organic field-effect transistor memory devices using discrete ferritin nanoparticle-based gate dielectrics. Small, 2013, 9(22): 3784 - 3791.

[66] Wen Y G, Yun Q, Di C A, et al. Improvements in stability and performance of *N*, *N'*-dialkyl

perylene dimide-based n-type thin-film transistors. Advanced Materials, 2009, 21: 1954 - 1959.

[67] Chiu Y C, Liu C L, Lee W Y, et al. Multilevel nonvolatile transistor memories using a star-shaped poly((4-diphenylamino)benzyl methacrylate) gate electret. NPG Asia Materials, 2013, 5(2): e351 - e357.

[68] Jung J S, Cho E H, Jo S Y, et al. Photo-induced negative differential resistance of organic thin film transistors using anthracene derivatives. Organic Electronics, 2013, 14(9): 2204 - 2209.

[69] Chen F C, Chang H F. Photoerasable organic nonvolatile memory devices based on hafnium silicate insulators. IEEE Electron Device Letters, 2011, 32(12): 1740 - 1742.

[70] Roy K, Padmanabhan M, Goswami S, et al. Graphene-MoS_2 hybrid structures for multifunctional photoresponsive memory devices. Nature Nanotechnology, 2013, 8(11): 826 - 830.

[71] Peng Y, Lv W, Yao B, et al. High performance near infrared photosensitive organic field-effect transistors realized by an organic hybrid planar-bulk heterojunction. Organic Electronics, 2013, 14(4): 1045 - 1051.

[72] Noh Y Y, Kim D Y. Organic phototransistor based on pentacene as an efficient red light sensor. Solid State Electronics, 2007, 51(7): 1052 - 1055.

[73] Wang H, Ji Z, Shang L, et al. Nonvolatile nano-crystal floating gate OFET memory with light assisted program. Organic Electronics, 2011, 12(7): 1236 - 1240.

[74] Zhang L, Wu T, Guo Y, et al. Large-area, flexible imaging arrays constructed by light-charge organic memories. Entific Reports, 2013, 3: 10801 - 10809.

[75] Qi Z, Liao X, Zheng J, et al. High-performance n-type organic thin-film phototransistors based on a core-expanded naphthalene diimide. Applied Physics Letters, 2013, 103(5): 0533011 - 0533014.

[76] Hayakawa R, Higashiguchi K, Matsuda K, et al. Photoisomerization-induced manipulation of single-electron tunneling for novel Si-based optical memory. ACS Applied Materials & Interfaces, 2013, 5(21): 11371 - 11376.

[77] Podzorov V, Gershenson M E. Photo-induced charge transfer across the interface between organic molecular crystals and polymers. Physical Review Letters, 2005, 95(1): 016602.

[78] Wang W, Ma D G, Gao Q. Optical programming/electrical erasing memory device based on low-voltage organic thin-film transistor. IEEE Transactions on Electron Devices, 2012, 59(5): 1510 - 1513.

[79] Hayakawa R, Higashiguchi K, Matsuda K, et al. Optically and electrically driven organic thin film transistors with diarylethene photochromic channel layers. ACS Applied Materials & Interfaces, 2013, 5(9): 3625 - 3630.

[80] Lin Z Q, Liang J, Sun P J, et al. Spirocyclic aromatic hydrocarbon-based organic nanosheets for eco-friendly aqueous processed thin-film non-volatile memory devices. Advanced Materials, 2013, 25(27): 3663 - 3663.

[81] Leong W L, Lee P S, Mhaisalkar S G, et al. Charging phenomena in pentacene-gold nanoparticle memory device. Applied Physics Letters, 2007, 90(4): 042906.

[82] Wang W, Ma D G. Nonvolatile memory effect in organic thin-film transistor based on aluminum nanoparticle floating gate. Chinese Physics Letters, 2010, 27(1): 018503.

[83] Yi M D, Xie M, Shao Y Q, et al. Light programmable/erasable organic field-effect transistor ambipolar memory devices based on the pentacene/PVK active layer. Journal of Materials Chemistry C, 2015, 3(20): 5220 - 5225.

[84] Saragi T P I, Onken K, Suske I, et al. Ambipolar organic phototransistor. Optical Materials, 2007, 29(11): 1332 - 1337.

[85] Noh Y Y, Kim D Y, Yoshida Y J, et al. High-photosensitivity p-channel organic phototransistors based on a biphenyl end-capped fused bithiophene oligomer. Applied Physics Letters, 2005, 86(4): 043501.

[86] Labram J G, Wöbkenberg P H, Bradley D D C, et al. Low-voltage ambipolar phototransistors based on a pentacene/PC_{61} BM heterostructure and a self-assembled nano-dielectric. Organic Electronics, 2010, 11(7): 1250 - 1254.

[87] Jedaa A, Halik M. Toward strain resistant flexible organic thin film transistors. Applied Physics Letters, 2009, 95(10): 103309.

[88] Yi H T, Payne M M, Anthony J E, et al. Ultra-flexible solution-processed organic field-effect transistors. Nature Communications, 2012, 3(1): 1259.

[89] Hwang D K, Fuentes-Hernandez C, Kim J B, et al. Flexible and stable solution-processed organic field-effect transistors. Organic Electronics, 2011, 12(7): 1108 - 1113.

[90] Suo Z, Ma E Y, Gleskova H, et al. Mechanics of rollable and foldable film-on-foil electronics. Applied Physics Letters, 1999, 74(8): 1177 - 1179.

[91] Meena J S, Chu M C, Wu C S, et al. Facile synthetic route to implement a fully bendable organic metal-insulator-semiconductor device on polyimide sheet. Organic Electronics, 2012, 13(5): 721 - 732.

[92] Gleskova H, Wagner S, Suo Z. Failure resistance of amorphous silicon transistors under extreme in-plane strain. Applied Physics Letters, 1999, 75(19): 3011 - 3013.

[93] Sekitani S, Iba S, Kato Y, et al. Ultraflexible organic field-effect transistors embedded at a neutral strain position. Applied Physics Letters, 2005, 87(17): 173502.

[94] Sekitani T, Zschieschang U, Klauk H, et al. Flexible organic transistors and circuits with extreme bending stability. Nature Materials, 2010, 9(12): 1015 - 1022.

[95] Uno M, Nakayama K, Soeda J, et al. High-speed flexible organic field-effect transistors with a 3D structure. Advanced Materials, 2011, 23(27): 3047 - 3051.

[96] Zhou Y, Han S T, Xu Z X, et al. The strain and thermal induced tunable charging phenomenon in low power flexible memory arrays with a gold nanoparticle monolayer. Nanoscale, 2013, 5(5): 1972 - 1979.

[97] Song K, Noh J, Jun T, et al. Fully flexible solution-deposited ZnO thin-film transistors. Advanced Materials, 2010, 22(38): 4308 - 4312.

[98] Yoon S M, Yang S, Park S H K. Flexible nonvolatile memory thin-film transistor using ferroelectric copolymer gate insulator and oxide semiconducting channel. Journal of The Electrochemical Society, 2011, 158(9): 892 - 896.

[99] Sekitani T, Iba S, Kato Y, et al. Pentacene field-effect transistors on plastic films operating at high temperature above 100 ℃. Applied Physics Letters, 2004, 85(17): 3902 - 3904.

[100] Ren X C, Wang S M, Leung C W, et al. Thermal annealing and temperature dependences of memory effect in organic memory transistor. Applied Physics Letters, 2011, 99(4): 043303.

[101] Pan F, Qian X R, Huang L Z, et al. Significant improvement of organic thin-film transistor mobility utilizing an organic heterojunction buffer layer. Chinese Physics Letters, 2011, 28(7): 078504.
[102] Tian H J, Cheng X M, Zhao G, et al. Performance improvement of ambipolar organic field effect transistors by inserting a MoO_3 ultrathin layer. Chinese Physics Letters, 2012, 22(9): 098503.
[103] Tian X Y, Zheng X, Zhao S L, et al. Effects of concentration and annealing on the performance of regioregular poly(3-hexylthiophene) field-effect transistors. Chinese Physics B, 2009, 18(8): 3568-3568.
[104] Ji T, Jung S, Varadan V K, et al. On the correlation of postannealing induced phase transition in pentacene with carrier transport. Organic Electronics, 2008, 9(5): 895-898.
[105] Ye R B, Baba M, Suzuki K, et al. Effect of thermal annealing on morphology of pentacene thin films. Japanese Journal of Applied Physics, 2003, 42: 4473-4475.
[106] Dong G F, Liu Q D, Wang L D, et al. Improvement of performance of organic thin-film transistors through zone annealing. Chinese Physics Letters, 2005, 22(8): 2027-2030.

第4章

忆阻器神经形态功能模拟

随着人工智能的发展,对计算机存储芯片的运行模式和存储效率均提出了越来越高的要求,要求存储芯片能与脑科学、计算机和神经网络融为一体,不仅具备超快存储速度、超低功耗、高集成密度、低生产成本和工艺简单、环境友好等常规特征,还要具备能与生物兼容和深度学习的能力,以保证其能更高效处理海量数据,从而满足人们对智能存储的需求[1-3]。神经形态芯片,是近年来发展迅速的一种新型存储芯片,旨在通过模仿人脑神经系统的信息处理模式来提高计算机的信息处理能力[4]。不同于传统存储芯片的工作模式,这种芯片具有并行处理信息、自组织、自适应、容错性强、功耗低、运行速度快等人脑的部分功能,能赋予计算机认知和思考能力[5,6],使其能更加高效且智能化地处理数据,被视为极具发展前景的一种存储芯片。而要实现这种神经形态芯片,具有生物神经突触功能的忆阻器是其中的关键器件之一[7],这种器件可以通过其导电状态的改变来记忆流经它的电荷数量,记忆经历的过往状态,这与人脑神经元的生物突触有着高度相似的传输特性,并且单只忆阻器即可模拟一个生物突触的基本功能,这与目前用多个晶体管和电容器组成的互补金属氧化物半导体(complementary metal oxide semiconductor, CMOS)电路来模拟一个生物突触功能相比[8],可以大幅降低神经形态芯片的复杂性及功耗[9],具有显著的应用优势。

4.1 突触和忆阻器的简介

大脑控制着学习、记忆、感知、情感等很多生命活动,是非常强大的信息处理中心[10]。大脑与数字计算机相比,有很大的区别:第一,它们是数据处理器的典型实例,其数据处理单元,即神经元,可处理不同于数字系统的巨大的信息量。第二,它们是通过一个很庞大的神经元群来处理信息,而不是单个神经元。因此,由于信息的编码和解码是以一种统计的方式实现的,单个神经元出现的错误计算对包含了这个神经元的神经元群总体性能影响不大,换句话说,它是容错计算的一个很好的例子。第三,哺乳动物大脑可以学习,并且可以根据不同的环境条件进行自我调整,这是它区别于数字计算机的最重要的特点之一[11]。以上三个颇为显著的优势让神经形态工程学家为之做出了一次又一次的尝试,希望可以在类脑芯片上实现类似的功能。大脑的独特优势依赖于庞大的神经元群,而神经元之间的信息传递依赖于突触这个结构,大脑的学习和记忆等功能依赖于突触可塑性,因此本章在介绍如何用忆阻系统模拟突触功能之前,先简单介绍突触的概念和神经元之间信息传递的过程。

4.1.1　突触及突触可塑性

突触是指神经元与神经元连接的部位,包括突触前膜、突触间隙和突触后膜三部分。根据神经信号通过突触的方式不同,突触可以分为电突触和化学突触,这里我们主要关注化学突触。

图4.1(a)为连接两个神经元的突触,突触前神经元通过其一个轴突释放一个突触神经刺激信号(动作电位)$V_{mem-pre}$到突触部位(突触神经元的神经刺激信号是细胞膜外的膜电位V_{pre+}相对于细胞内的膜电位V_{pre-}定义的,$V_{mem-pre}=V_{pre+}-V_{pre-}$,$V_{mem-pos}=V_{pos+}-V_{pos-}$)。在一个脉冲过程中,膜电位的改变(大约几百毫伏)导致多种选择分子膜通道打开或关闭,从而选择性地使一些离子和分子物质通过膜,其他的物质则不能通过。在这个过程中[图4.1(b)],突触前神经元细胞中包含了神经递质的突触小泡与突触前膜融合,并将神经递质释放到突触间隙,神经递质被突触后膜选择性地收集从而改变突触后膜的离子通透性。突触前神经刺激信号的积累

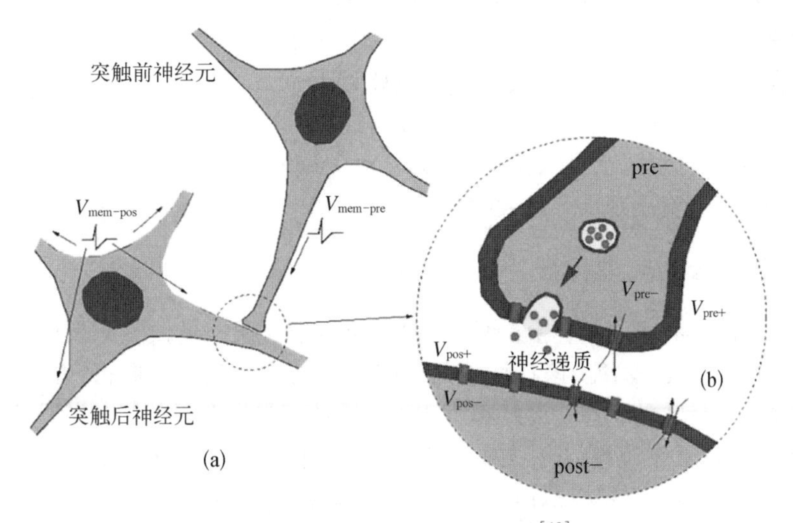

图4.1　神经元间的连接示意图[12]

注：pre−为前突触;post−为后突触;V_{pos+}为突触后细胞膜外的膜电位;V_{pos-}为突触后细胞膜内的膜电位;V_{pre+}为突触前细胞膜外的膜电位;V_{pre-}为突触前细胞膜内的膜电位

（来源于上述神经元和其他神经元的神经刺激信号总和）最终将导致突触后神经元产生一个新的动作电位[12]。

每个突触的功能都被“突触权重”所衡量，其决定了在一次神经元之间信号传递过程中，神经刺激信号所释放的神经递质囊泡的数量和大小，有时也被解释为突触间的连接强度[13]。在本章中，我们将突触权重解释为突触的一种参数，用来反映突触在神经元之间的一次信号传递过程中所发挥的作用，它具有非易失性的特点，但会随着突触前后神经元的活动而发生改变，可以被输入突触的神经刺激信号连续的调节[14,15]。突触的形态、功能、强度和效率发生较为持久改变的特性或现象就称为“突触可塑性”，并认为其在大脑短时程记忆（short-term memory，STM）到长时程记忆（long-term memory，LTM）转变中发挥重要作用，是生物系统学习和其他各种功能实现的基础[16-19]。

突触可塑性的形式有很多种，按记忆的时间长短可分为短时程可塑性（short-term plasticity，STP）和长时程可塑性（long-term plasticity，LTP），其中短时程可塑性包括双脉冲抑制（paired-pulse depression，PPD）、双脉冲易化（paired-pulse facilitation，PPF）、强直后增强（post-tetanic potentiation，PTP），此外还有一些其他的可塑性，如脉冲频率依赖可塑性（spiking-rate-dependent plasticity，SRDP）、脉冲时序依赖可塑性（spiking-timing-dependent plasticity，STDP）、经验学习（learning-forgetting experience）、非联想性学习（nonassociative learning）、联想性学习（associative learning）、突触缩放（synapic scaling）等，它们是突触进行神经信号处理、神经计算的基础，在后文会逐一介绍。

在忆阻器出现之前，也有很多科学家对突触可塑性的模拟进行尝试，他们的共同点是都运用了很多不同的电路元件（如电阻、电感、电容、晶体管等）共同实现突触的功能，因此会在一个超大规模集成电路（VLSI）芯片上占用很大的空间，现在的 VLSI 芯片上所能承载这一类电子突触的数量要比实际人脑神经系统中的突触数量少很多。与此相比，可以在小于 50 nm×50 nm×50 nm 上实现突触功能模拟的器件——忆阻器就展现出了巨大的魅力。

4.1.2 忆阻器的典型特征

忆阻系统具有某种结构上的可修饰性，可以通过阻态的改变来反映外场的加载历史，具有“记忆”功能，该特性也是忆阻系统的一个基本判据；另外，忆阻系统中阻态变化所反映的状态量变化很大程度上取决于掺杂离子的迁移随外部条件的变化，不同条件下系统掺杂离子的迁移率及其变化情况对系统的状态量的确定至关重要[20]。利用忆阻器模拟神经突触，最基本的依据是它具有类似于神经突触传输特性的可塑性电学性质。此外，它的规格是纳米级的，这使得在未来用它建立起一个类脑的大规模集成电路成为可能[21-24]。忆阻器的电阻转变行为通常可以分为两类：一类具有突变的高低两种电阻状态；另一类则呈现出电阻缓变行为，器件存在多个电阻中间态并可以在施加电压时实现从高(低)阻态到低(高)阻态的逐渐转变。在突触的神经网络模拟的仿生电路中,经常利用后一种电阻转变现象。按照忆阻器的理论模型,认为电阻缓变型器件阻值可以随电压发生变化,并能够记住改变的状态。也就是说某一刻的电阻值与曾经施加于器件的电压历史有关,这与生物体中神经突触的原理有着很高的相似性:神经突触实际上可以看做一个两端器件的结构[21],它具有独特的记忆传输特性,神经元之间的连接强度决定着传递的效率,可以动态地通过刺激信号或抑制信号的训练而改变,并保持连续变化的状态,故电阻缓变型器件能模拟突触工作。

4.2 基本突触功能的模拟

总的来说,忆阻器通常采用两端器件的结构,类似于电容器,因此突触的前后两端可分别被映射为忆阻器的两个电极,在忆阻器上施加脉冲电压可用来代替神经元的神经刺激信号,而忆阻器的导电态则用来表示突触权重的变化(导电性的增加和减小分别对应突触权重的增大和减小),通过改变脉冲电压的形状、频率、持续时间等参数来模拟不同突触功能相应的神经刺激信号特点,从而得到相应的导电态的变化,导电态的变化是非易失性的,这种连续变化的器件的电阻态正对应于神经突触的可塑性[25]。

4.2.1 短时程可塑性和长时程可塑性及其相互转化

人脑的短时程记忆持续时间一般被认为毫秒到数分钟不等,它只能通过刺激而短暂的维持,而长时程记忆持续时间为几小时、几天、几周,有时甚至可长达一生,它不需要用随后的刺激来维持,因为它已经在突触的结构上产生了一些变化[26]。与短时程记忆和长时程记忆相对应的短时程可塑性和长时程可塑性被认为是哺乳动物大脑中最重要的两种突触可塑性形式。短时程可塑性对应于突触受刺激后的短暂增强神经连接,大多数的短时程可塑性是由短期或一些突发性活动引起的,例如短时程可塑性可以由 Ca^{2+} 在突触前神经元的瞬时积累造成,这些 Ca^{2+} 的增加反过来又影响突触活动中神经递质的释放能力[27],短时程可塑性往往对感觉输入的短时程适应、短时程行为改变以及短时程记忆有重要作用,并且被认为可以帮助大脑过滤掉一些不必要的信息[28,29];而长时程可塑性则是在短时程记忆的基础上经过反复训练和有意义的连接形成的永久性记忆,对应于突触权重持久的改变[30,31],一般持续时间达到几天以上,通过充分的训练,我们可以实现短时程可塑性到长时程可塑性的转化。

1. 短时程可塑性

短时程可塑性包括短时程增强和短时程抑制,这两种形式是由突触的双脉冲易化、强直后增强和双脉冲抑制功能实现的。短时程增强是指在神经递质释放概率低的突触类型中,重复刺激突触前神经元而使突触后电流增大。短时程抑制是指在神经递质释放概率高的突触类型中,由于第一个脉冲引起大量神经递质释放导致随后相隔很短的脉冲刺激时神经递质释放不足,因而使其突触电流减小。

当两个神经刺激信号之间相隔很短的时间,突触对第一个刺激信号的响应会增强或减弱突触对第二个刺激信号的响应[32,33],如果增强则为双脉冲易化,如果减弱则为双脉冲抑制。当两刺激信号间隔小于 20 ms 时,双脉冲抑制几乎在所有突触中都能被观察到,通常将这种现象解释为具有电压依赖性的 Na^+、Ca^{2+} 通道失活,或者是由积累在突触前神经元的神经递质囊泡的暂时耗尽所造成的。当两刺激间隔较长(20~500 ms)时,表现出双脉冲易化,对这种现象的简单解释就是第一个刺激信号产生时细胞内残留的 Ca^{2+} 会导致第二次刺激时突触小泡的额外释放[27]。无论是双脉冲易化还是双脉冲抑制,都与这个突触最近的活动有关,而由于这种突触可塑性与神经递质的释放能力有关,当这个突触第一次释放很多神经递质时,它对第二个刺激的响应就有减弱的趋势[34];而当它第一次释放的神经递质较少时,对第二个刺激的响应就有增强的趋势。强直后增强与双脉冲易化类似,也是短时程增强的一种表现形式,是指重复活动后突触的传递效率在一定时间内提高的现象,被认为与一连串的神经刺激过程中突触前膜处 Ca^{2+} 浓度的增加而导致的神经递质释放概率增加有关,所不同的是,双脉冲易化的持续时间为几十毫秒,而强直后增强可持续几十秒到几分钟[35]。

2. 长时程可塑性

长时程可塑性的实验支持最早是由 Bliss 等于 1973 年报道的[30],他们发现对海马区兴奋性突触的连续刺激会导致突触传递效能的增强,这种增强可以持续几小时甚至几天,这个现象被定义为长时程可塑性(图 4.2)。长时程可塑性在过去的 40 余年中被人们广泛研究,因为它被认为是理解记忆形成的细胞和分子机制的关键[36-38]。尽管人类对长时程可塑性的研究还远远不够,但是可以明确的是,海马区的长时程可塑性现象只是长时程可塑性多种形式中的一种,而且在长时程可塑性出现的地方往往也会有长时程抑制(long-term depression, LTD)的存在。

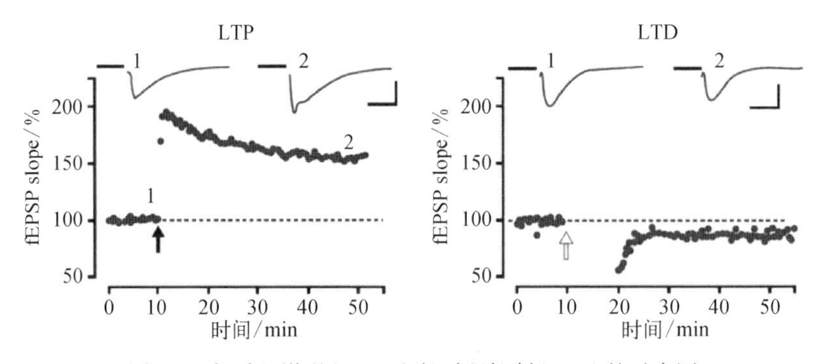

图 4.2　长时程增强(LTP)和长时程抑制(LTD)的示意图

注:这里场兴奋性突触后电位的起始斜率;fEPSP slope 代表突触权重,图中所示为它关于时间的函数[27]

3. 短时程可塑性和长时程可塑性的模拟及其相互转化

总的来说,模拟短时程可塑性和长时程可塑性及它们之间的转化,可以通过改变刺激的幅值、刺激重复的次数、刺激的频率(时间间隔)、刺激持续的时间(脉冲宽度)等来改变和固化器件的导电态,从而实现突触权重的增强与稳定。例如,当外界输入信号增加时,在离子迁移型忆阻器中,离子迁移更加充分,离子迁移距离更长,范围更广;在相变型忆阻器中,相变比例加大,相变更稳定;在导电桥忆阻器中,导电桥的形成更加完整。在不同器件中,虽然阻变机制有区别,但它们均满足刺激响应规则,即刺激越多、阻值变化越大,器件维持得越稳定。

Yang 等[1]提出用连续的正向脉冲刺激一个 Ag/Si 忆阻器可以逐渐增加它的导电性,类似于长时程可塑性。而如果施加的脉冲是负向的,则会降低其导电性,类似于长时程抑制[图 4.3(a)]。长时程增强和长时程抑制已经用 Al/TiO_x/W 忆阻器[39]、TiW/$Ge_2Sb_2Te_5$/TiW 忆阻器[40]、Ag/聚合物/Ta 忆阻器[41]、α-InGaZnO 忆阻器[42]成功模拟。短时程可塑性也在很多忆阻器中得以模拟,如 Hu[43]等在对 NiO_x 基忆阻器的测试中发现,第二个脉冲刺激下产生的电流比第一个脉冲刺激下产生的电流大,并且随着两次脉冲间隔的增加,这种现象逐渐减弱[图 4.3(b)],这与生物突触中的双脉冲易化功能很相似。2017 年,Wang 等[44]在 Pt/Ag/Pt 导电桥型忆阻器中也实现了双脉冲易化和双脉冲抑制功能。他们观察到施加初始电压脉冲时,电场扩散将一些 Ag 颗粒“抽出”,开始形成导电桥。然而单个短脉冲不能激发足够的粒子在两电极间形成完整的导通路径,如果随后的脉冲在颗粒被再吸收之前到达,也就是说如果脉冲时间间隔短于扩散弛豫时间,则更多的颗粒进入电极间的间隙,导致器件电导逐渐增加,类似于生物突触中的双脉冲易化现象。但随着电场向器件一端输送越来越多的颗粒,另一端的颗粒数减少,结果间隙中的颗粒数

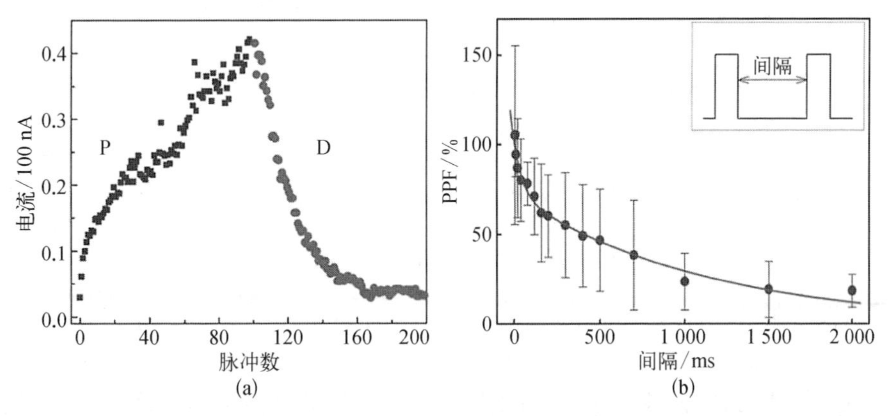

图 4.3 (a) Ag/Si 忆阻器对脉冲的响应(长时程增强/长时程抑制)。通过施加连续增强(抑制)脉冲,器件的电导会逐渐地增加(降低)。每次脉冲刺激后,在 1 V 的电压下测量其电导,绘制出电流曲线。正向脉冲 P,3.2 V,300 μs;负向脉冲 D,−2.8 V,300 μs。(b) 在 NiO_x 忆阻器中模拟的双脉冲易化的幅值与时间间隔的关系[43]

减少，器件电导开始衰减，这是由于过度刺激导致了器件电导的变化，模拟了双脉冲抑制现象。

人脑神经系统中，短时程可塑性到长时程可塑性可以通过充分的训练得到，由各小组的研究可知，在使用忆阻器模拟神经系统功能时，可以通过减小刺激的时间间隔、增加重复刺激数目等来实现短时程可塑性到长时程可塑性的转化。美国密歇根大学 Lu 课题组[13]以 Pd 作为顶电极，W 作为底电极，400℃下快速热退火处理得到的 WO_x 薄膜作为中间层，制备结构为 Pd/WO_x/W 的忆阻器件。简单来说，图 4.4(a) 中忆阻器电导的变化是由 WO_x 及底电极表面的氧空位重新分布引起的[45,46]。如图 4.4(b) 所示，氧空位富集区域可有效形成导电通道，忆阻器电导的增加可以通过氧空位的迁移形成新的平行通道(增加总的导电区域面积)来实现，同样电导的减少也可通过氧空位的迁移破坏原有导电通道(减少总的导电区域面积)来实现。除了场致氧空位迁移外，该小组还引入了氧空位自发扩散的因素来解释图 4.5(a) 中滞回曲线的重叠部分(当中间层的氧空位相对较少时，氧空位的自发迁移将会导致导电通道被破坏，使器件回到一个导电性较低的状态，在实验中反映为高电导态的保留时间减少)。

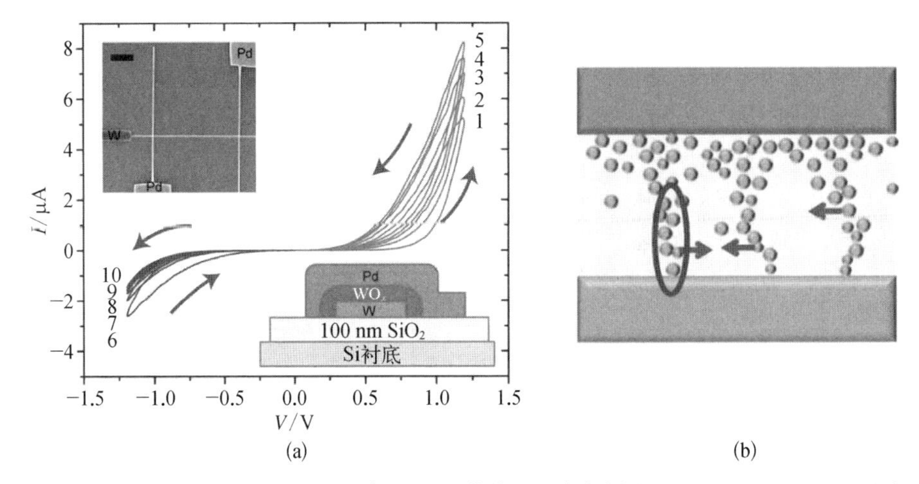

图 4.4 (a) Pd/WO_x/W 忆阻器的直流 $I-V$ 曲线。正向扫描电压(1~5，+1.2 V，2 V/s)和负向扫描电压(6~10，−1.2 V，2 V/s)分别连续增加和降低器件导电性；(b) 该忆阻器件中氧空位扩散的示意图[13]

该课题组对器件施加一段较短的脉冲电压，3 s 记录一次器件上的电流，得到了一条持续时间为 3 min 的电流变化曲线[13][图 4.5(a)]，发现该曲线与人脑记忆的衰退曲线相吻合[图 4.5(b)]，均在起初的一段时间(τ)内骤降，而在以后的时间内减少速率缓慢。说明该忆阻器被激发后电导自发的衰减可以很好地模拟记忆在人脑生成之后的逐渐遗忘过程。图 4.5(c) 显示了在忆阻器顶电极施加的电压，包括 1 个持续的+0.3 V 的读电压(减少外部因素对忆阻器导电性的干扰)以及 5 个

+1.3 V、持续时间 1 ms、周期 200 ms 的脉冲电压，从图 4.5(d)可以看出，随着脉冲电压的逐次施加，器件电导先增加随后自发衰减，然而当脉冲电压施加多次后，尽管依然存在自发衰减，但器件的电导总体提高了，这是由于两个刺激的间隔时间较短，不足以使忆阻器回到其初始状态，第一次刺激的作用增强了第二次刺激的作用，正是我们上文提到的双脉冲易化和强直后增强功能。

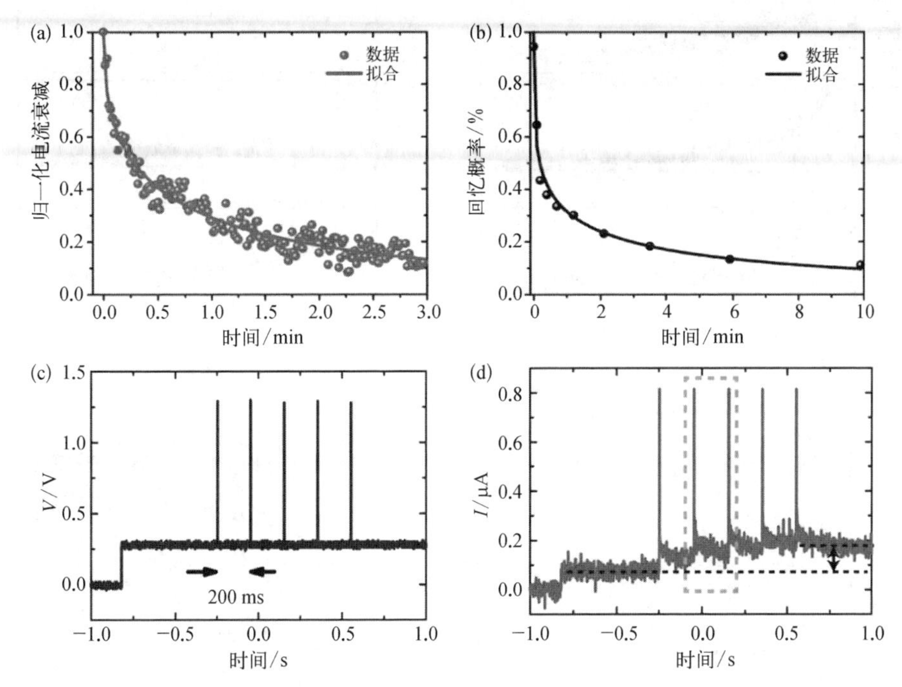

图 4.5　(a) 忆阻器电导保留曲线；(b) 人脑记忆的遗忘曲线(纵坐标为人脑可以回忆起该事件的可能性，与遗忘程度等效)；(c) 向忆阻器施加的电压，包括 1 个持续的+0.3 V 的读出电压，以及 5 个+1.3 V、持续时间 1 ms、周期 20 ms 的脉冲电压；(d) 在图(c)电压作用下的电流变化[13]

除了导电性提高之外，在重复刺激作用下，器件电导的维持时间也显著延长。对初始状态相同的器件施加振幅、持续时间、脉冲时间间隔一定的一系列脉冲电压时，可以观察到，随着刺激数量 N 的逐渐增加，电流衰减得越来越慢[图 4.6(a)、(b)]，从图 4.6(c)可以看到 τ 明显增加，并且当 τ 较短(大约几秒)时，对施加的刺激较为敏感，而当 τ 较长(约几分钟)时，则对施加的刺激不敏感，这是由于重复刺激使得氧空位向电极与中间层的交界处迁移，并且侧向的氧空位扩散达到平衡，使导电通道很难被破坏[图 4.6(d)]，这与短时程可塑性向长时程可塑性的转变有很大的相似之处[47]，长时程记忆的形成也是由于新的突触连接不断形成，使得突触间的传输通道越来越多并达到稳定，长时程记忆也会随着时间流逝而消逝，但较短时程记忆而言，这种消逝要慢得多，所以通过对忆阻器件施加重复刺激可以使得其内部结构发生变化，从而很好地模拟短时程记忆向长时程记忆的转变。

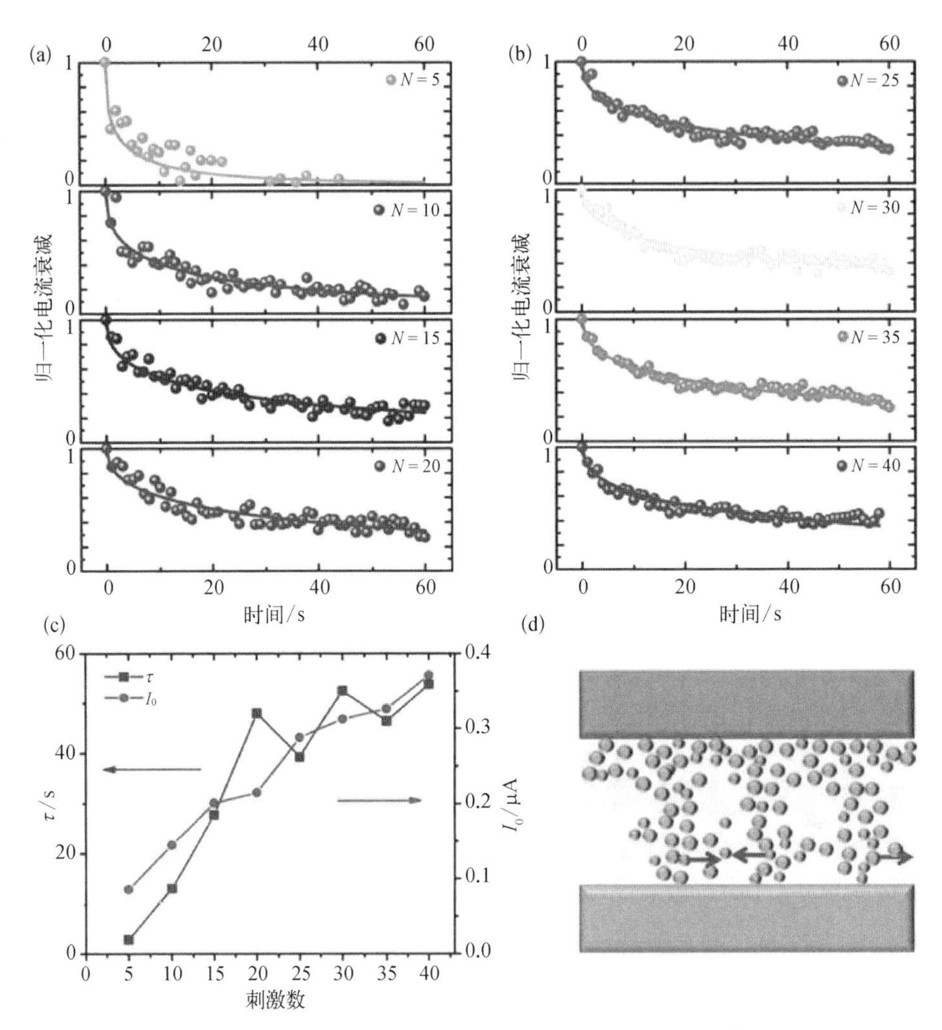

图 4.6 (a)、(b) 不同数目刺激下忆阻器记忆保持曲线(点)和拟合曲线(实线);
(c) 弛豫时间(τ)和电流 I_0 随刺激数量 N 增长的变化曲线;
(d) 施加了一定数目刺激后,氧空位的分布和扩散示意图[13]

除了重复刺激之外,在对神经系统的研究中,发现刺激速率(刺激脉冲间的时间间隔)对突触活动也有着重要的影响,该小组也通过改变刺激间的时间间隔实现了对短时程记忆向长时程记忆转变的模拟:对忆阻器件施加 10 个完全相同的刺激,仅仅改变刺激间的时间间隔(或是刺激的速度),记录电流的变化。由图 4.7(a)可看出,当刺激间间隔为 10 s 时,电流几乎没有增加;当刺激间隔为 15 ms 时,电流发生显著的增加。图 4.7(b)显示的是电流差值 $\Delta I = \Delta I_k - \Delta I_i$ 的变化,可以更加清楚地观察到刺激的时间间隔对电导变化的影响——时间间隔越短,电导增加越快,也就是相同事件的刺激越频繁使得短时程记忆越容易转化为长时程记忆(实则为脉冲频率依赖可塑性功能)。

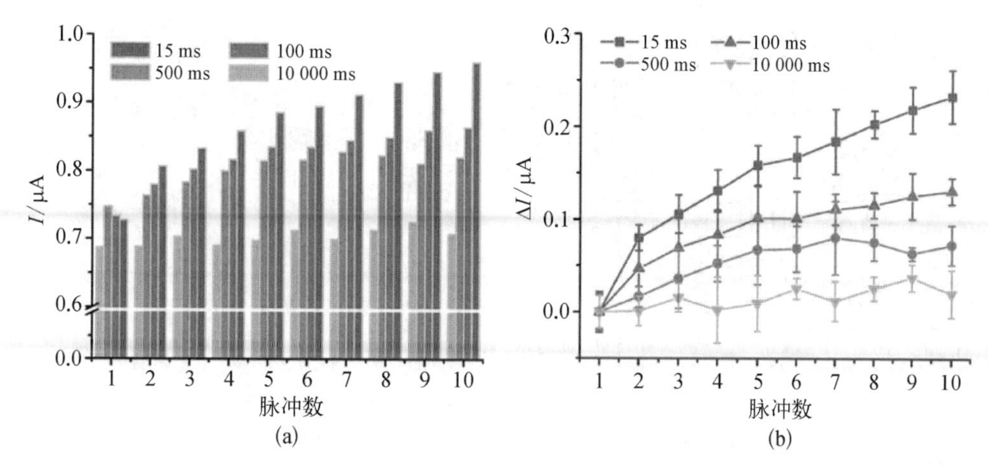

图 4.7　(a) 逐个施加时间间隔不同的脉冲时忆阻器电流的变化;(b) 脉冲时间间隔不同时,每个刺激后电流增加量($\Delta I=\Delta I_k-\Delta I_i$)与脉冲数目之间变化曲线[13]

在使用忆阻器模拟短时程可塑性向长时程可塑性转变的工作中,也不乏导电桥忆阻器的例子。2011 年,Ohno 等[48]就通过 AgS_2 导电桥忆阻器模拟了这一过程。图 4.8 中 Ag 原子桥形成前后分别代表了短时程可塑性和长时程可塑性,对器件施加间隔较小(频率较高)的连续刺激可以有效地实现短时程可塑性向长时程可塑性的转变。

2012 年,该课题组又在另外一种导电桥忆阻器——Cu_2S 原子开关型忆阻器件中实现了这一模拟[49]。与 Ag_2S 不同的是,这种器件不仅可以通过输入的电压脉冲调节其突触可塑性,还受到空气(或湿度)和温度的影响,与生物突触在温度提高时的行为很相似。在 Cu_2S 原子开关中,Cu_2S 固体电介质在 Cu 上生长,对电极 Pt 与 Cu 之间有纳米级的间隙(图 4.9),当施加一个电压使 Cu_2S 处于正偏压时,原先均匀分布 Cu^+ 向 Cu_2S 下表面扩散。依赖于施加的电压和热动力条件(如温度),Cu^+沉淀并在表面形成 Cu 原子(固体电化学反应:$Cu^++e^-\rightarrow Cu$),随后,沉淀的 Cu 在电极之间形成导电桥,电导增加。单原子桥引起的电导为 $G_0=\dfrac{2e^2}{h}=77.5\ \mu S$ (e 为电子电荷,h 为普朗克常量),Cu_2S 原子开关电导的变化类似于突触连接强度的变化,因此可用来模拟突触可塑性。感觉记忆(sensory memory, SM)是指一种非常弱的记忆,在感觉记忆状态,仅在施加脉冲时有很少的沉淀出现,电导增加很少($\ll G_0$)。在短时程记忆状态,沉淀 Cu 原子的不稳定核生成了不稳定的原子桥,因此还不能达到约为 G_0 的稳定电导。在长时程记忆状态,Cu^+ 在 Cu_2S 表面富集,沉淀的 Cu 更加稳定,形成了完整而稳定的原子桥,达到了 G_0 的稳定电导。

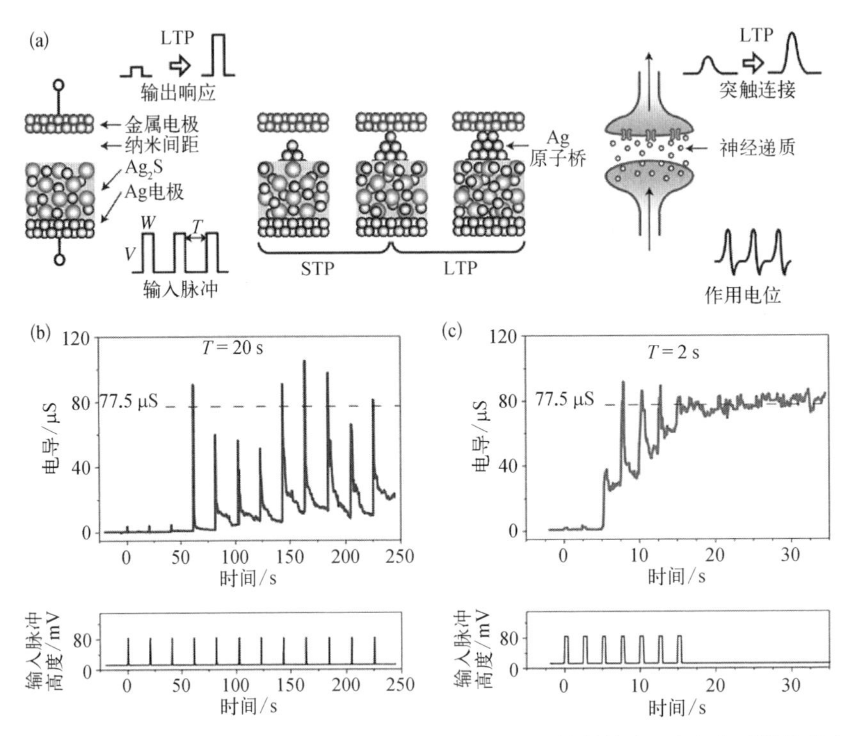

图 4.8 在 AgS_2 忆阻器中实现短时程可塑性到长时程可塑性的转变。(a)为对器件施加脉冲时,Ag 原子从 Ag_2S 电极析出,导致在 Ag_2S 电极和反金属电极之间形成 Ag 原子桥。当析出的 Ag 原子不再形成桥时,忆阻器工作为短时程可塑性。当原子桥形成后,工作为长时程可塑性。(b)和(c)输入时间间隔不同的输入脉冲时无机忆阻器的电导变化,更小的时间间隔可以更有效地实现短时程可塑性到长时程可塑性的过渡[48]

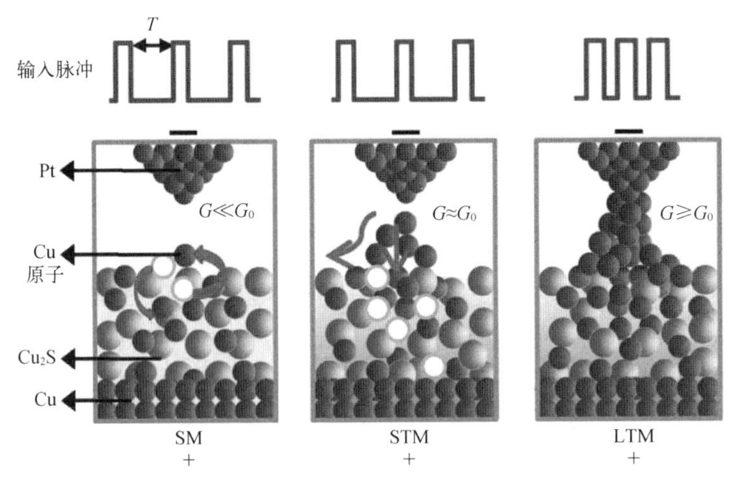

图 4.9 Cu_2S 原子开关器件依赖于脉冲电压时间间隔(T)的感觉记忆,短时程记忆(STM)和长时程记忆(LTM)状态的原理图。单原子桥对应的电导为 $G_0 = 77.5\ \mu S$[49]

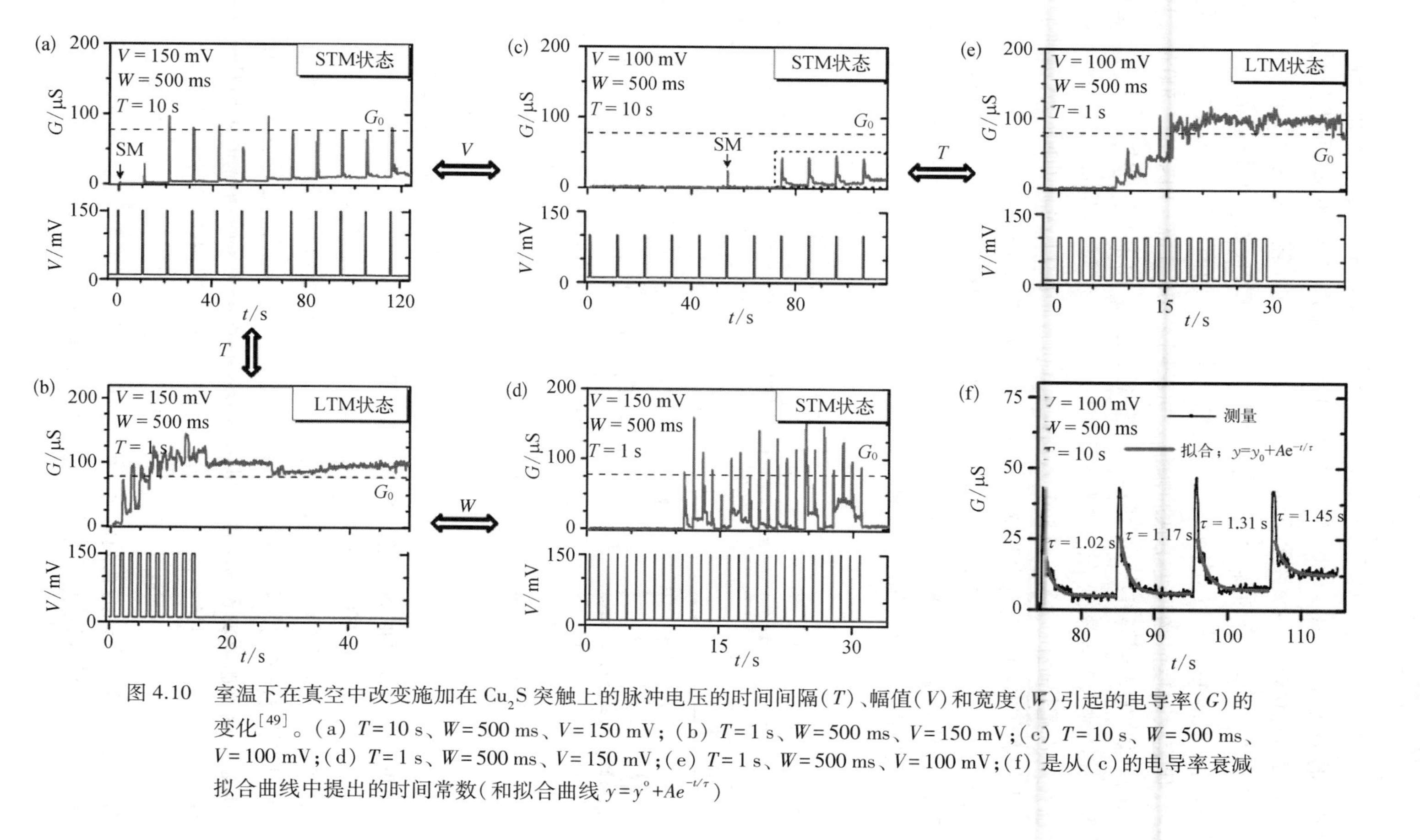

图 4.10 室温下在真空中改变施加在 Cu_2S 突触上的脉冲电压的时间间隔(T)、幅值(V)和宽度(W)引起的电导率(G)的变化[49]。(a) T=10 s、W=500 ms、V=150 mV；(b) T=1 s、W=500 ms、V=150 mV；(c) T=10 s、W=500 ms、V=100 mV；(d) T=1 s、W=500 ms、V=150 mV；(e) T=1 s、W=500 ms、V=100 mV；(f) 是从(c)的电导率衰减拟合曲线中提出的时间常数(和拟合曲线 $y=y^{\circ}+Ae^{-t/\tau}$)

图 4.10 显示出了在真空中通过改变输入脉冲的幅值 V、宽度 W 和间隔 T 来模拟不同的突触行为。图 4.10(a)、(b)均为 $V=150$ mV、$W=500$ ms，而 T 分别为 10 s 和 1 s。T 为 10 s 时，在大多数脉冲输入时(第一次脉冲输入时为感觉记忆)，电导均达到了 G_0，但是在脉冲输入后，会发生自发的衰减，代表短时程记忆。T 为 1 s 时，最后一次脉冲输入后，达到了一个持续时间很长的高电导态(G_0，维持了至少 20 s)，代表长时程记忆改变了脉冲幅值。对于图 4.10(c)，$T=10$ s、$W=500$ ms、$V=100$ mV，脉冲输入到第 6 次时，观察到了感觉记忆态，而第一次的短时程记忆是在第 8 次脉冲输入时观察到的。对于图 4.10(e)，$T=1$ s、$W=500$ ms、$V=100$ mV，第一次短时程记忆是在第 5 次脉冲输入后观察到的，而在 11 次脉冲输入后达到了更高的电导态。脉冲宽度对电导态的影响则可以从图 4.10(d)中看出，当 $T=10$ s、$W=500$ ms、$V=100$ mV 时，第一次的短时程记忆在 10 次脉冲输入后观察到，但即使输入了 30 次脉冲，依然无法实现长时程记忆。图 4.10(f)为图 4.10(c)中短时程记忆衰减过程中电导变化的拟合曲线。

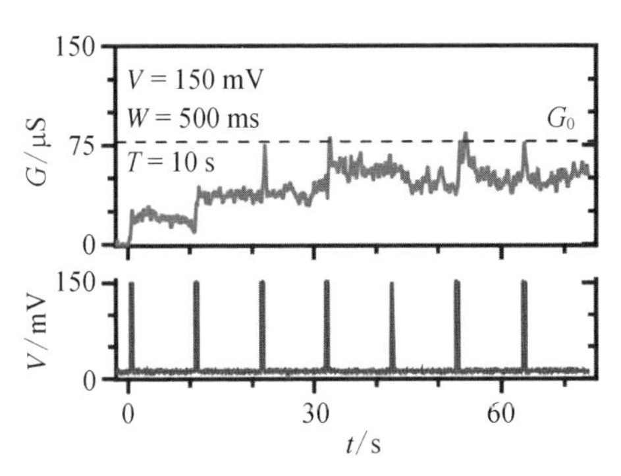

图 4.11　在空气中，输入脉冲为 $T=10$ s、$W=500$ ms、$V=150$ mV 时电导的变化[49]

总体来说，Cu_2S 突触中的感觉记忆、短时程记忆、长时程记忆和 Ag_2S 突触很相似，但是如上文所说，该课题组还发现了空气(或湿度)和温度对 Cu_2S 突触的影响：在空气环境中(相对湿度约为 50%)，当施加的脉冲与图 4.10(a)完全相同时，出现了图 4.11 的情况。也就是说与真空中相比，每 次脉冲施加后，电导的变化都明显提高，该课题组将这个现象解释为真空中 Cu 原子被表面扩散和重掺入所限制。而在空气中，另外一些空气中的因素会影响其稳定性(如氧气的化学吸收作用，水可以使之形成铜的氧化物或氢氧化物团簇等)。

温度对 Cu_2S 突触的影响则更为显著(图 4.12)，将输入脉冲固定在 $T=1$ s、$W=500$ ms、$V=150$ mV，在室温时(约 22℃)，一次刺激之后电导达到了最大值 G_0，随后立即衰减到了初始状态感觉记忆。在 30℃时，一次刺激之后达到了短时程记忆，但是需要再加至少 3 次脉冲才可以形成长时程记忆。而当温度为 40℃时，一次脉冲输入便足以达到长时程记忆。并且在施加脉冲时，电导在室温、30℃、40℃分别为 G_0、$3G_0$、$4G_0$，说明在较高温度下，可以只用较少的刺激就可以很快地形成长时程记忆，该课题组认为在高温下 Cu 沉淀的速率可以显著提高，因为它随流过该突触的隧道电流呈指数形式增长。这一工作为制备能够感知温度和空气的人工突触提供了可能。

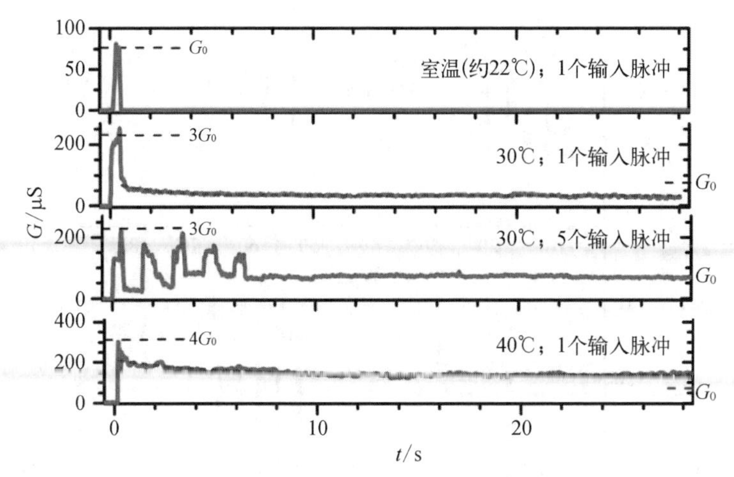

图 4.12 真空中 Cu_2S 突触的温度依赖特性,$T=1$ s、$W=500$ ms、$V=150$ mV [49]

4.2.2 脉冲频率依赖可塑性

脉冲频率依赖可塑性也是一种在很多突触类型中可以普遍观察到的突触功能,反映了突触活动频率对突触长时程可塑性的影响。在用忆阻器件模拟脉冲频率依赖可塑性时普遍体现为刺激的频率越高,电流变化越大,也就意味着突触权重变化越大。2009 年,Alibart 等[50]首先用基于有机纳米晶体管的忆阻器件模拟了脉冲频率依赖可塑性功能,该器件的漏极电流是由载流子的俘获和释放来决定的,因此可通过改变脉冲的数量和频率来影响突触可塑性。2011 年,Chang 等[13]也提出除了脉冲形状和数量对突触权重的改变有影响外,脉冲之间的时间间隔也影响突触权重的改变,时间间隔越小,突触权重增加越多。2014 年,Li 等[51]在基于AgInSbTe(AIST)硫化物的相变忆阻器中模拟了脉冲频率依赖可塑性功能。如图4.13 所示,所有刺激都是三角形电压脉冲,上升时间为 5 μs,下降时间为 5 μs,突触前刺激的电压幅值为 1.2 V,突触后刺激的电压幅值为 0.8 V。突触后平均刺激频率从 10 kHz 调整到 83 kHz,突触前平均刺激频率固定在 50 kHz。如果突触后活动一直低于临界值 f_θ(50 kHz),突触效能会降低。当突触后激发水平超过阈值时,突触权重将增加。AIST 器件是一种电压控制的忆阻器,流过器件的总通量(电压的时间积分)决定电导的变化。在低突触后频率(<50 kHz)时,总通量从底部电极流到顶部电极,导致长时程抑制,而高频脉冲(>50 kHz)会引起长时程增强。

Liu 等[52]报道了顶、底电极分别为 Ta 和 Pt 的基于 $EV(ClO_4)_2$/BTPA－F 有机氧化还原体系的忆阻器件,如图 4.14(a)所示,并模拟了脉冲频率依赖可塑性功能。在这个器件中 BTPA－F 的共轭聚合物因其丰富的电化学氧化还原行为而被广泛应用于当前的研究[53,54],而乙基紫精二高氯酸盐[$EV(ClO_4)_2$]则作为 BTPA－F 氧

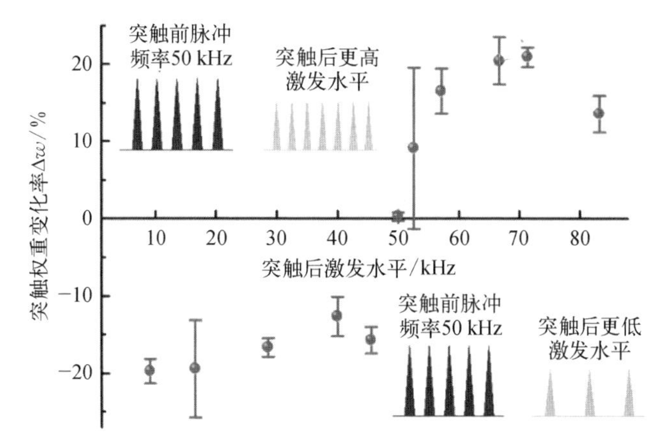

图 4.13 在 AIST 忆阻器件中实现的脉冲频率依赖可塑性功能,突触效能改变对突触后刺激频率的依赖性。突触后刺激频率低于 f_{θ}(50 kHz)时会产生抑制,突触后刺激频率高于 f_{θ}(50 kHz)时则会增强。突触前刺激频率固定在 50 kHz [51]

化的对电极材料并提供高氯酸离子来稳定聚合物的带电形式[55-57]。这个三明治结构器件表现出了依赖于施加电压历史的忆阻行为,符合模拟生物突触兴奋和抑制的基本要求。该课题组将施加在 EV(ClO_4)$_2$/BTPA－F 忆阻器上的电压脉冲数量固定为 10,频率从 1 Hz 到 20 Hz 变化(或者说使脉冲时间间隔从 1 s 到 0.05 s 改变),如图 4.14(b)所示,脉冲的频率越高,电流越大,实现了脉冲频率依赖可塑性功能。为了定量分析每种频率下的电流增量,绘制出的电流变化和脉冲刺激次数的关系曲线如图 4.14(c)所示。当频率为 1 Hz 时,随着脉冲刺激次数的增加,电流没有明显的增加,而当脉冲刺激频率增加为 20 Hz 时,电流增加了 30 多倍,表明此时的器件相当于一个高通滤波器。从理论上来说,类似于上述的有机体系的氧化还原性质改变可以用于调节电阻状态并构建人工突触[58]。例如,聚合物薄膜电荷转移和电化学氧化还原作用都已经被用于连续地改变器件的阻值[55,59,60]。与无机材料制备的器件相比,有机材料的优势是低成本、易加工、柔性可变形,最重要的是可以通过分子设计改变其电学特性[61,62]。

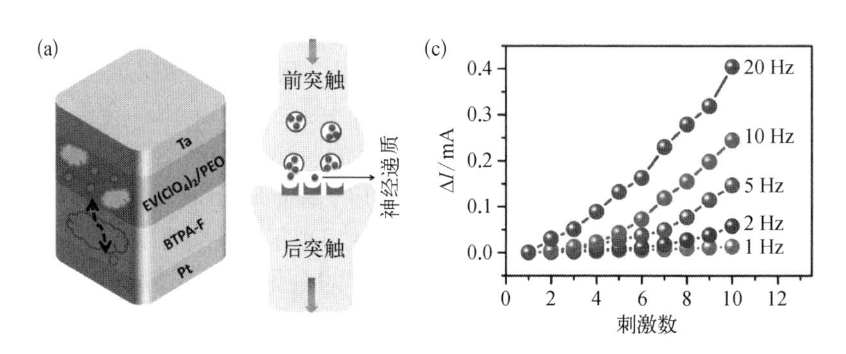

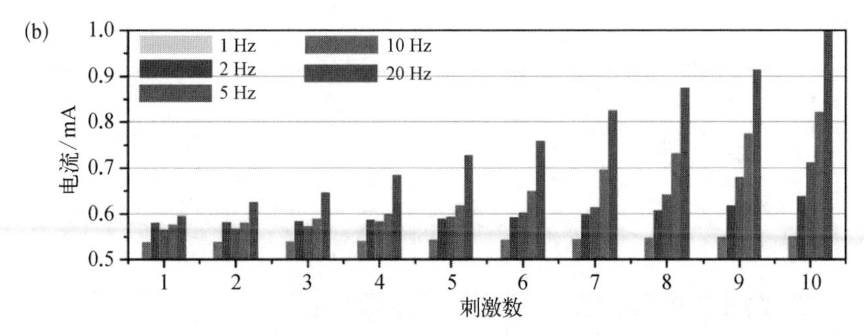

图 4.14 用 Ta/EV(ClO_4)$_2$/BTPA - F/Pt 忆阻器件模拟 SRDP 功能。(a)为 Ta/EV(ClO_4)$_2$/BTPA - F/Pt 器件的示意图;(b)和(c)为不同频率下电流和电流变化(ΔI)随电压脉冲刺激数的变化[52]

4.2.3 脉冲时序依赖可塑性

生物大脑存在着多种高级学习规则,脉冲时序依赖可塑性就是其中一种。通常来说是指刺激两个神经元时,刺激突触前神经元的时间早于刺激突触后神经元的时间,可以得到突触后电流的增强;当刺激突触前神经元的时间晚于刺激突触后神经元的时间时,突触后电流将会受到抑制[63-69]。另一方面,当两个刺激的时间间隔差值发生改变时也能够影响突触后电流的增强效果。这一学习规则被认为是学习记忆的基本机制,因此在人工神经网络的发展过程中一般都需要对脉冲时序依赖可塑性规则进行模拟。

在脉冲时序依赖可塑性规则中,突触权重的变化 Δw 表示为关于突触前神经元神经刺激信号的产生时间 t_{pre} 与突触后神经元神经刺激信号产生时间 t_{pos} 之间时间差的功能。明确地说,可将 Δw 定义为 $\Delta w=\varepsilon(\Delta T)$, $\Delta T=t_{pre}-t_{pos}$。设想在两个神经元细胞之间有一个忆阻器代替突触,忆阻器的电压为 $V_{MR}=V_{mem-pre}-V_{mem-pos}$, V_{th}为阈值电压,当 V_{MR}超过 V_{th}时忆阻行为开始发生。图 4.15[12] 反映了当 ΔT 为正或负值时,忆阻电压的变化,相当于突触权重 Δw 的变化,当 ΔT 趋于零,在 V_{MR} 中黑灰色部分的峰值将会更高,突触权重的变化将会更加显著。

从 Bi 和 Poo[15,70] 的脉冲时序依赖可塑性实验数据中可以观察(图 4.16),当 ΔT 为正值时(突触前神经元的神经刺激信号在突触后神经元的神经刺激信号产生过程中起到了促进的作用),突触权重增加,即 $\Delta w>0$,并且突触权重随着 $|\Delta T|$ 的减小而增加,说明突触前神经刺激信号所起到的作用增大;当 ΔT 为负值时(突触前神经元的神经刺激信号对突触后神经元的神经刺激信号的产生起到了抑制的作用),突触权重减小,即 $\Delta w<0$,并且突触权重随着 $|\Delta T|$ 的减小而减少。

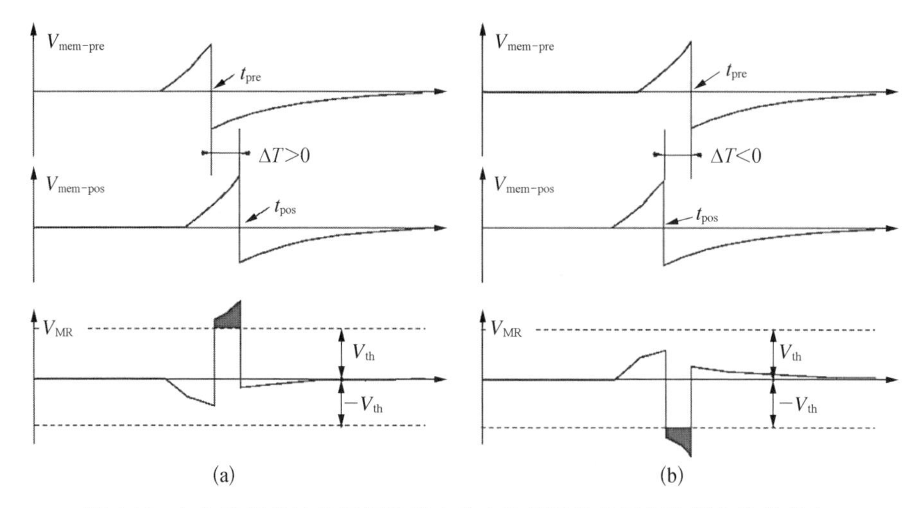

图 4.15 （a）突触前神经元细胞膜电位在突触后神经元细胞膜电位前产生，$\Delta T>0$，$V_{MR}>0$；（b）突触前神经元细胞膜电位在突触后神经元细胞膜电位后产生，$\Delta T<0$，$V_{MR}<0$ [12]

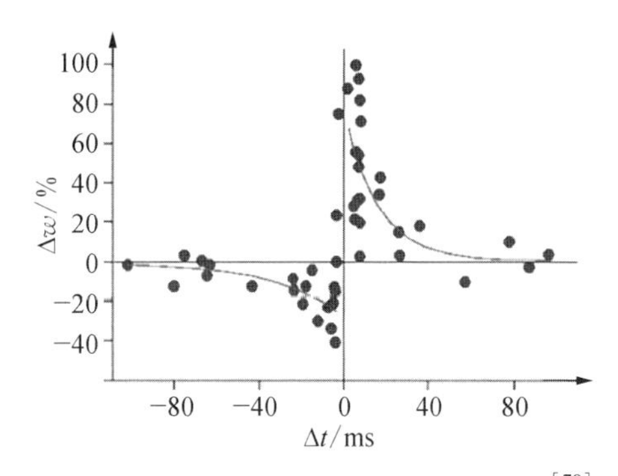

图 4.16 脉冲时序依赖可塑性实验曲线[70]

图 4.17(a)为混合的 CMOS -神经元/忆阻器-突触电路中[38]每个神经元神经刺激信号出现后忆阻器突触权重的变化。当突触前神经元神经刺激信号在突触后神经元神经刺激信号之前(后),忆阻器的突触权重增加(减小)。此外,突触权重相对于前后神经元神经刺激信号产生时间之差 $|\Delta t|$ 的变化曲线可以很好地符合指数衰减函数,类似于生物突触系统[图 4.17(b)],证实了确实可以用忆阻器模拟突触的脉冲时序依赖可塑性功能。

当然,脉冲时序依赖可塑性功能除了可以用离子迁移型忆阻器模拟外,还可以在相变忆阻器中实现。2013 年,Li 等[71]选用了已成熟应用于非易失性存储器的一种硫族化合物——晶态 $Ge_2Sb_2Te_5$(c - GST)制备了本征半导体忆阻器,该器件可以在非晶态和晶态之间转变并具有很好的耐久度,通过改变扫描电压的极性,器件的电阻最高可达 10 kΩ,最低可到 500 Ω,其忆阻特性来源于缺陷导致的电荷俘获和释放。器件的阻值代表突触权重,通过 30 ns 的增强/抑制电脉冲进行精确调制。该课题组通过在突触前后神经元施加不同的电脉冲对刺激,在其电子突触中成功实现了纳秒数量级的脉冲时序依赖可塑性形式,这些突触反应大约在 500 ns 的临界时间发生,比人脑快 10^5 倍,为实现超快神经形态计算系统提供了可能。

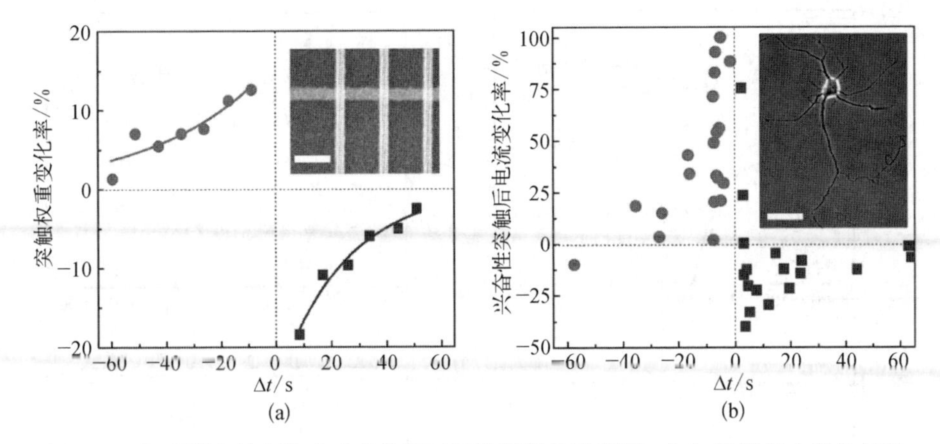

图 4.17 忆阻器突触中脉冲时序依赖可塑性规则的示意图。(a) 忆阻器中突触权重和神经刺激相对时间 Δt 的变化曲线的测量值;(b) 海马神经元中兴奋性突触后电流(excitatory postsynaptic current, EPSC)随突触前后神经元神经刺激信号产生时间 Δt 的变化曲线[38]

与上文中对脉冲时序依赖可塑性的模拟不同,该课题组模拟了四种不同的脉冲时序依赖可塑性形式(图 4.18),这四种形式会分别出现于不同的情况下或人体不同的部位。第一种是我们通常所说的脉冲时序依赖可塑性规则,发生于兴奋与兴奋连接的时间窗口,当突触前神经元的动作电位早于突触后神经元时($\Delta t>0$),会出现长时程增强 LTP;相反,突触后神经元的动作电位早于突触前神经元时($\Delta t<0$),出现长时程抑制,被称为反对称型 Hebb 学习规则(antisymmetric Hebbian learning rule)中的脉冲时序依赖可塑性。第二种是发生在兴奋与抑制连接的时间窗口,长时程增强和长时程抑制可以由相反的方式引发,称为反对称型反 Hebb 学习规则(antisymmetric anti-Hebbian learning rule)中的脉冲时序依赖可塑性。第三种是指突触的活动仅取决于$|\Delta t|$的大小而不取决于 Δt 的正负,也就是与前后突触神经元动作电位的顺序无关,被称为对称型 Hebb 学习规则(symmetric Hebbian learning rule)中的脉冲时序依赖可塑性,发生于肌肉神经接点,当 Δt 趋于 0 时会增强,Δt 远离 0 时会抑制。第四种是指无论 Δt 为任何值,突触活动均为抑制,称为对称型反 Hebb 学习规则(symmetric anti-Hebbian learning rule)中的脉冲时序依赖可塑性。

用 Δw 表示突触权重(即器件电导变化)的百分比,表示突触的长时程非易失性改变,是时间间隔 Δt 的函数。图 4.18(a)是一个典型的反对称型 Hebb 学习规则,$\Delta t>0$ 时出现长时程增强现象,$\Delta t<0$ 时出现长时程抑制现象,左上方插图显示了作用于突触前和突触后的电刺激形状。刺激间隔为几纳秒时,突触权重改变的最大量达到 3.26%,并且随着 Δt 的增加,Δw 趋近于 0。当应用脉冲刺激来驱动器件电阻变化时,存在约 0.6 V 的阈值电压 V_θ,所有脉冲时序依赖可塑性实验中突触

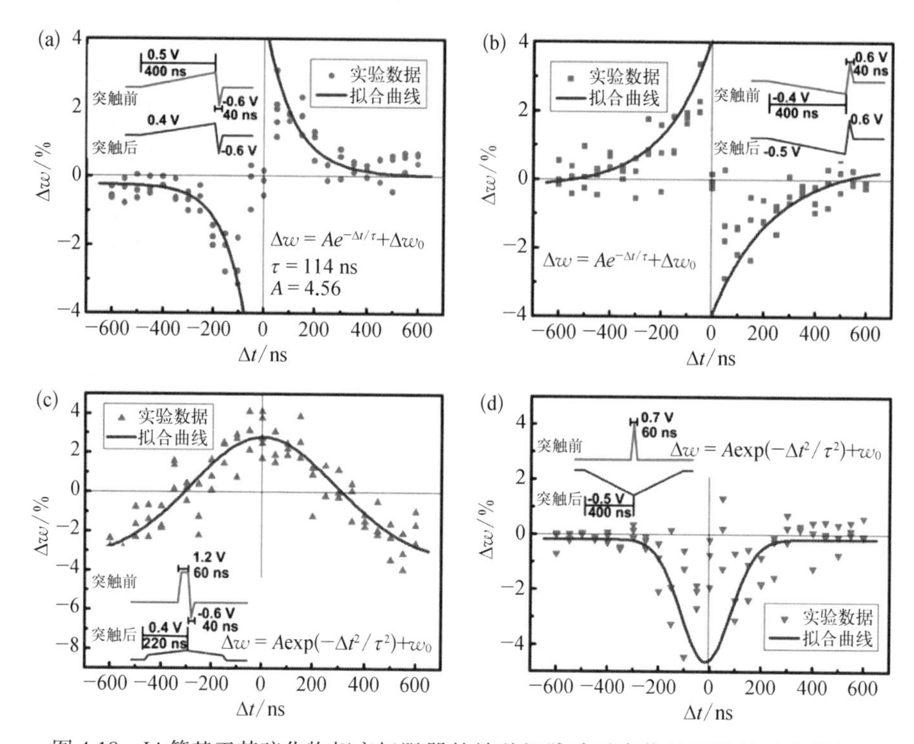

图 4.18 Li 等基于其硫化物相变忆阻器的纳秒级脉冲时序依赖可塑性功能模拟。(a) 反对称型 Hebb 学习规则;(b) 反对称型反 Hebb 学习规则;(c) 对称型 Hebb 学习规则;(d) 对称型反 Hebb 学习规则。插图为施加的突触前(pre-spike)和突触后(post-spike)电刺激和拟合方程[71]

前和突触后刺激的脉冲幅值均小于 0.6 V,低于阈值电压,这意味着单个突触前或突触后刺激不能改变权重,当突触前和突触后刺激以相反的方向施加在器件上时,器件的总电压的幅值可能超过阈值电压,导致电阻变化。影响阻值变化的有效通量应该是:

$$\varphi(t) = \int V_{\mathrm{E}} \mathrm{d}t \tag{4.1}$$

其中,

$$V_{\mathrm{E}} = \begin{cases} V_{\mathrm{pre}} - V_{\mathrm{pos}} + V_{\theta}, & V_{\mathrm{pre}} - V_{\mathrm{pos}} < -V \\ 0, & -V_{\theta} \leqslant V_{\mathrm{pre}} - V_{\mathrm{pos}} \leqslant V \\ V_{\mathrm{pre}} - V_{\mathrm{pos}} - V, & V_{\mathrm{pre}} - V_{\mathrm{pos}} > V_{\theta} \end{cases} \tag{4.2}$$

随着 Δt 的增加,有效电压 V_{E} 和有效时间都会减小,导致有效通量的减小,所以引发的突触权重的改变也会减小。通过使用数学模型将其与指数函数拟合,可以在计算神经科学中将脉冲时序依赖可塑性简化为

$$\Delta w = A\mathrm{e}^{-\Delta t/\tau} + \Delta w_0 \tag{4.3}$$

A 和 τ 分别是脉冲时序依赖可塑性函数的比例因子和时间常数,Δw 是一个常

数,表示突触变化的非联合性部分。对于反对称型 Hebb 学习规则中的长时程可塑性,$A=4.56$, $\tau=114$ ns,而在生物突触中时间常数为数十毫秒量级。另外,可以通过调制电刺激对的形状来实现其他三个脉冲时序依赖可塑性形式。例如,反对称反 Hebb 学习规则可以通过以反向的时序应用 Hebb 学习规则中使用的刺激对来实现[图 4.18(b)]。此外,对称型 Hebb 学习规则和反对称型 Hebb 学习规则的学习功能可以表示为高斯函数[图 4.18(c)、(d)]:

$$\Delta w = A\exp\left(-\frac{\Delta t^2}{\tau^2}\right) + \Delta w_0 \tag{4.4}$$

4.2.4　经验学习

与人脑的经验学习行为相似的“学习—遗忘—再学习”的过程也已经被各课题组用忆阻器件模拟。人脑的记忆过程简单来说就是:信息进入大脑,形成短时程记忆,短时程记忆被再次训练可使之加强,不训练将会被遗忘,而经过多次的巩固最终将转化为长时程记忆,即使不再加强也需要很长时间才能被忘记,图 4.19 用示意图简单描述了该过程。Liu 等[52]用他们的 $EV(ClO_4)_2$/BTPA－F 忆阻器件实现了这一功能,首先用 40 个连续的脉冲电压刺激该器件[图 4.20(a)][52],经过 5 min 的自发衰减过程[图 4.20(b)]达到一个中间态,随后仅仅施加 9 个脉冲刺激便使该器件的“突触权重”恢复到了第一次学习过程后的状态[图 20(c)]。我们可以发现,接下来的衰减过程使突触权重最终减少到一个相对于第一次衰减来说较高的值,并且衰减的速度也变得缓慢[图 4.20(d)],这说明对过去记忆过的信息的再学习可以明显地增加记忆的强度并减缓遗忘的速度。再接着,仅施加 4 个电压脉冲便再一次达到了第一次的状态[图 4.20(e)]。据此我们可以猜想,重复的训练可以让我们更容易将模糊的记忆重新唤醒,从而实现类似于短时程记忆到长时程记忆的转换的过程。

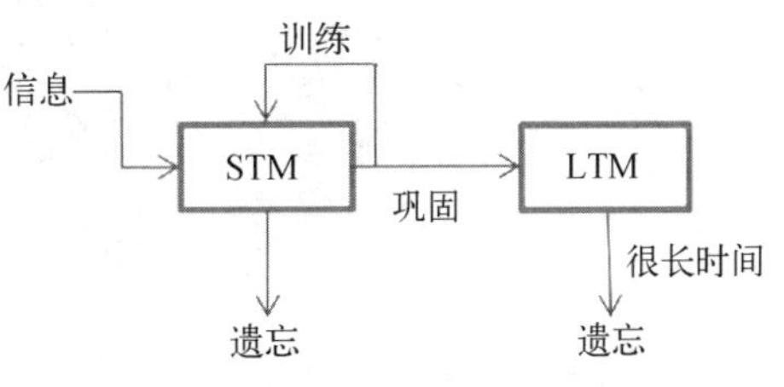

图 4.19　人脑记忆与遗忘功能示意图

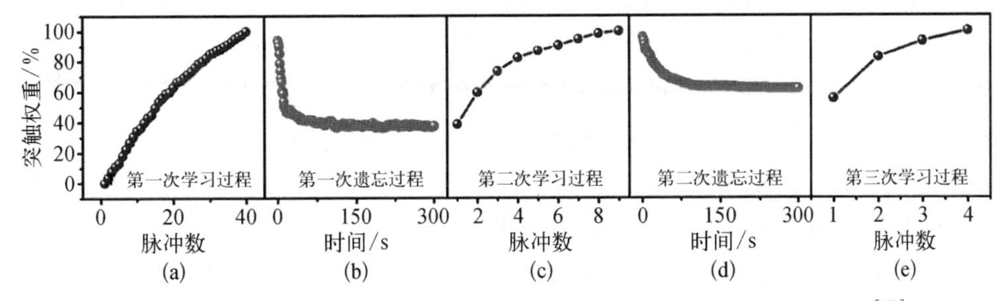

图 4.20　$EV(ClO_4)_2$/BTPA－F 忆阻器件模拟“学习—遗忘—再学习”功能[52]

Wang 等[42]用基于氧离子迁移机制(电场会引起氧离子迁移从而导致氧离子浓度分布不同,进而使得富氧层和缺氧层的厚度发生变化,最终导致器件导电性的变化)的 α-InGaZnO 忆阻器模拟了经验学习功能(图 4.21)[43]。首先用一连串的刺激使“突触权重”增加,代表“学习”过程,然后停止刺激,忆阻器导电性自发衰减代表“遗忘”过程,最后对器件进行再刺激,导电性重新升高,代表了人脑重新学习、记忆恢复的过程。

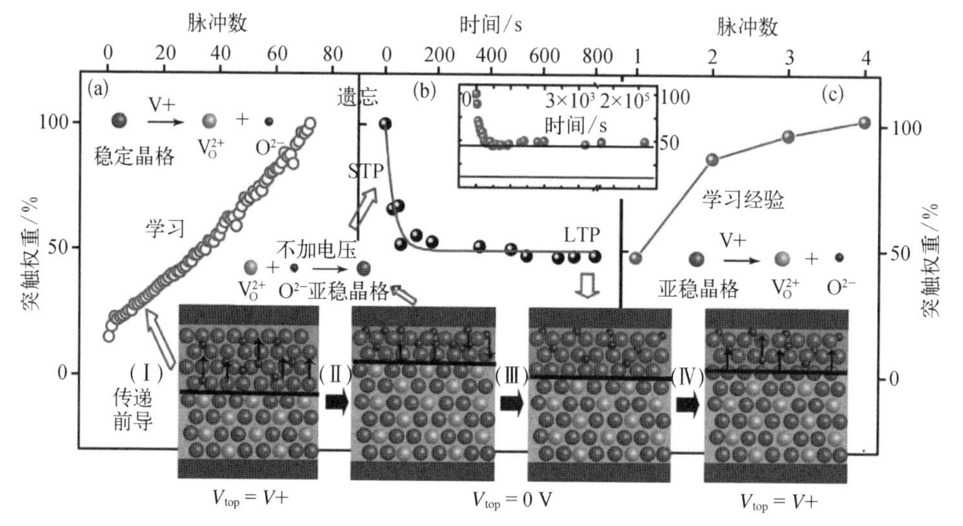

图 4.21 器件 LTP/STP 和“学习-经验”行为和器件工作的动态模型。(a) 连续的刺激下,突触权重几近线性增长,模拟“学习”(记忆)过程;(b) 导电性的自发衰减,也就是 STP 的弛豫过程,类似于人脑记忆的“遗忘曲线”;(c) 对器件的再刺激,模拟“再学习”过程[42]

4.3 复杂突触功能的模拟

除了单个忆阻器模拟的突触功能之外,很多课题组也使用了多个忆阻器和其他基本元器件(如电阻、电感、电容、晶体管等)来构建类神经电路,可模拟一些较为复杂的突触功能,而在模拟同一种功能时,相对单个忆阻器来说有时可以达到更好的效果。如 2010 年 Pershin 课题组[72]用三个电子神经元和两个忆阻器突触构建了神经形态电路,模拟了联想记忆功能;2013 年,Pickett 课题组[73]利用由 Mott 忆阻器和电容器等元器件组成的类神经电路模拟了稳态可塑性的突触缩放功能;2016 年,杨玖等[74]将两个忆阻器反向串联构成一种新的突触电路,通过理论分析和计算机仿真证明其具有实现脉冲时序依赖可塑性学习规则的能力,同时证明其忆阻值的变化是线性的,与单个忆阻器相比,图像信息的完整性保存良好,可以更好地应用于图像的存储和输出。

4.3.1　稳态可塑性

根据 Hebb 学习规则，突触在过强（兴奋性或抑制性）神经信号刺激下，将会有过度的突触（兴奋性或者抑制性）响应，这将造成神经系统的失稳与崩溃。总的来说，在神经系统中，突触中的稳态可塑性（homeostatic plasticity）的机制通过突触分泌特定的调节因子以及复杂的生物调节过程，以负反馈调节的方式限制过强或者过弱的突触活动（图 4.22），将神经元的放电频率、突触连接强度限制在一定范围内，避免神经系统活动过于兴奋或抑制。神经科学家 Turrigiano 和 Nelson 在突触稳态可塑性方面做了深入的研究[75]。在电子突触中用具有特殊忆阻行为的器件模拟稳态可塑性是必不可少的，可以有效调整突触活动强度。

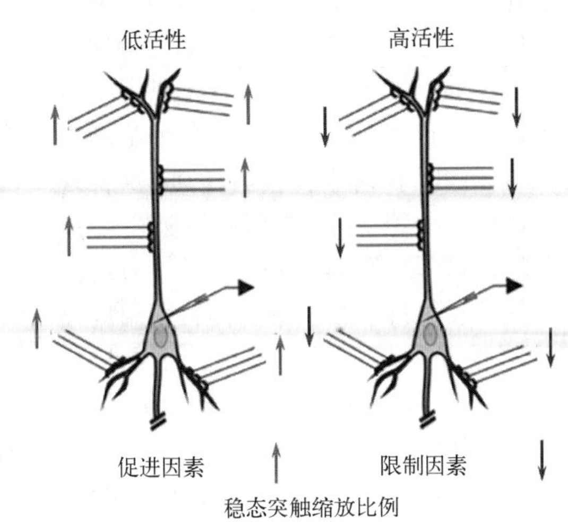

图 4.22　神经系统稳态可塑性调节示意图[75]

由于神经回路的复杂性，如何保持其性能稳定几乎是贯穿神经回路发育和可塑性的各个方面的问题。例如，设置兴奋和抑制到适当的水平，使神经活动可以沿着神经网络传播而不会消失或增长到难以控制的状态[76]。而另一种稳定性问题出现在可塑突触回路中，与学习相关的适应性需要神经网络去检测事件之间的关联程度，并将这些反映为突触强度或其他细胞特性的变化[14]，这种调整的实例中包括长时程增强和长时程抑制[14,77]，它们会加强对突触后神经元的去极化有用的突触输入，而不加强无用的突触输入，从而增强了大脑中有用的回路。但是，被加强的突触在对突触后神经元的去极化过程中变得更有效，并将在一个突触正反馈循环中继续被加强，最终将导致神经元活动的饱和[14,78,79]。另外，由于这种正反馈，一些虽然在起初与突触后神经元关联性很小的突触前神经刺激信号可以很容易引起突触后神经元的兴奋，即使没有环境刺激的引发，他们也可以被加强[14]。如果每个神经元可以感觉到自身的活性，并且调整其突触权重的大小，使自身的活动接近一些“设定值”，那么它们在面对突触权重中基于关联性的变化或者是突触连接的变化时将会表现得很稳定[78,80]。20 世纪末，在新皮层神经元发现了这样一个机制，被称为突触缩放，人们观察到它可以全局性地调控所有神经元间的突触权重，使其向着稳定的方向变化[81]。如图 4.23 所示，当神经活动水平较低时，神经元更容易被驱动以提高发放速率，当神经活动水平较高时，神经元更难以被驱动提高发放速率，因此神经元更加倾向于维持在一个中间态。

Pickett课题组[73]利用由Mott忆阻器和电容器等元器件组成的类神经电路(图4.24)模拟了稳态可塑性的突触缩放功能,Mott绝缘体长期以来表现为由电流控制的负微分电阻,并且在用于制备忆阻器件时有阈值转换的性质(这种现象是由一种绝缘体-金属的可逆转变造成的,当有足够的电流通过器件来局部加热某些材料至温度达到其转变温度以上时,会诱导产生桥来连接两个电极作为导电通道,从而引发绝缘体-金属转变)。由于向器件中注入足够的能量来加热材料使其达到它的导电状态需要一定的时间,因此它们被看做是一种电阻取决于激发历史的动态系统。由之前的讨论可知,突触的“突触缩放”功能的特点为阈值驱动放电,具有一定的不应期(适应期)。该小组内含Mott忆阻器的电路恰巧可以很好地模拟这些特性。

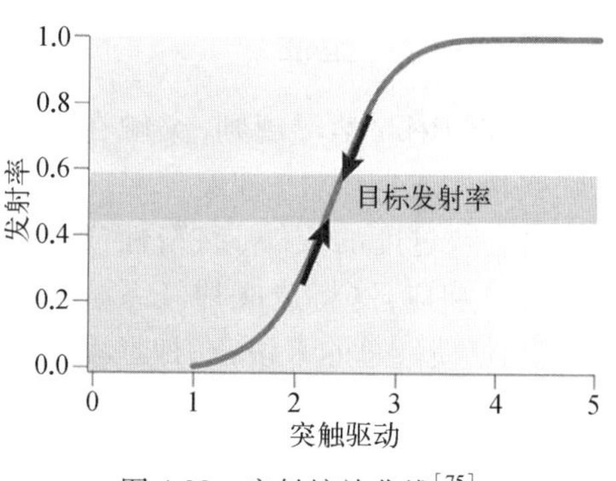

图4.23 突触缩放曲线[75]

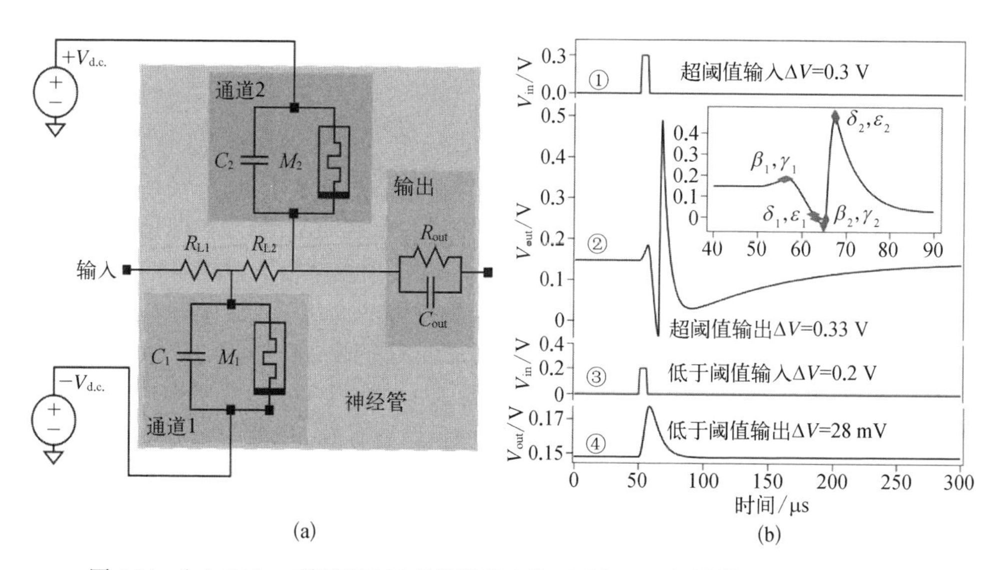

图4.24 (a) Pickett课题组构造的类神经电路:两个Mott忆阻器(M_1和M_2),两个平行电容器(C_1和C_2)及电压源和输出装置。(b) ① 超过阈值的电压输入0.3 V;② 输入电压①作用下的输出电压0.33 V;③ 低于阈值的电压输入0.2 V;④ 输入电压③作用下的输出电压28 mV[73]

如图4.24[70]所示,高于阈值电压的输入(0.3 V,10 μs)使回路产生了0.33 V的输出电压,而低于阈值电压的输入(0.2 V,10 μs)则仅仅产生了28 mV的输出电压,模拟阈值转换特点。而由于两条通路需要在下一个动作电位产生之前完成一个充放电的循环，因此在动作电位刚产生时会对外界扰动和噪声表现稳定状态，这模拟了神经缩放的不应期特点。

4.3.2　联想性学习

当提起一位我们所认识人的名字时，我们马上会记起他（她）的脸或者其他特征，这是因为我们的大脑有一种被称为联想性学习的功能——可以让我们将对应于某一事件的一些不同的记忆联系起来。联想性学习需要在刺激与反应之间存在关联，非联想性学习又被叫作简单学习，不需要在刺激和反应之间存在明显的关系[82]。联想性学习这种基本的能力不仅仅局限于人类，很多动物也具备这种特性，比如经典的巴甫洛夫条件反射实验[83]，当狗在吃食物时口中会自动分泌唾液，如果伴随着铃声刺激，反复多次后，即使狗不吃食物，听到铃声也会开始分泌唾液。这里食物作为非条件刺激，分泌唾液为非条件反射，铃声作为条件刺激，最后只听到铃声就分泌唾液作为条件反射。巴甫洛夫的实验表明原本不能产生反射的刺激，由于经常伴随能够出现非条件反射的刺激出现，在多次反复之后，这种刺激也能产生反射（条件反射），即产生了联想。

Pershin 课题组[72]用三个电子神经元和连接它们的两个忆阻器突触构建了一个神经形态电路。如图 4.25 所示，假设第一个突触前神经元 N_1 在一个特定的视觉刺激下活动（例如看见食物），第二个突触前神经元 N_2 在一个听觉刺激下活动（例如听到铃声），突触后神经元的输出信号代表着类似“分泌唾液”的活动。

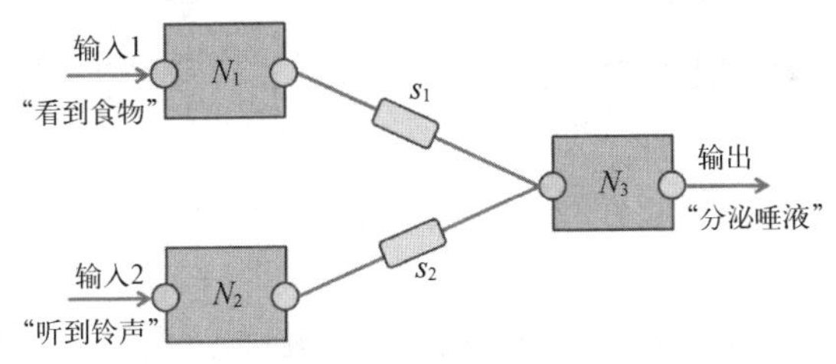

图 4.25　联想型记忆的人工神经网络[72]

如图 4.26，实验开始于这样一个状态：第一个突触连接很强（S_1 阻值很小），第二个突触连接很弱（S_2 阻值很大），在第一个“探索期”（$t<9$ s），向“看见食物”的神经元和“听到铃声”神经元施加一组非重叠的刺激，结果是只有当刺激施加在“看见食物”神经元时，“分泌唾液”神经元得到响应，而向“听到铃声”神经元施加刺激时没有响应。这是由于 S_1 阻值很小，由 N_1 输入而后通过 S_1 的脉冲电压高于 N_3 的阈值电压，相反，S_2 阻值很大，由 N_2 输入而后通过 S_2 的脉冲电压低于 N_3 的阈值电压。这个时期没有忆阻器状态的改变，因为 S_1 已经达到了它最小的阻值，它的电阻已经不能继续下降了；而 S_2 上的电压降还没有达到其转变电压。在“学习期”（9 s<$t<12$ s），向两个突触前神经元同时施加刺激电压，产生一连串脉冲，来自两个神经

元的脉冲不相关,但是有时会发生重叠(由于脉冲序列间隔大小的随机性)。在这一时期中,有时来自"分泌唾液"神经元的向后传播的脉冲(由于"看见食物"神经元的刺激)与向前传播的来自"听到铃声"神经元的脉冲会发生重叠,产生了一个较高的电压,当这个电压通过 S_2时,超过了 S_2的转变电压,使得 S_2能够转变到一个较低的电阻,此时通过 S_2后到达 N_3的电压已经超过了其阈值电压,使其能够产生响应。这相当于在两种输入刺激间建立了一种联系,这个回路已经"学会"将"看见食物"和"听到铃声"两种信号联系起来了。在第二个"探索期"(t>12 s)可以很明显看出建立起来的联系——任何一种刺激,无论是来自于"看到食物"神经元还是"听到声音"神经元,都可以使"分泌唾液"神经元产生响应,成功地模拟了联想性学习的功能。

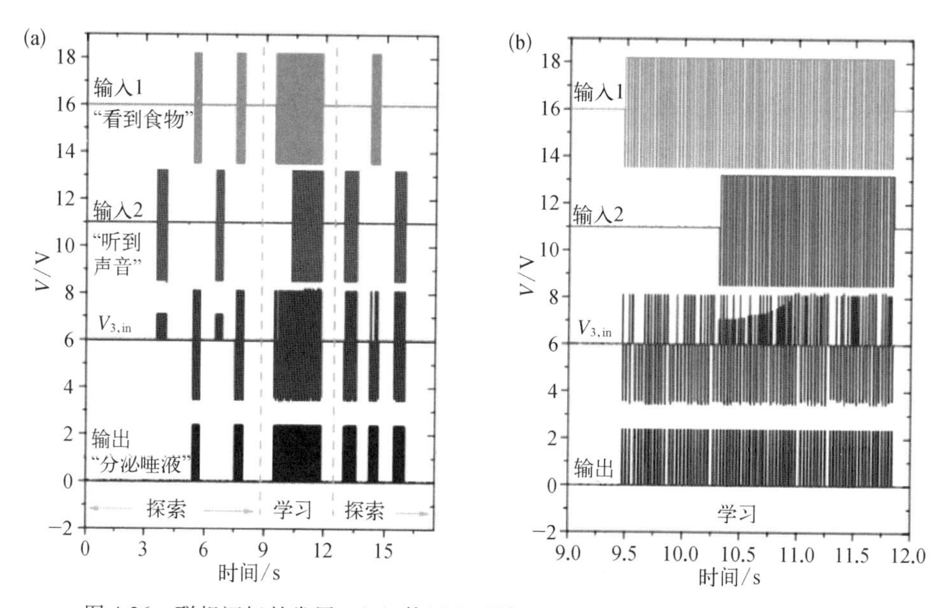

图 4.26　联想记忆的发展:(a) 使用电子神经元和电子突触(忆阻器仿真器);(b) 学习阶段的详细信息[72]

注: Pershin 课题组使用了以下参数来定义忆阻器仿真器的操作: V_{th} = 4 V, α = 0, β = 15 kΩ/(V · s)。在初始时刻,选择 S_1的电阻 R_1 = 675 Ω(忆阻器的最低电阻状态),选择 S_2的电阻 R_2 = 10 kΩ(忆阻器的最高电阻状态)。相应地,在第一探测阶段,当施加输入 1 和输入 2 信号而没有重叠时,仅当施加输入 1 信号时才产生输出信号

4.3.3 非联想性学习

如上文所述,联想性学习需要生物体将事件或刺激联系起来,非联想性学习则不需要这种联系,但非联想性学习也是大脑中一种非常重要的功能,关系到生物体的自学习行为和对环境的适应行为,属于复杂的神经形态功能。非联想性学习包括习惯化和敏感化两种行为。生物突触的习惯化(habituation)是指突触在重复性

温和刺激下,并没有产生任何有意义的结果,进而对这种形式的刺激信号的自发反应逐渐减弱甚至消失的突触可塑性,生理学研究结果表明神经突触的习惯化是由于突触前神经元的钙离子通道在重复温和刺激下逐渐失活,钙离子内流减少,末梢递质释放减少所导致的。敏感化(sensitization)又称为去习惯化(dishabituation),是与习惯化相反的过程,是指突触对某种刺激习惯后当出现新的信号刺激(通常指剧烈的、伤害性的信号刺激)时,突触又恢复甚至超越之前的响应水平,能够将新的刺激信号和旧的刺激信号加以区别。在生物神经系统中,一系列的生物化学过程使钙离子内流增加进而导致神经元递质释放量增加,最终造成突触传递效能的增强,即行为上的敏感化。敏感化的神经系统同时也强化了对其他弱刺激信号的反应,包括以前引起轻微反应甚至不引起反应的刺激信号和已经习惯化了的刺激信号,即敏感化具有普遍性,如图4.27所示[84]。Kandel在细胞和分子水平上揭示了习惯化和敏感化生理学行为,因此获得了2000年的诺贝尔生理学或医学奖[85-88]。习惯化和敏感化也是生物突触的一种普遍存在的学习记忆行为,其重要意义在于帮助神经系统选择性地关注外界刺激信号,提高信息处理的效率,另外习惯化和敏感化作用机制相反能够确保神经系统活动水平保持动态平衡。习惯化和敏感化也可以用特殊的人工突触加以模拟[88]。

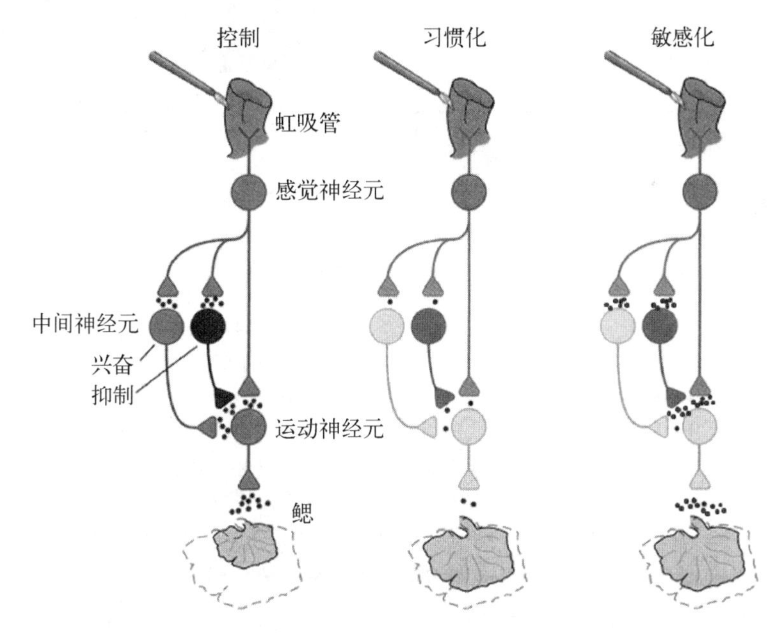

图4.27　神经系统习惯化和敏感化调节示意图[84]

值得一提的是,2016年Yang等[89]报道了利用一个三端器件成功模拟非联想性学习的工作,实现了用单个器件模拟复杂的功能,为未来利用电子器件模拟更复杂的功能提供了新思路。

Yang 等[89]的忆阻器件是由结构为 $W/HfO_x/Ti$ 的忆阻器和通过标准 0.13 μm 工艺制备的 NMOS 晶体管混合集成的，HfO_x 基忆阻器承担着感觉神经元和运动神经元之间的突触的功能，模拟传输信号的调制，NMOS 晶体管被当作中间神经元来模拟神经调节物质的调节功能。图 4.28(b)为 100 个连续的弱脉冲电压刺激[图 4.28(a)，幅值−1 V，持续时间 1 ms，脉冲间隔 30 ms]下器件逐渐减弱的响应电流，说明该人工突触可模拟生物体的习惯化行为——对无害的、不强烈的刺激逐渐熟悉，不再做出相应的响应；而当一个新的刺激(幅值+0.45 V，持续时间 1 ms，脉冲间隔 30 ms)施加于这个已经习惯化的电子突触时，又出现了一个增强的响应，说明该电子突触在习惯化之后依然有产生响应的能力。此外，该课题组还模拟了频率依赖性的习惯化行为[图 4.28(c)、(d)]，脉冲的时间间隔越短，响应电流的变化越大，即习惯化行为越明显。

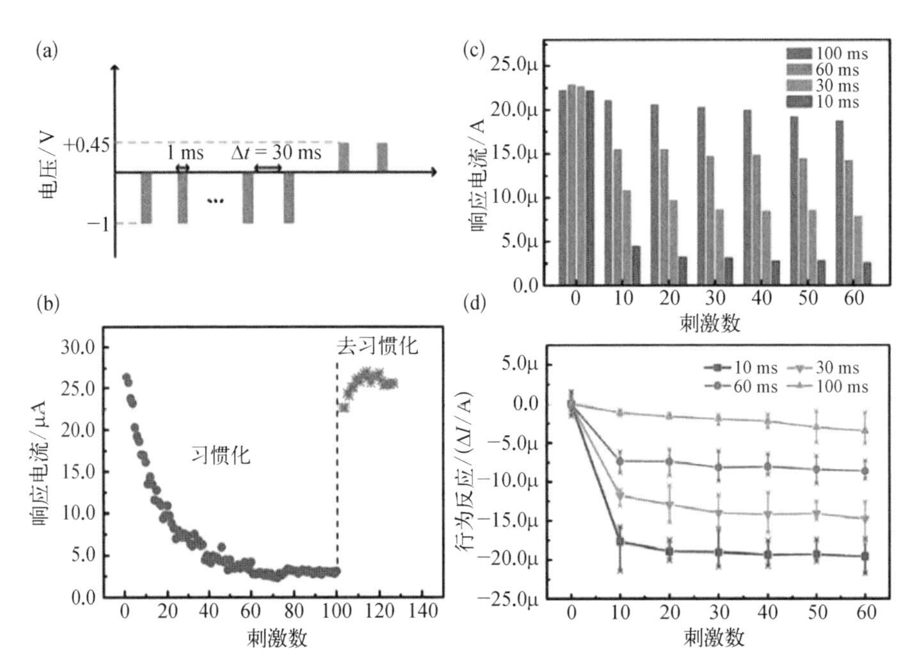

图 4.28 Yang 等在其电子突触中模拟的习惯化行为及其频率依赖性：(a) 输入脉冲序列的幅值、时间间隔和持续时间；(b) 器件在该脉冲刺激下的响应电流；(c) 器件在不同脉冲时间间隔下响应电流的变化；(d) 不同脉冲时间间隔下响应电流的增长随脉冲数量的变化关系[89]

如上文所述，在生物体中敏感化行为不仅基于突触的易化，而且与中间神经元释放的神经调节物质(如 5－HT)相关，为了模拟敏感化行为，该小组应用 NMOS 晶体管作为中间神经元来模拟神经调节物质的调节功能。晶体管的栅极电压被设定为一系列不同的值，从而提供不同的电流，也就是说忆阻器的电导率不仅与脉冲刺激有关，还依赖于栅极电压的值。因此，栅极电压对忆阻器电导率的调节作用类似于敏感化行为中神经调节物质(5－HT)的调节作用,给晶体管施加一个大的栅极电压类似于激活中间神经元,从而释放出高浓度的5－HT,而给晶体管施加一个低的阈值电压将模拟休眠的中间神经元,从而很难释放出5－HT来激发运动神经元。所以依赖于5－HT浓度的敏感化行为的程度可以被施加在NMOS上的栅极电压调制。图4.29(a)是用NMOS模拟中间神经元的过程[89],当栅极电压从1.5 V增加到2.7 V时(刺激幅值0.6 V,刺激间隔30 ms,持续时间1 ms),可以明显地看到在电压为1.5 V时,电流增长很少,没有敏感化现象;相反当电压增长到2.7 V时,电流增长很显著,说明电子突触易化,表现出敏感化行为。图4.29(b)显示出两种不同形式的敏感化行为——有害刺激下的敏感化和适中但频率较快刺激下的敏感化行为。对第一种形式的敏感化行为,幅值为0.8 V的脉冲刺激代表有害的刺激,一施加脉冲,立刻出现明显增加的响应;对第二种敏感化行为,在重复的脉冲序列(0.5 V)施加之后,可以看到一个延迟的响应增强。这两种形式均在前一部分增强,后达到饱和,说明其响应特性均在初期比较显著,随着刺激过程的继续只会加固并达到饱和,与生物现象非常一致。

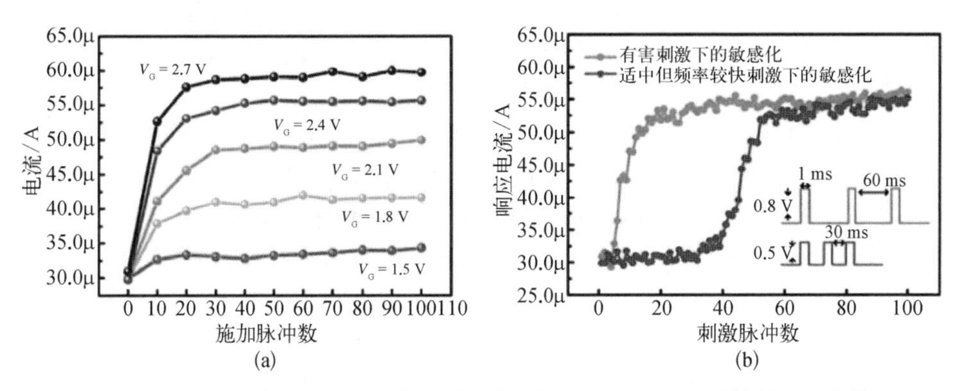

图4.29　Yang等在其电子突触中模拟的敏感化行为:(a) NMOS晶体管的调节作用;(b) 两种不同刺激形式下的电流变化[89]

因此在这个工作中,只需要单个突触器件就可以达到生物体中需要多个突触才可以实现的非联想性学习行为,在实现人工神经网络过程中可以有效地减小硬件的成本。

4.4　忆阻器的未来与展望

忆阻器具有结构简单、功耗低、易调控、运行速度高、与传统半导体工艺相兼容等优点,基于忆阻器模拟生物突触可塑性,实现多功能的神经形态计算,有望突破当前基于CMOS基半导体技术的局限,为下一代高效类脑计算提供新的思路与启示。

神经网络是一个庞大且具有复杂链接的系统,复杂结构决定了神经系统复杂而多样的功能,目前在仿生智能硬件中,关于核心的学习记忆行为的模拟,还没有形成确切的定论,因此通过硬件从不同的角度不断逼近生物突触中精致的信息处理与传递过程是必要的。在忆阻器中,基于操作历史依赖的可调节、可存储的导电态,人们提出了用忆阻器模拟突触可塑性、实现神经形态计算的新奇想法,然后模拟了一些重要的基于 Hebb 学习规则和脉冲时序依赖可塑性规则框架的学习记忆规律,在此过程中它们也成为普遍模拟的神经学习规则。然而,Hebb 学习规则及脉冲时序依赖可塑性规则是简化的学习规则,忽视了真实神经网络中很多重要的性质,比如动态平衡的性质。Hebb 学习规则是简单的生物规则无法保证突触活动免于过度兴奋和过渡抑制,确保整体神经网络的平衡与稳定。因此除了模拟基于 Hebb 学习规则的突触可塑性以外,突破 Hebb 学习规则的限制,模拟更多的突触功能,拓宽忆阻器应用范畴是至关重要的。当前模拟的突触局限于化学突触,化学突触和电突触是整个神经网络中最基本的信号传递单元,离开了电突触,神经网络将无法有效地发挥功能,因此为了功能全面的神经形态计算而构建人工电突触是必要的。值得注意的是,实现超越 Hebb 学习规则的响应规律(比如实现稳态可塑性、实现习惯化和敏感化)、构建电突触已经引发了电子学、算法科学的相关研究[90-93]。

当前开发忆阻器所采用的物理机制主要集中于电场激发下离子型导电丝的塑造与调控,器件导电态变化的平滑性和渐变性对器件每一层的成分很敏感,电场激励下离子型导电丝的生长位置、方向和速率也就很难精确控制。微观尺度下直观的研究结果表明,导电丝生长的位置和方向具有随机的特点,迁移和降解的过程很不均匀。因此大部分器件中的电学响应是突变、波动和非均匀变化的,造成器件性能不均一、产率低、可逆性差等缺点。器件非平滑的响应特征会带来很多干扰,大大降低神经突触模拟的有效性,因为在生物突触中突触权重的变化是平滑而渐变的,与输入的信号量成正相关的关系。因此开发新的有效的忆阻机制是必要的。

材料是制备忆阻器的关键,目前制备忆阻器的材料有多种,主要集中于二元或多元氧化物体系,忆阻行为对功能层内变化的化学计量比和存在的缺陷很敏感,然而氧化物功能层制备过程中功能层内化学计量比和缺陷是难以控制的,由此会给利用忆阻行为的平滑性带来不利的影响,进而影响突触可塑性模拟的有效性。因此有必要扩宽忆阻器功能材料,简化制备工艺,改进器件的响应特征。

利用基本元器件的阻变行为模拟电子突触,主要集中于三明治结构的功能氧化物忆阻器,在该器件中,通过外界施加的不同极性的电场驱动离子的迁移和重组得到逐渐调整的导电态,同时该电压下的电流为器件的输出信号。在这种两端器件中,导电通道的调控电流和输出电流在相同刺激信号下同时输出,因此响应信号和调整信号难以分离。与之相比,三端器件也具有可控的电阻态转变特征,可以通过累积的栅控电荷(离子、电子或空穴)过程实时调整器件导电通道的电阻态,导电沟道和栅电极分别相当于信号传输模块和调控模块，导电沟道两端施加的源漏电压和栅压是独立的，因此信号的传递和调控可以做到分离操作，在操作原理上更加逼近生物神经突触的信息处理模式。因此有必要设计有效的三端器件，实现信号传输与调控的实时操作。

目前忆阻器的操作（输入、输出、传输与调控）信号基本集中于电信号，然而很多器件中已经表明光信号在调控器件导电态、诱导电荷存储以及响应速率的提高等方面的有效性和便捷性。另外，光信息处理过程还具有一系列的优势，如容易集成大量的链接和平行的信息处理通道、高宽带、光路易管理、低能耗以及高效非破坏性的信息存储、读取和传递。因此基于上述一系列优势，将高效易控的光信号操作模式集成到器件中进而构建多功能的光电突触实现有效的神经形态计算是吸引人的策略。

尽管已取得了很大进步，基于忆阻器的神经形态系统依然处于初始阶段，且面临着诸多挑战，亟需进一步探索：① 从器件角度，忆阻器批次间的一致性、可重复性、难以避免的“形成”过程和突变的切换动态等依旧难以满足构建高密度集成系统的需求。尽管有机忆阻器具有种种优势，但在稳定性、器件尺寸、操作电压和能耗等方面依然需要进一步优化改善。此外，忆阻器特别是有机忆阻器的机制依旧复杂且饱受争议，需要借助理论计算和先进的表征手段对其进行进一步研究探索。② 从神经功能模拟的角度，当前研究的热点主要集中于活动（幅值、频率、持续时间等）依赖的增强型突触功能，却忽视了对突触抑制行为的关注。从生物学上来讲，多重的抑制主要包括临时抑制、短时程抑制、长时程抑制和它们之间的相互转换，被认为有助于在特定情况下削弱突触效能进而实现神经活动总体自我平衡状态。因此，多重的抑制行为对于过滤神经信号和调节神经功能具有重要作用，理应得到更多的关注。此外，当前模拟的都是简化了的突触功能，电路和系统设计人员应当致力于在现有忆阻器平台的基础上挖掘更高层次的神经功能，包括容错能力、深度学习算法、稳态可塑性、多状态、视觉、触觉甚至情感。③ 从神经形态工程角度，制备具有简单器件结构、较低的操作电压和功耗的人工突触对于构建高密度人工神经网络具有重要意义。据估算，人脑中每个突触活动的功耗约为 10^{-11} W（即每个突触活动持续约 100 ms，消耗约 1 pJ 能量）。很多工作旨在通过提高初始态电阻来降低功耗，但这种方法必然导致器件识别精度的降低，无法保证器件性能和功耗之间的平衡。因此，在未来降低功耗的研究中，首先需要确保不能以牺牲器件关键性能为代价。此外，对于忆阻器的刺激信号，除了被广泛研究的电信号，其他的外部刺激（如磁场、温度、光照等）也有应用于忆阻器研究的潜力，并可以极大地拓展忆阻器的应用范围。最后需要强调的是，只有材料科学、器件物理、电子和计算机工程等各个领域的专家紧密合作，才有希望最终实现基于忆阻器的神经形态电路。

参 考 文 献

[1] Yang J J, Strukov D B, Stewart D R. Memristive devices for computing. Nature Nanotechnology, 2013, 8(1): 13 - 24.

[2] Yang Y, Huang R. Probing memristive switching in nanoionic devices. Nature Electronics, 2018, 1(50): 274 - 287.

[3] Sangwan V K, Hersam M C. Neuromorphic nanoelectronic materials. Nature Nanotechnology, 2020, 1(15): 1 - 12.

[4] Pei J, Deng L, Song S, et al. Towards artificial general intelligence with hybrid Tianjic chip architecture. Nature, 2019, 572(7767): 106 - 111.

[5] Xia Q, Yang J J. Memristive crossbar arrays for brain-inspired computing. Nature Materials, 2019, 18(5): 309 - 323.

[6] Yoeri V D, Melianas A, Keene S T, et al. Organic electronics for neuromorphic computing. Nature Electronics, 2018, 1(7): 386 - 397.

[7] Hu M, Graves C E, Li C, et al. Memristor-based analog computation and neural network classification with a dot product engine. Advanced Materials, 2018, 30(9): 1705914. 1 - 1705914. 10.

[8] 刘明,等. 新型阻变存储技术. 北京: 科学出版社,2014.

[9] Zidan M A, Strachan J P, Lu W D. The future of electronics based on memristive systems. Nature Electronics, 2018, 1(1): 22 - 29.

[10] Perea G, Navarrete M, Araque A, et al. Tripartite synapses: astrocytes process and control synaptic information. Trends Neurosci, 2009, 32: 421 - 431

[11] Kornijcuk V, Kavehei O, Lim H, et al. Multiprotocol-induced plasticity in artificial synapses. Nanoscale, 2014, 6(24): 15151 - 15160.

[12] Linares-Barranco B, Serrano-Gotarredona T. Memristance can explain spike time dependent plasticity in neural synapses. Nature Precedings, 2009, 1(30): 10 - 19.

[13] Chang T, Jo S H, Lu W. Short-term memory to long-term memory transition in a nanoscale memristor. ACS Nano, 2011, 5(9): 7669 - 7676.

[14] Abbott L F, Nelson S B. Synaptic plasticity: taming the beast. Nature Neuroencei, 2000, 3(11): 1178 - 1183.

[15] Bi G Q, Poo M M. Synaptic modifications in cultured hippocampal neurons: dependence on spike timing, synaptic strength, and postsynaptic cell type. Neurosci, 1998, 18(24): 10464 - 10472.

[16] Indiveri G, Chicca E, Douglas R. A VLSI array of low-power spiking neurons and bistable synapses with spike-timing dependent plasticity. IEEE Transactions on Neural Networks, 2006, 17(1): 211 - 221.

[17] Knott J R. The organization of behavior: a neuropsychological theory. Electroencephalography and Clinical Neurophysiology, 1951, 3(1): 119 - 120.

[18] Wixted J T, Ebbesen E B. On the form of for getting. Psychological Science, 1991, 2(37): 409 - 415.

[19] Douglas R J, Mahowald M A, Mead C. Neuromorphic analogue VLSI. Annual Review of Neuroence, 1995, 18(1): 255 - 281.

[20] 李海涛.氧化物薄膜忆阻器的材料选择与行为机制研究. 南京: 南京大学硕士学位论文,2011.

[21] Strukov D B, Snider G S, Stewart D R, et al. The missing memristor found. Nature, 2008, 459(7250): 80 - 83.

[22] Cantley K D, Subramaniam A, Stiegler H J, et al. Hebbian learning in spiking neural networks with nanocrystalline silicon TFTs and memristive synapses. IEEE Transactions on Nanotechnology, 2011, 10(5): 1066 - 1073.

[23] Kim K H, Gaba S, Wheeler D, et al. A functional hybrid memristor crossbar-array/CMOS system for data storage and neuromorphic applications. Nano Letters, 2012, 12(1): 389 - 395.

[24] Chen L, Li C, Wang X, et al. Associate learning and correcting in a memristive neural network. Neural Computing and Applications, 2013, 22(6): 1071 - 1076.

[25] 郭新,谈征华,尹雪兵,等.用于信息存储、逻辑运算和大脑神经功能模拟的忆阻型离子器件.科学通报,2014,59(30): 2926 - 2936.

[26] Zhang C, Tai Y T, Shang J, et al. Synaptic plasticity and learning behaviours in flexible artificial synapse based on polymer/viologen system. Journal of Materials Chemistry C, 2016, 4(15): 3217 - 3223.

[27] Citri A, Malenka R C. Synaptic plasticity: multiple forms, functions and mechanisms. Neuropsychopharmacology, 2008, 33(1): 18 - 41.

[28] Zucker R S. Short-term synaptic plasticity. Annual Review of Neuroscience, 1989, 12(1): 13 - 31.

[29] Zucker R S. Calcium and activity-dependent synaptic plasticity. Current Opinion in Neurobiology, 1999, 9(3): 305 - 313.

[30] Bliss T V P, Lømo T. Long-lasting potentiation of synaptic transmission in the dentate area of the anaesthetized rabbit following stimulation of the perforant path. The Journal of Physiology, 1973, 232(2): 331 - 356.

[31] Larkman A U, Jack J J B. Synaptic plasticity: hippocampal LTP. Current Opinion in Neurobiology, 1995, 5(3): 324 - 334.

[32] Katz B, Miledi R. The role of calcium in neuromuscular facilitation. J. Physiol., 1968, 195(2): 481 - 492.

[33] Kandel E R. The molecular biology of memory storage: a dialogue between genes and synapses. Bioence Reports, 2001, 21(5544): 1030 - 1038.

[34] Dobrunz L E, Stevens C F. Heterogeneity of release probability, facilitation, and depletion at central synapses. Neuron, 1997, 18: 995 - 1008.

[35] Bao J X, Kandel E R, Hawkins R D. Involvement of pre- and postsynaptic mechanisms in posttetanic potentiation at Aplysia synapses. Journal of Neuroence, 1997, 275(5302): 969 - 973.

[36] Martin S J, Grimwood P D, Morris R G M. Synaptic plasticity and memory: an evaluation of the hypothesis. Annual Review of Neuroence, 2000, 23(1): 649 - 711.

[37] Whitlock J R, Heynen A J, Shuler M G, et al. Learning induces long-term potentiation in the hippocampus. Science, 2006, 313(5790): 1093 - 1097.

[38] Jo S H, Chang T, Ebong I, et al. Nanoscale memristor device as synapse in neuromorphic

systems. Nano Letters, 2010, 10(4): 1297-1301.

[39] Seo K, Kim I, Jung S, et al. Analog memory and spike-timing-dependent plasticity characteristics of a nanoscale titanium oxide bilayer resistive switching device. Nanotechnology, 2011, 22(25): 254023-254023.

[40] Zhang J J, Sun H J, Li Y, et al. AgInSbTe memristor with gradual resistance tuning. Applied Physics Letters, 2013, 102(18): 183513.

[41] Li S, Zeng F, Chen C, et al. Synaptic plasticity and learning behaviours mimicked through Ag interface movement in an Ag/conducting polymer/Ta memristive system. Journal of Materials Chemistry C, 2013, 1(34): 5292-5298.

[42] Wang Z Q, Xu H Y, Li X H, et al. Synaptic learning and memory functions achieved using oxygen ion migration/diffusion in an amorphous InGaZnO memristor. Advanced Functional Materials, 2012, 22(13): 2759-2765.

[43] Hu S G, Liu Y, Chen T P, et al. Emulating the paired-pulse facilitation of a biological synapse with a NiO_x-based memristor. Applied Physics Letters, 2013, 102(18): 649.

[44] Wang Z R, Joshi S, Jiang H, et al. Memristors with diffusive dynamics as synaptic emulators for neuromorphic computing. Nature Materials, 2017, 16: 101-108.

[45] Yang J J, Pickett M D, Li X, et al. Memristive switching mechanism for metal/oxide/metal nanodevices. Nature Nanotechnology, 2008, 3(7): 429-433.

[46] Chang T, Jo S H, Kim K H, et al. Synaptic behaviors and modeling of a metal oxide memristive device. Applied Physics A, 2011, 102(4): 857-863.

[47] Lamprecht R, Ledoux J. Structural plasticity and memory. Nature Reviews Neuroscience, 2004, 5(1): 45-54.

[48] Ohno T, Hasegawa T, Tsuruoka T, et al. Short-term plasticity and long-term potentiation mimicked in single inorganic synapses. Nature Materials, 2011, 10(8): 591-595.

[49] Nayak A, Ohno T, Tsuruoka T, et al. Controlling the synaptic plasticity of a Cu_2S gap type atomic switch. Advanced Functional Materials, 2012, 22: 3606-3613.

[50] Alibart F, Pleutin S, Guerin D, et al. An organic nanoparticle transistor behaving as a biological synapse. Advanced Functional Materials, 2009, 20: 330-337.

[51] Li Y, Zhong Y, Zhang J, et al. Activity-dependent synaptic plasticity of a chalcogenide electronic synapse for neuromorphic systems. Scientific Reports, 2014, 4(6184): 4906.

[52] Liu G, Wang C, Zhang W, et al. Organic biomimicking memristor for information storage and processing applications. Advanced Electronic Materials, 2016, 2(2): 1500298.

[53] Shirota Y. Photo- and electroactive amorphous molecular materials: molecular design, syntheses, reactions, properties, and applications. Journal of Materials Chemistry, 2005, 15: 75-93.

[54] Song Y, Di C, Yang X, et al. A cyclic triphenylamine dimer for organic field-effect transistors with high performance. Journal of the American Chemical Society, 2006, 128(50): 15940-15941.

[55] Kumar R, Pillai R G, Pekas N, et al. Spatially resolved raman spectroelectrochemistry of solid-state polythiophene/viologen memory devices. Journal of the American Chemical Society, 2012, 134(36): 14869-14876.

[56] Mortimer R J, Dyer A L, Reynolds J R. Electrochromic organic and polymeric materials for

display applications. Displays, 2006, 27(1): 2-18.

[57] Han B, Li Z, Wandlowski T, et al. Potential-induced redox switching in viologen self-assembled monolayers: an atrseiras approach. Journal of Physical Chemistry C, 2007, 111 (37): 13855-13863.

[58] Chen Y, Liu G, Wang C, et al. Polymer memristor for information storage and neuromorphic applications. Materials Horizons, 2014, (5): 489.

[59] Erokhin V, Berzina T, Gorshkov K, et al. Stochastic hybrid 3D matrix: learning and adaptation of electrical properties. Journal of Materials Chemistry, 2012, 22(43): 22881.

[60] Wang C, Liu G, Chen Y, et al. Synthesis and nonvolatile memristive switching effect of a donor-acceptor structured oligomer. Journal of Materials Chemistry C, 2015, (3): 664-673.

[61] Wen G, Ren Z, Sun D, et al. Synthesis of alternating copolysiloxane with terthiophene and perylenediimide derivative pendants for involatile WORM memory device. Advanced Functional Materials, 2014, 24(22): 3446-3455.

[62] Sun D, Yang Z, Ren Z, et al. Oligosiloxane functionalized with pendant (1, 3-bis(9-carbazolyl)benzene) (mCP) for solution-processed organic electronics. Chemistry-A European Journal, 2014, 20(49): 16233-16241.

[63] Rao R P N, Sejnowski T J. Spike-timing-dependent Hebbian plasticity as temporal difference learning. Neural Computation, 2001, 13(10): 2221-2237.

[64] Gerstner W, Ritz R, Hemmen J L V. Why spikes? Hebbian learning and retrieval of time-resolved excitation patterns. Biological Cybernetics, 1993, 69(5-6): 503-515.

[65] Saudargiene A, Porr B, Wörgötter F. How the shape of pre- and postsynaptic signals can influence STDP: A biophysical model. Neural Computation, 2004, 16(3): 595-625.

[66] Masquelier T, Guyonneau R, Thorpe S J. Spike timing dependent plasticity finds the start of repeating patterns in continuous spike trains. PLoS One, 2008, 3(1): e1377.

[67] Masquelier T, Guyonneau R, Thorpe S J. Competitive STDP-based spike pattern learning. Neural Computation, 2009, 21(5): 1259-1276.

[68] Young J, Waleszczyk W, Wang C, et al. Cortical reorganization consistent with spike timing- but not correlation-dependent plasticity. Nature Neuroscience, 2007, 10(7): 887-895.

[69] Finelli L A, Haney S, Bazhenov M, et al. Synaptic learning rules and sparse coding in a model sensory system. Plos Computational Biology, 2008, 4(4): e1000062.

[70] Bi G Q, Poo M M. Synaptic modification by correlated activity: Hebb's postulate revisited. Annual Review Neuroence, 2001, 24: 139-166.

[71] Li Y, Zhong Y, Xu L, et al. Ultrafast synaptic events in a chalcogenide memristor. Scientific Reports, 2013, 3(1): 1619.

[72] Pershin Y V, ventra M D. Experimental demonstration of associative memory with memristive neural networks. Neural Networks, 2010, 23(7): 881-886.

[73] Pickett M D, Medeiros-Ribeiro G, Williams R S. A scalable neuristor built with Mott memristors. Nature Materials, 2013, 12: 114-117.

[74] Yang J, Wang L D, Duan S. An anti-series memristive synapse circuit design and its application. Scientia Sinica Informationis, 2016, 46(3): 391-403.

[75] Turrigiano G G, Nelson S B. Homeostatic plasticity in the developing nervous system. Nature Reviews Neuroscience, 2004, 5(2): 97-107.

[76] Stellwagen D, Malenka R. Synaptic scaling mediated by glial TNF-α. Nature, 2006, 440: 1054 - 1059.

[77] Malenka R C, Bear M F. LTP, LTD: an embarrassment of riches. Neuron, 2004, 44(1): 21 - 25.

[78] Miller K D. Synaptic economics: competition and cooperation in synaptic plasticity. Neuron, 1996, 17(3): 371 - 374.

[79] Miller K D, Mackay D J C. The role of constraints in Hebbian learning. Neural Computation, 1994, 6(1): 100 - 126.

[80] Sullivan T J, de Sa V R. Homeostatic synaptic scaling in self-organizing maps. Neural Networks, 2006, 19(6 - 7): 734 - 743.

[81] Turrigiano G G, Leslie K R, Desai N S, et al. Activity-dependent scaling of quantal amplitude in neocortical neurons. Nature, 1998, 391: 892 - 896.

[82] Anderson J R. Language, memory and thought. Hillsdale: Lawrence Erlbaum, 1976.

[83] Carlson A J. Conditioned reflexes. Science, 1929, 69(1793): 498 - 499.

[84] Kandel E R, Schwartz J H, Jessell T M. Principles of neural science. New York: McGraw-Hill, 2000.

[85] Castellucci V F, Kandel E R. A quantal analysis of the synaptic depression underlying habituation of the gill-withdrawal reflex in Aplysia. Proceedings of the National Academy of Sciences, 1974, 71(12): 5004 - 5008.

[86] Castellucci V, Pinsker H, Kupfermann I, et al. Neuronal mechanisms of habituation and dishabituation of the gill-withdrawal reflex in Aplysia. Science, 1970, 167(3926): 1745 - 1748.

[87] Bruner J, Tauc L. Habituation at the synaptic level in Aplysia. Nature, 1966, 210(5031): 37 - 39.

[88] Peeke, Harman V S. Habituation, sensitization, and behavior. Amsterdam: Elsevier, 1984.

[89] Yang X, Fang Y, Yu Z, et al. Nonassociative learning implementation by a single memristor-based multi-terminal synaptic device. Nanoscale, 2016, 8(45): 18897 - 18904.

[90] Kozma R, Pino R E, Pazienza G E. Advances in neuromorphic memristor science and applications. Berlin: Springer Science & Business Media, 2012: 67 - 90.

[91] Kim H, Sah M P, Yang C, et al. Neural synaptic weighting with a pulse-based memristor circuit. IEEE Transactions on Circuits and Systems I: Regular Papers, 2012, 59(1): 148 - 158.

[92] Chua L. Memristor, Hodgkin-Huxley, and edge of chaos. Nanotechnology, 2013, 24(38): 383001.

[93] Kim H, Sah M P, Yang C, et al. Memristor bridge synapses. Proceedings of the IEEE, 2012, 100(6): 2061 - 2070.